软件项目开发全程实录

Python 项目开发全程实录

明日科技　编著

清华大学出版社
北　京

内 容 简 介

本书精选 12 个热门项目，涉及 Python 基础应用、游戏开发、网络爬虫、大数据及可视化分析、Web 开发、人工智能开发六大 Python 重点应用方向，实用性非常强。具体项目包含：简易五子棋（控制台版）、学生信息管理系统（基础版）、水果消消乐游戏、超级玛丽冒险游戏、汽车之家图片抓取工具、分布式爬取动态新闻数据、淘宝电商订单分析系统、停车场车牌自动识别计费系统、食趣智选小程序、乐购甄选在线商城、智慧校园考试系统、AI 智能无人机飞控系统。本书从软件工程的角度出发，按照项目开发的顺序，系统、全面地讲解每一个项目的开发实现过程。在体例上，每章一个项目，统一采用"开发背景→系统设计→技术准备→数据库设计/公共模块实现/各功能模块实现→项目运行→源码下载"的形式完整呈现项目，给读者明确的成就感，可以让读者快速积累实际项目经验与技巧，早日实现就业目标。

另外，本书配备丰富的 Python 在线开发资源库和电子课件，主要内容如下：

- ☑ 技术资源库：1456 个核心技术点
- ☑ 技巧资源库：583 个开发技巧
- ☑ 实例资源库：227 个应用实例
- ☑ 项目资源库：44 个精选项目
- ☑ 源码资源库：211 套项目与案例源码
- ☑ 视频资源库：598 集学习视频
- ☑ PPT 电子课件

本书可为 Python 入门自学者提供更广泛的项目实战场景，可为计算机专业学生进行项目实训、毕业设计提供项目参考，可供计算机专业教师、IT 培训讲师用作教学参考资料，还可作为软件工程师、IT 求职者、编程爱好者进行项目开发时的参考书。

本书封面贴有清华大学出版社防伪标签，无标签者不得销售。
版权所有，侵权必究。举报：010-62782989，beiqinquan@tup.tsinghua.edu.cn。

图书在版编目（CIP）数据

Python 项目开发全程实录 / 明日科技编著. -- 北京：清华大学出版社，2024.8. --（软件项目开发全程实录）.
ISBN 978-7-302-66765-0

I. TP311.561

中国国家版本馆 CIP 数据核字第 2024EF2323 号

责任编辑：贾小红
封面设计：秦　丽
版式设计：文森时代
责任校对：马军令
责任印制：丛怀宇

出版发行：清华大学出版社
网　　址：https://www.tup.com.cn，https://www.wqxuetang.com
地　　址：北京清华大学学研大厦 A 座
邮　　编：100084
社 总 机：010-83470000
邮　　购：010-62786544
投稿与读者服务：010-62776969，c-service@tup.tsinghua.edu.cn
质量反馈：010-62772015，zhiliang@tup.tsinghua.edu.cn
印 装 者：三河市科茂嘉荣印务有限公司
经　　销：全国新华书店
开　　本：203mm×260mm
印　　张：20.25
字　　数：656 千字
版　　次：2024 年 9 月第 1 版
印　　次：2024 年 9 月第 1 次印刷
定　　价：89.80 元

产品编号：107432-01

如何使用本书开发资源库

本书赠送价值 999 元的"Python 在线开发资源库"一年的免费使用权限,结合图书和开发资源库,读者可快速提升编程水平和解决实际问题的能力。

1．VIP 会员注册

刮开并扫描图书封底的防盗码,按提示绑定手机微信,然后扫描右侧二维码,打开明日科技账号注册页面,填写注册信息后将自动获取一年(自注册之日起)的 Python 在线开发资源库的 VIP 使用权限。

读者在注册、使用开发资源库时有任何问题,均可通过明日科技官网页面上的客服电话进行咨询。

Python
开发资源库

2．开发资源库简介

Python 开发资源库中提供了技术资源库（1456 个核心技术点）、技巧资源库（583 个开发技巧）、实例资源库（227 个应用实例）、项目资源库（44 个精选项目）、源码资源库（211 套项目与案例源码）、视频资源库（598 集学习视频），共计六大类、3119 项学习资源。学会、练熟、用好这些资源,读者可在最短的时间内快速提升自己的开发水平,从一名新手晋升为一名软件工程师。

3．开发资源库的使用方法

在学习本书的各项目时,可以通过 Python 开发资源库提供的大量技术点、技巧、热点实例等快速回顾或了解相关的 Python 编程知识和技巧,提升学习效率。

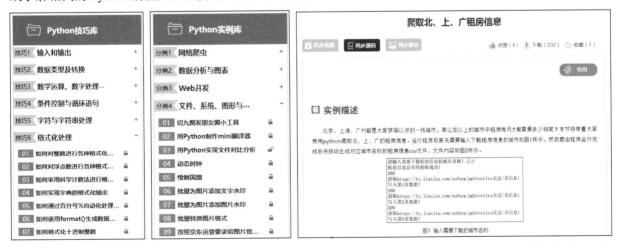

除此之外,开发资源库还配备了更多的大型实战项目,供读者进一步扩展学习,以提升编程兴趣和信心,积累项目经验。

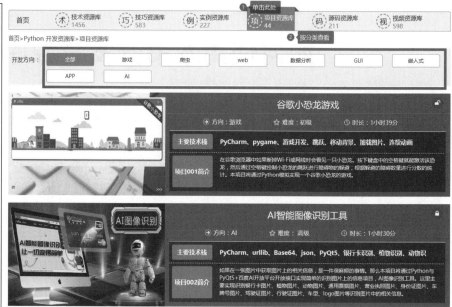

另外，利用页面上方的搜索栏，还可以对技术、技巧、实例、项目、源码、视频等资源进行快速查阅。

万事俱备后，读者该到软件开发的主战场上接受洗礼了。本书资源包中提供了 Python 的基础冲关 100 题以及企业面试真题，是求职面试的绝佳指南。读者可扫描图书封底的"文泉云盘"二维码获取。

前 言
Preface

丛书说明："软件项目开发全程实录"丛书第 1 版于 2008 年 6 月出版，因其定位于项目开发案例、面向实际开发应用，并解决了社会需求和高校课程设置相对脱节的痛点，在软件项目开发类图书市场上产生了很大的反响，在全国软件项目开发零售图书排行榜中名列前茅。

"软件项目开发全程实录"丛书第 2 版于 2011 年 1 月出版，第 3 版于 2013 年 10 月出版，第 4 版于 2018 年 5 月出版。经过十六年的锤炼打造，不仅深受广大程序员的喜爱，还被百余所高校选为计算机科学、软件工程等相关专业的教材及教学参考用书，更被广大高校学子用作毕业设计和工作实习的必备参考用书。

"软件项目开发全程实录"丛书第 5 版在继承前 4 版所有优点的基础上，进行了大幅度的改版升级。首先，结合当前技术发展的最新趋势与市场需求，增加了程序员求职急需的新图书品种；其次，对图书内容进行了深度更新、优化，新增了当前热门的流行项目，优化了原有经典项目，将开发环境和工具更新为目前的新版本等，使之更与时代接轨，更适合读者学习；最后，录制了全新的项目精讲视频，并配备了更加丰富的学习资源与服务，可以给读者带来更好的项目学习及使用体验。

Python 被称为"胶水"语言，其以简单、快速、高效、应用广泛而著称，是当前最流行的编程语言之一，广泛应用于游戏开发、网络爬虫、大数据及可视化分析、Web 开发、人工智能、办公自动化等各个方向。本书以中小型项目为载体，带领读者切身感受软件开发的实际过程，可以让读者深刻体会 Python 核心技术在项目开发中的具体应用。全书内容不是枯燥的语法和陌生的术语，而是一步一步地引导读者实现一个个热门的项目，从而激发读者学习软件开发的兴趣，变被动学习为主动学习。另外，本书的项目开发过程完整，不但适合在学习软件开发时作为中小型项目开发的参考书，而且可以作为毕业设计的项目参考书。

本书内容

本书提供了 Python 六大热门方向的项目，共 12 章，具体内容如下。

第 1 篇：基础应用项目。本篇主要通过"简易五子棋（控制台版）"和"学生信息管理系统（基础版）"两个功能完善的项目，帮助读者快速掌握 Python 基础知识在实际项目开发中的应用，并让读者体验使用 Python 开发项目的完整过程。

第 2 篇：游戏开发项目。本篇主要通过"水果消消乐游戏"和"超级玛丽冒险游戏"两个游戏项目，帮助读者快速掌握使用 Python 语言结合 pygame 模块开发游戏项目的核心技术，并让读者短时间内可以独立完成游戏项目的开发。

第 3 篇：网络爬虫项目。本篇主要通过"汽车之家图片抓取工具"和"分布式爬取动态新闻数据"两个爬虫项目，演示 Python 原生爬虫技术和 Scrapy 等热门爬虫框架的应用，并让读者体验爬虫程序的开发过程。

第 4 篇：大数据及可视化分析项目。本篇通过"淘宝电商订单分析系统"和"停车场车牌自动识别计费系统"两个项目，带领读者体验数据可视化项目开发的实际过程。

第 5 篇：Web 开发项目。本篇主要使用当前最常见的 Python Web 框架 Flask 和 Django 开发了"乐购甄选在线商城"和"智慧校园考试系统"两个流行的 Web 项目，并通过使用 Flask 框架与微信小程序相结合开发了一个"食趣智选"小程序，可带领读者全面体验 Python Web 项目开发的完整过程。

第 6 篇：人工智能开发项目。本篇开发了一个"AI 智能无人机飞控系统"，可以让读者轻松体验使用 Python 进行人工智能开发的过程，为将来更加深入地学习人工智能技术做好铺垫。

本书特点

- ☑ **项目典型**。本书精选 12 个热点项目，涉及 Python 基础应用、游戏开发、网络爬虫、大数据及可视化分析、Web 开发、人工智能开发六大 Python 重点应用方向。所有项目均从实际应用角度出发，可以让读者从项目实现学习中积累丰富的开发经验。
- ☑ **流程清晰**。本书项目从软件工程的角度出发，统一采用"开发背景→系统设计→技术准备→项目实现相关→项目运行→源码下载"的流程进行讲解，可以让读者更加清晰地了解项目的完整开发流程。
- ☑ **技术新颖**。本书所有项目的实现技术均采用目前业内推荐使用的最新稳定版本，与时俱进，实用性极强。同时，项目全部配备"技术准备"环节，对项目中用到的 Python 基本技术点、高级应用、第三方模块等进行精要讲解，在 Python 基础和项目开发之间搭建了有效的桥梁，为仅有 Python 语言基础的初级编程人员参与项目开发扫清了障碍。
- ☑ **栏目精彩**。本书根据项目学习的需要，在每个项目讲解过程的关键位置添加了"注意""说明"等特色栏目，点拨项目的开发要点和精华，以便读者能更快地掌握相关技术的应用技巧。
- ☑ **源码下载**。本书中的每个项目最后都安排了"源码下载"一节，读者能够通过扫描二维码下载对应项目的完整源码，以方便学习。
- ☑ **项目视频**。本书为每个项目提供了项目精讲微视频，使读者能够更加轻松地搭建、运行、使用项目，并能够随时随地查看和学习。

读者对象

- ☑ 初学编程的自学者
- ☑ 参与项目实训的学生
- ☑ 做毕业设计的学生
- ☑ 参加实习的初级程序员
- ☑ 高等院校的教师
- ☑ IT 培训机构的教师与学员
- ☑ 程序测试及维护人员
- ☑ 编程爱好者

资源与服务

本书提供了大量的辅助学习资源，同时还提供了专业的知识拓展与答疑服务，旨在帮助读者提高学习效率并解决学习过程中遇到的各种疑难问题。读者需要刮开图书封底的防盗码（刮刮卡），扫描并绑定微信，获取学习权限。

- ☑ **开发环境搭建视频**

搭建环境对于项目开发非常重要，它确保了项目开发在一致的环境下进行，减少了因环境差异导致的错误和冲突。通过搭建开发环境，可以方便地管理项目依赖，提高开发效率。本书提供了开发环境搭建讲解视频，可以引导读者快速准确地搭建本书项目的开发环境。扫描右侧二维码即可观看学习。

开发环境
搭建视频

- ☑ **项目精讲视频**

本书每个项目均配有对应的项目精讲微视频，主要针对项目的需求背景、应用价值、功能结构、业务流程、实现逻辑以及所用到的核心技术点进行精要讲解，可以帮助读者了解项目概要，把握项目要领，快速进入学习状态。扫描每章首页的对应二维码即可观看学习。

- ☑ **项目源码**

本书每章一个项目，系统全面地讲解了该项目的设计及实现过程。为了方便读者学习，本书提供了完整的项目源码（包含项目中用到的所有素材，如图片、数据表等）。扫描每章最后的二维码即可下载。

- ☑ **AI 辅助开发手册**

在人工智能浪潮的席卷之下，AI 大模型工具呈现百花齐放之态，辅助编程开发的代码助手类工具不断涌现，可为开发人员提供技术点问答、代码查错、辅助开发等非常实用的服务，极大地提高了编程学习和开发效率。为了帮助读者快速熟悉并使用这些工具，本书专门精心配备了电子版的《AI 辅助开发手册》，不仅为读者提供各个主流大语言模型的使用指南，而且详细讲解文心快码（Baidu Comate）、通义灵码、腾讯云 AI 代码助手、iFlyCode 等专业的智能代码助手的使用方法。扫描右侧二维码即可阅读学习。

AI 辅助开发手册

- ☑ **代码查错器**

为了进一步帮助读者提升学习效率，培养良好的编码习惯，本书配备了由明日科技自主开发的代码查错器。读者可以将本书的项目源码保存为对应的 txt 文件，存放到代码查错器的对应文件夹中，然后自己编写相应的实现代码并与项目源码进行比对，快速找出自己编写的代码与源码不一致或者发生错误的地方。代码查错器配有详细的使用说明文档，扫描右侧二维码即可下载。

代码查错器

- ☑ **Python 开发资源库**

本书配备了强大的线上 Python 开发资源库，包括技术资源库、技巧资源库、实例资源库、项目资源库、源码资源库、视频资源库。扫描右侧二维码，可登录明日科技网站，获取 Python 开发资源库一年的免费使用权限。

Python 开发资源库

- ☑ **Python 面试资源库**

本书配备了 Python 面试资源库，精心汇编了大量企业面试真题，是求职面试的绝佳指南。扫描本书封底的"文泉云盘"二维码即可获取。

- ☑ **教学 PPT**

本书配备了精美的教学 PPT，可供高校教师和培训机构讲师备课使用，也可供读者做知识梳理。扫描本书封底的"文泉云盘"二维码即可下载。另外，登录清华大学出版社网站（www.tup.com.cn），可在本书对应页面查阅教学 PPT 的获取方式。

- ☑ **学习答疑**

在学习过程中，读者难免会遇到各种疑难问题。本书配有完善的新媒体学习矩阵，包括 IT 今日热榜（实时提供最新技术热点）、微信公众号、学习交流群、400 电话等，可为读者提供专业的知识拓展与答疑服务。扫描右侧二维码，根据提示操作，即可享受答疑服务。

学习答疑

致读者

本书由明日科技 Python 开发团队组织编写，主要编写人员有王小科、张鑫、王国辉、刘书娟、赵宁、高春艳、赛奎春、田旭、葛忠月、杨丽、李颖、程瑞红、张颖鹤等。明日科技是一家专业从事软件开发、教育培训以及软件开发教育资源整合的高科技公司，其编写的图书非常注重选取软件开发中的必需、常用内容，同时也很注重内容的易学性、学习的方便性以及相关知识的拓展性，深受读者喜爱。其编写的图书多次荣获"全行业优秀畅销品种""全国高校出版社优秀畅销书"等奖项，多个品种长期位居同类图书销售排行榜的前列。

在编写本书的过程中，我们始终本着科学、严谨的态度，力求精益求精，但疏漏之处在所难免，敬请广大读者批评指正。

感谢您购买本书，希望本书能成为您的良师益友，成为您步入编程高手之路的踏脚石。

宝剑锋从磨砺出，梅花香自苦寒来。祝读书快乐！

编　者
2024 年 8 月

目 录
Contents

第 1 篇 基础应用项目

第 1 章 简易五子棋（控制台版） ... 2
——print()函数 + 二维列表 + 嵌套 for 循环 + 多条件 if 判断

- 1.1 开发背景 ... 2
- 1.2 系统设计 ... 3
  - 1.2.1 开发环境 ... 3
  - 1.2.2 业务流程 ... 3
  - 1.2.3 功能结构 ... 3
- 1.3 技术准备 ... 4
  - 1.3.1 技术概览 ... 4
  - 1.3.2 五子棋算法分析 ... 5
  - 1.3.3 为控制台设置不同字体和背景色 ... 5
- 1.4 功能设计 ... 6
  - 1.4.1 初始化棋盘 ... 6
  - 1.4.2 打印棋盘 ... 7
  - 1.4.3 记录棋子坐标 ... 7
  - 1.4.4 判断棋子坐标 ... 7
  - 1.4.5 判断指定坐标位置是否有棋子 ... 7
  - 1.4.6 判断当前下棋者 ... 8
  - 1.4.7 五子棋算法实现 ... 8
  - 1.4.8 打印胜利棋盘及赢家 ... 9
- 1.5 项目运行 ... 10
- 1.6 源码下载 ... 10

第 2 章 学生信息管理系统（基础版） ... 11
——文件读写 + 字典操作 + 字符串格式化 + 列表排序 + lambda 表达式

- 2.1 开发背景 ... 11
- 2.2 系统设计 ... 12
  - 2.2.1 开发环境 ... 12
  - 2.2.2 业务流程 ... 12
  - 2.2.3 功能结构 ... 12
- 2.3 技术准备 ... 13
- 2.4 主函数设计 ... 14
  - 2.4.1 功能概述 ... 14
  - 2.4.2 实现主函数 ... 14
  - 2.4.3 显示主菜单 ... 15
- 2.5 学生信息维护模块设计 ... 16
  - 2.5.1 功能概述 ... 16
  - 2.5.2 实现录入学生信息功能 ... 17
  - 2.5.3 实现删除学生信息功能 ... 18
  - 2.5.4 实现修改学生信息功能 ... 19
- 2.6 查询统计模块设计 ... 20
  - 2.6.1 功能概述 ... 20
  - 2.6.2 实现查询学生信息功能 ... 20
  - 2.6.3 实现显示所有学生信息功能 ... 22
  - 2.6.4 实现统计学生总人数功能 ... 22
- 2.7 排序模块设计 ... 23
  - 2.7.1 排序模块概述 ... 23
  - 2.7.2 实现按学生成绩排序 ... 23
- 2.8 项目运行 ... 24
- 2.9 源码下载 ... 24

第 2 篇　游戏开发项目

第 3 章　水果消消乐游戏 26
——模块导入 ＋ 类 ＋ 函数 ＋ pygame ＋ random ＋ time

3.1　开发背景 26
3.2　系统设计 27
3.2.1　开发环境 27
3.2.2　业务流程 27
3.2.3　功能结构 27
3.3　技术准备 28
3.3.1　技术概览 28
3.3.2　random 模块的使用 29
3.3.3　time 模块的使用 30
3.4　搭建游戏主框架 31
3.5　功能设计 32
3.5.1　精灵类设计 32
3.5.2　游戏首屏页面的实现 34
3.5.3　游戏页面的实现 36
3.5.4　可消除水果的检测与标记清除 .. 39
3.5.5　水果的掉落 43
3.5.6　单击相邻水果时的交换 45
3.5.7　"死图"状态的判断 48
3.5.8　游戏倒计时的实现 50
3.5.9　游戏排行榜页面的实现 53

3.6　项目运行 56
3.7　源码下载 56

第 4 章　超级玛丽冒险游戏 57
——pygame ＋ random ＋ itertools

4.1　开发背景 57
4.2　系统设计 58
4.2.1　开发环境 58
4.2.2　业务流程 58
4.2.3　功能结构 58
4.3　技术准备 59
4.3.1　技术概览 59
4.3.2　itertools 模块的使用 59
4.3.3　背景地图加载原理分析 60
4.4　搭建游戏主框架 61
4.5　功能设计 61
4.5.1　游戏窗体设计 61
4.5.2　加载地图 62
4.5.3　玛丽的跳跃功能 63
4.5.4　随机出现障碍物 65
4.5.5　碰撞和积分的实现 67
4.5.6　背景音乐的播放与停止 68
4.6　项目运行 69
4.7　源码下载 70

第 3 篇　网络爬虫项目

第 5 章　汽车之家图片抓取工具 72
——文件读写 ＋ 文件夹操作 ＋ urllib ＋ beautifulsoup4 ＋ PyQt5 ＋ Pillow

5.1　开发背景 72
5.2　系统设计 73
5.2.1　开发环境 73
5.2.2　业务流程 73
5.2.3　功能结构 73

5.3　技术准备 74
5.3.1　技术概览 74
5.3.2　使用 PyQt5 设计 Python 窗体程序 ... 75
5.3.3　Pillow 模块的使用 79
5.4　设计主窗体 80
5.5　功能设计 82
5.5.1　模块导入 82
5.5.2　通过爬虫抓取并保存图片 82

5.5.3	主窗体中调用爬虫方法	85	6.3.1	技术概览 93
5.5.4	分类查看抓取的汽车图片	86	6.3.2	Redis 数据库的使用 94
5.5.5	单击查看大图	88	6.3.3	Scrapy-redis 模块 95

5.6 项目运行 89
5.7 源码下载 90

第6章 分布式爬取动态新闻数据 91
——Scrapy + Scrapy-redis + pymysql + Redis

6.1 开发背景 91
6.2 系统设计 92
   6.2.1 开发环境 92
   6.2.2 业务流程 92
   6.2.3 功能结构 92
6.3 技术准备 93

6.4 创建数据表 96
6.5 功能设计 96
   6.5.1 分析请求地址 97
   6.5.2 创建随机请求头 98
   6.5.3 创建数据对象 98
   6.5.4 将爬取的数据写入 MySQL 数据库 ... 99
   6.5.5 数据的爬取与爬虫项目启动 ... 100
   6.5.6 编写配置文件 101
6.6 项目运行 101
6.7 源码下载 104

第4篇 大数据及可视化分析项目

第7章 淘宝电商订单分析系统 106
——pandas + pyecharts + Anaconda + Jupyter NoteBook

7.1 开发背景 106
7.2 系统设计 107
   7.2.1 开发环境 107
   7.2.2 业务流程 107
   7.2.3 功能结构 107
7.3 技术准备 108
   7.3.1 pandas 模块的使用 108
   7.3.2 pyecharts 模块的使用 108
   7.3.3 Jupyter Notebook 的使用 110
   7.3.4 Anaconda 的使用 111
7.4 前期准备 112
   7.4.1 安装第三方模块 112
   7.4.2 新建 Jupyter Notebook 文件 ... 113
   7.4.3 准备数据集 114
   7.4.4 导入必要的库 115
   7.4.5 数据读取与查看 115
7.5 数据预处理 116
   7.5.1 缺失性分析 116
   7.5.2 描述性统计分析 116
   7.5.3 异常数据处理 117

7.6 数据统计分析 118
   7.6.1 整体情况分析 118
   7.6.2 按订单类型分析订单量 118
   7.6.3 按区域分析订单量 119
   7.6.4 每日订单量分析 120
   7.6.5 小时订单量分析 121
7.7 项目运行 122
7.8 源码下载 123

第8章 停车场车牌自动识别计费系统 124
——BaiduAI + pandas + Matplotlib + OpenCV-Python + pygame

8.1 开发背景 124
8.2 系统设计 125
   8.2.1 开发环境 125
   8.2.2 业务流程 125
   8.2.3 功能结构 126
8.3 技术准备 126
   8.3.1 技术概览 126
   8.3.2 百度 AI 接口的使用 127
   8.3.3 OpenCV-Python 模块的使用 ... 130
8.4 设计主窗体 131
8.5 功能设计 132
   8.5.1 实时显示停车场入口监控画面 ... 132

8.5.2	自动创建数据文件	133
8.5.3	识别车牌功能的实现	134
8.5.4	车辆信息的保存与读取	136
8.5.5	实现收入统计	138
8.6	项目运行	140
8.7	源码下载	141

第 5 篇　Web 开发项目

第 9 章　食趣智选小程序 144
——Flask 框架 + MySQL + 微信小程序

9.1	开发背景	144
9.2	系统设计	145
9.2.1	开发环境	145
9.2.2	业务流程	145
9.2.3	功能结构	145
9.3	技术准备	146
9.3.1	技术概览	146
9.3.2	使用 SQLAlchemy 操作 MySQL 数据库	146
9.3.3	微信小程序开发基础	148
9.4	数据库设计	153
9.4.1	数据库概要说明	153
9.4.2	数据表模型	153
9.5	登录页授权模块设计	155
9.5.1	登录页授权模块概述	155
9.5.2	登录页面设计	155
9.5.3	登录授权接口实现	157
9.6	首页模块设计	160
9.6.1	首页概述	160
9.6.2	首页页面设计	160
9.6.3	首页接口实现	164
9.7	菜谱模块设计	166
9.7.1	菜谱模块概述	166
9.7.2	菜谱列表页面设计	167
9.7.3	菜谱列表接口设计	170
9.7.4	菜谱详情页面设计	171
9.7.5	菜谱详情接口设计	174
9.8	小程序端其他模块设计	175
9.8.1	百度地图商家地址模块设计	175
9.8.2	上传美食模块设计	177
9.8.3	数据统计模块设计	179
9.9	后台功能模块设计	182
9.9.1	后台登录模块设计	182
9.9.2	菜系管理模块实现	184
9.9.3	美食管理模块实现	191
9.9.4	会员管理功能实现	192
9.10	项目运行	193
9.11	源码下载	195

第 10 章　乐购甄选在线商城 196
——Flask 框架 + SQLAlchemy + MySQL

10.1	开发背景	197
10.2	系统设计	197
10.2.1	开发环境	197
10.2.2	业务流程	197
10.2.3	功能结构	198
10.3	技术准备	198
10.4	数据库设计	199
10.4.1	数据库概要说明	199
10.4.2	数据表结构	200
10.4.3	数据表模型	202
10.4.4	数据表关系	204
10.5	会员注册模块设计	204
10.5.1	会员注册模块概述	204
10.5.2	会员注册页面	205
10.5.3	验证并保存注册信息	209
10.6	会员登录模块设计	209
10.6.1	会员登录模块概述	209
10.6.2	创建会员登录页面	210
10.6.3	保存会员登录状态	212
10.6.4	会员退出功能	213
10.7	首页模块设计	213
10.7.1	首页模块概述	213
10.7.2	实现显示最新上架商品功能	215

- 10.7.3 实现显示打折商品功能 216
- 10.7.4 实现显示热门商品功能 218
- 10.8 购物车模块 219
  - 10.8.1 购物车模块概述 219
  - 10.8.2 实现显示商品详细信息功能 221
  - 10.8.3 实现添加购物车功能 221
  - 10.8.4 实现查看购物车功能 223
  - 10.8.5 实现保存订单功能 226
  - 10.8.6 实现查看订单功能 228
- 10.9 后台功能模块设计 230
  - 10.9.1 后台登录模块设计 230
  - 10.9.2 商品管理模块设计 231
  - 10.9.3 销量排行榜模块设计 238
  - 10.9.4 会员管理模块设计 239
  - 10.9.5 订单管理模块设计 240
- 10.10 项目运行 242
- 10.11 源码下载 244

第 11 章 智慧校园考试系统 245
——Django 框架 + MySQL + Redis + 文件上传技术 + xlrd 模块

- 11.1 开发背景 245
- 11.2 系统设计 246
  - 11.2.1 开发环境 246
  - 11.2.2 业务流程 246
  - 11.2.3 功能结构 246
- 11.3 技术准备 247
  - 11.3.1 数据存储技术 247
  - 11.3.2 Django 框架的基本使用 247
  - 11.3.3 Django 中的文件上传技术 259
  - 11.3.4 使用 xlrd 读取 Excel 260
- 11.4 数据库设计 261
  - 11.4.1 数据库设计概要 261
  - 11.4.2 数据表模型 262
- 11.5 用户登录模块设计 263
  - 11.5.1 用户登录模块概述 263
  - 11.5.2 使用 Django 默认授权机制实现普通登录 264
  - 11.5.3 机构注册功能的实现 270
- 11.6 核心答题功能设计 274
  - 11.6.1 答题首页设计 274
  - 11.6.2 考试详情页面 276
  - 11.6.3 答题功能的实现 279
  - 11.6.4 提交答案 282
- 11.7 批量录入题库 285
- 11.8 项目运行 290
- 11.9 源码下载 292

第 6 篇 人工智能开发项目

第 12 章 AI 智能无人机飞控系统 294
——tkinter + threading + Pillow + Tello 无人机

- 12.1 开发背景 294
- 12.2 系统设计 295
  - 12.2.1 开发环境 295
  - 12.2.2 业务流程 295
  - 12.2.3 功能结构 295
- 12.3 技术准备 296
  - 12.3.1 技术概览 296
  - 12.3.2 tkinter 模块的使用 296
  - 12.3.3 tellomr 模块的使用 299
- 12.4 功能设计 300
  - 12.4.1 模块导入 300
  - 12.4.2 定义全局变量 300
  - 12.4.3 登录窗口设计 301
  - 12.4.4 飞控窗口设计 302
  - 12.4.5 设置并修改无人机飞行流程 304
  - 12.4.6 执行无人机飞行命令 306
- 12.5 项目运行 307
- 12.6 源码下载 310

第1篇

基础应用项目

Python 语言以简单、开发速度快、节省时间著称，其功能十分强大，并且不是把所有的特性和功能都集成到语言核心，而是被设计为可扩充的。Python 语言具有丰富且强大的库，能够把用其他语言（尤其是 C/C++）制作的各种模块很轻松地联结在一起，为此，Python 常被称为"胶水"语言。

本篇主要使用 Python 语言的核心基础知识开发了两个控制台版的应用项目，具体如下：

☑ 简易五子棋（控制台版）
☑ 学生信息管理系统（基础版）

第 1 章
简易五子棋（控制台版）

——print()函数 + 二维列表 + 嵌套 for 循环 + 多条件 if 判断

五子棋是起源于中国古代的黑白棋种之一，该游戏不仅能够增强思维能力，提高智力，而且富含哲理，有助于修身养性。本章将使用 Python 开发一个控制台版的简易五子棋游戏，以便让读者熟悉五子棋游戏的实现原理，同时巩固 Python 基础知识的应用。

项目微视频

本项目的核心功能及实现技术如下：

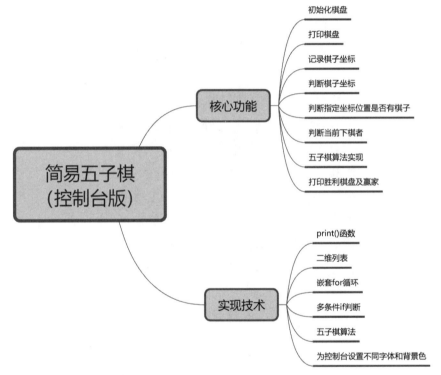

1.1 开发背景

五子棋文化源远流长。它既具有东方的神秘，又具有西方的直观；既具有现代休闲游戏的明显特征——"短、平、快"，又具有古典哲学的高深学问——"阴阳易理"；既具有简单易学的特性，为人们所喜爱，又具有深奥的技巧性，能够组织高水平的国际性比赛。为了使编程学习者能够快速地巩固 Python 基础知识，激发学习兴趣，同时能够获得开发成就感，本章将使用 Python 语言开发一个操作简单、便捷、快速的"简易五子棋"游戏项目，该项目遵循基本的五子棋游戏规则，而且在传统的控制台黑白界面上加入了彩色元素，使得项目界面更加美观。

本项目的实现目标如下：

☑ 可以循环打印棋盘。

- ☑ 双方可以对战。
- ☑ 对战双方有一方胜利时，打印胜利棋盘及赢家。
- ☑ 判断棋子是否超出棋盘范围。
- ☑ 判断指定坐标位置是否已经存在棋子。
- ☑ 界面美观、提示明显。

1.2 系统设计

1.2.1 开发环境

本项目的开发及运行环境如下：
- ☑ 操作系统：推荐 Windows 10、Windows 11 及以上。
- ☑ 开发工具：Python IDLE 或者 PyCharm 2024（向下兼容）。
- ☑ 开发语言：Python 3.12。

1.2.2 业务流程

在启动项目后，首先自动初始化棋盘，然后对战双方可以通过输入棋子坐标进行对弈。当有一方五子连珠成功时，退出游戏；否则，循环提示用户输入棋子坐标，并进行判断。

本项目的业务流程如图 1.1 所示。

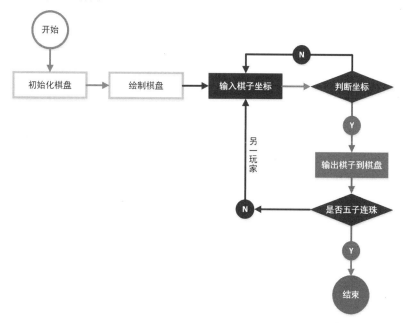

图 1.1　简易五子棋游戏业务流程

1.2.3 功能结构

本项目的功能结构已经在章首页中给出。作为一个简易的控制台版五子棋游戏，本项目实现的具体功能如下：
- ☑ 初始化棋盘：使用二维列表存储五子棋棋盘。
- ☑ 打印棋盘：使用嵌套的 for 循环将二维列表存储的五子棋棋盘打印到控制台中。
- ☑ 记录棋子坐标：通过在控制台中输入"大写字母+1 到 10 的数字"的形式确定棋子的坐标。
- ☑ 判断棋子坐标：判断输入的棋子坐标是否在棋盘范围内。
- ☑ 判断指定坐标位置是否有棋子：本项目中使用"*"和"o"代表对战双方，因此需要判断输入的坐标位置上是否已经有了对方的棋子。
- ☑ 判断当前下棋者：通过一个标识变量来判断对战双方的身份。
- ☑ 五子棋算法：以棋子坐标为中心，判断其上下左右及对角线方向是否有同一类型的棋子，如果相同棋子数大于等于 5，则为赢家。
- ☑ 打印胜利棋盘及赢家：出现赢家时，打印出最终胜利的棋盘，并使用 print()函数输出谁是赢家。

1.3 技术准备

1.3.1 技术概览

- ☑ print()函数：print()函数用来将结果输出到 IDLE 中或者标准控制台上，其输出的内容可以是数字和字符串（使用引号括起来），也可以是包含运算符的表达式。例如，本项目在控制台中输入棋盘以及提示信息时，都使用了 print()函数，示例代码如下：

```
print('\033[1;37;41m---------简易五子棋（控制台版）---------\033[0m')
```

说明

上面代码中的"\033[1;37;41m"用来为控制台设置字体和背景色，该知识点将在 1.3.3 节进行详细介绍。

- ☑ 二维列表：在 Python 中，二维列表就是包含列表的列表，即一个列表的每个元素又都是一个列表。例如，本项目中的五子棋棋盘使用了二维列表进行存储，具体定义时，使用的是嵌套 for 循环来创建二维列表，代码如下：

```
checkerboard=[]
for i in range(10):
    checkerboard.append([])
```

- ☑ 嵌套 for 循环：在 Python 中，允许在一个循环体中嵌入另一个循环，这称为循环嵌套。例如，本项目中打印棋盘时，使用了嵌套的 for 循环，代码如下：

```
# 打印棋盘
print("\033[1;30;46m-----------------------------")
print("    1 2 3 4 5 6 7 8 9 10")
for i in range(len(checkerboard)):
    print(chr(i + ord('A')) + " ", end=' ');
    for j in range(len(checkerboard[i])):
        print(checkerboard[i][j] + " ", end=' ')
    print()
```

- ☑ 多条件 if 判断：Python 中使用 if 保留字来组成条件判断语句，如果有多个条件需要判断，则可以利用多个 if 语句进行判断。例如，本项目中实现五子棋算法时，需要对当前棋子的上下左右以及对角线方向上的棋子进行判断，这时就可以使用多条件 if 判断，代码如下：

```
# 判断棋子左侧
if (y - 4 >= 0):
    if (checkerboard[x][y - 1] == flagch
            and checkerboard[x][y - 2] == flagch
            and checkerboard[x][y - 3] == flagch
            and checkerboard[x][y - 4] == flagch):
        finish = True
        msg()

# 判断棋子右侧
if (y + 4 <= 9):
    if (checkerboard[x][y + 1] == flagch
            and checkerboard[x][y + 2] == flagch
            and checkerboard[x][y + 3] == flagch
            and checkerboard[x][y + 4] == flagch):
        finish = True
        msg()
# 省略其他方向的判断……
```

有关 Python 中 print()函数、二维列表、嵌套 for 循环、多条件 if 判断等基础知识在《Python 从入门到精通（第 3 版）》中有详细的讲解，对这些知识不太熟悉的读者可以参考该书对应的内容。除了以上知识，开发简易版五子棋（控制台版）游戏的关键是五子棋算法，以及如何为控制台设置不同的字体和前景色，下面将分别对它们进行必要的介绍，以确保读者可以顺利完成本项目开发。

1.3.2　五子棋算法分析

五子棋的游戏规则是，以落棋点为中心，向八个方向查找同一类型的棋子，如果相同棋子数大于等于 5，则表示此类型棋子所有者为赢家，以此规则为基础，编写相应的实现算法即可。五子棋棋子查找方向如图 1.2 所示。

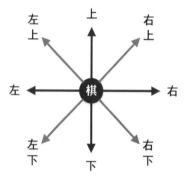

图 1.2　判断一枚棋子在八个方向上摆出的棋型

1.3.3　为控制台设置不同字体和背景色

我们知道，Python 控制台中默认输出的字体是黑色，背景是白色，但为了使控制台版的程序也能够美观大方，可以通过编写代码的方式为控制台版的程序加入彩色元素，这其实只要在 print 输出语句中设置即可。在 PyCharm 控制台中设置字体和背景色，需要使用下面的语法：

\033[显示方式;前景色;背景色 m

上面的语法中，第 1 个参数指定显示方式的值，PyCharm 控制台中的显示方式值及说明如表 1.1 所示。

表 1.1　控制台中的显示方式值及说明

显示方式	说　　明	显示方式	说　　明
0	终端默认设置	1	高亮显示
4	使用下画线	5	闪烁
7	反白显示	8	不可见

第 2 个和第 3 个参数分别用来设置前景色和背景色的色值，PyCharm 控制台中的前景色、背景色颜色对应色值如表 1.2 所示。

表 1.2　PyCharm 控制台中的前景色、背景色颜色对应色值

颜　色	前　景　色	背　景　色	颜　色	前　景　色	背　景　色
黑色	30	40	蓝色	34	44
红色	31	41	紫红色	35	45
绿色	32	42	青蓝色	36	46
黄色	33	43	白色	37	47

例如，要设置某一区域显示不同的颜色，则使用下面的代码：

```
print("\033[1;30;46m------------------------------")
print("   1  2  3  4  5  6  7  8  9  10")
# 省略其他代码
print("------------------------------\033[0m")
```

而如果只设置一行显示不同的颜色，则使用下面的代码：

```
print('\033[1;37;41m---------简易五子棋（控制台版）---------\033[0m')
```

> **说明**
> 上面两段代码运行时，第一段代码会显示青蓝色背景、黑色文字效果，而第二段代码会显示红色背景、白色文字效果。

1.4　功能设计

简易五子棋（控制台版）游戏项目只有一个 gobang.py 文件，所有实现五子棋逻辑的代码都在该文件中。运行该文件时的效果如图 1.3 和图 1.4 所示。

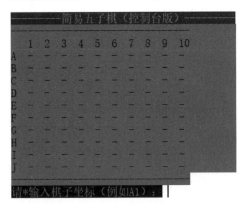

图 1.3　初始化棋盘效果

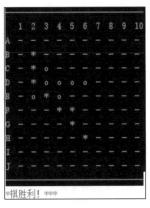

图 1.4　胜利后的棋盘及赢家效果

1.4.1　初始化棋盘

开发简易五子棋游戏时，首先需要对棋盘进行初始化，五子棋的棋盘实质上是一个二维列表，因此，本程序中通过一个名称为 checkerboard 的二维列表来存储五子棋的棋盘，代码如下：

```
finish = False          # 游戏是否结束
flagNum = 1             # 当前下棋者标记
flagch = '*'            # 当前下棋者棋子
x = 0                   # 当前棋子的横坐标
```

```
y = 0                                          # 当前棋子的纵坐标
print('\033[1;37;41m---------简易五子棋（控制台版）---------\033[0m')
# 棋盘初始化
checkerboard=[]
for i in range(10):
    checkerboard.append([])
    for j in range(10):
        checkerboard[i].append('-')
```

1.4.2 打印棋盘

用户要在简易五子棋游戏中下棋，首先需要显示五子棋的棋盘，第 1.4.1 节已经初始化了五子棋的棋盘，接下来的工作只需要将其打印输出即可。这里使用一个嵌套的 for 循环，遍历存储五子棋棋盘的二维列表，然后将遍历到的元素依次输出即可。代码如下：

```
# 打印棋盘
print("\033[1;30;46m-----------------------------")
print("   1 2 3 4 5 6 7 8 9 10")
for i in range(len(checkerboard)):
    print(chr(i + ord('A')) + " ", end=' ');
    for j in range(len(checkerboard[i])):
        print(checkerboard[i][j] + " ", end=' ')
    print()
print("-----------------------------\033[0m")
```

1.4.3 记录棋子坐标

在简易五子棋游戏中实现下棋功能时，主要通过记录棋子的坐标来确定棋子放在哪个位置。具体实现时，首先需要使用 input() 函数输入棋子的坐标，坐标形式为"大写字母+1 到 10 的数字"（例如 A1，A 为横坐标，1 为纵坐标），然后需要将坐标转换为 X、Y 值。其中，将大写字母转换为 X 坐标，需要使用 ord() 函数获取字母对应的 ASCII 码值，然后减去字母 A 的 ASCII 码值；将数字转换为 Y 坐标，只需要减去 1 即可，因为索引从 0 开始。实现记录棋子坐标的代码如下：

```
# 输入棋子坐标
str = input()
ch = str[0]                                    # 获取第一个字符的大写形式
x = ord(ch) - 65
y = int(str[1]) - 1
```

1.4.4 判断棋子坐标

在实现简易五子棋游戏时，设置的棋盘为 10×10，因此输入的坐标一定要在棋盘范围内，如果超出范围，则打印相应的提示信息。由于五子棋的棋盘是 10×10，而棋盘坐标索引是从 0 开始的，因此只要分别判断 X 坐标和 Y 坐标不在 0~9 内，即可说明棋子坐标超出了棋盘的范围，实现代码如下：

```
# 判断坐标是否在棋盘之内
if (x < 0 or x > 9 or y < 0 or y > 9):
    print('\033[31m***您输入的坐标有误请重新输入！***\033[0m')
    continue
```

1.4.5 判断指定坐标位置是否有棋子

在简易五子棋游戏中对战时，如果一方已经在一个坐标位置下了棋子，则另一方就不能再在该位置下棋子，如果下了，则应该出现相应的提示信息。

五子棋棋盘每个坐标位置的默认值为"-"，而下棋之后，值会变为"*"或者"o"，因此要判断指定坐标位置是否有棋子，只需要判断其值是否为"-"即可。如果为"-"，则可以下棋；否则，打印相应的提示信息。代码如下：

```python
# 判断坐标上是否有棋子
if (checkerboard[x][y] == '-'):
    if (flagNum == 1):
        checkerboard[x][y] = '*'
    else:
        checkerboard[x][y] = 'o'
else:
    print('\033[31m******您输入位置已经有其他棋子，请重新输入！\033[0m')
    continue
```

1.4.6 判断当前下棋者

在简易五子棋游戏中下棋时，对战双方在控制台中分别以不同的背景色和字体颜色来显示。本程序中主要通过一个 flagNum 变量来判断对战双方的身份。如果该变量为 1，则下棋方为"*"；否则，下棋方为"o"。代码如下：

```python
# 判断当前下棋者
if flagNum == 1:
    flagch = '*'
    print('\033[1;37;45m 请*输入棋子坐标（例如 A1）：\033[0m', end=' ')    # 白字粉底
else:
    flagch = 'o'
    print('\033[1;30;42m 请 o 输入棋子坐标（例如 J5）：\033[0m', end=' ')    # 黑字绿底
```

另外，在一方下完棋之后，需要改变 flagNum 变量的值，以便更换下棋者，代码如下：

```python
flagNum *= -1;                                                    # 更换下棋者标记
```

1.4.7 五子棋算法实现

根据五子棋的游戏规则，编写相应的实现算法。首先需要判断棋子的上下左右方向，这主要是判断与棋子的 X 坐标或 Y 坐标相邻的 4 个棋子是不是同一个棋子，如果是，则将 finish 标识设置为 True，即结束循环下棋，然后调用 msg()函数打印胜利棋盘及赢家。代码如下：

```python
# 判断棋子左侧
if (y - 4 >= 0):
    if (checkerboard[x][y - 1] == flagch
            and checkerboard[x][y - 2] == flagch
            and checkerboard[x][y - 3] == flagch
            and checkerboard[x][y - 4] == flagch):
        finish = True
        msg()

# 判断棋子右侧
if (y + 4 <= 9):
    if (checkerboard[x][y + 1] == flagch
            and checkerboard[x][y + 2] == flagch
            and checkerboard[x][y + 3] == flagch
            and checkerboard[x][y + 4] == flagch):
        finish = True
        msg()

# 判断棋子上方
if (x - 4 >= 0):
```

```python
        if (checkerboard[x - 1][y] == flagch
                and checkerboard[x - 2][y] == flagch
                and checkerboard[x - 3][y] == flagch
                and checkerboard[x - 4][y] == flagch):
            finish = True
            msg()

# 判断棋子下方
if (x + 4 <= 9):
    if (checkerboard[x + 1][y] == flagch
            and checkerboard[x + 2][y] == flagch
            and checkerboard[x + 3][y] == flagch
            and checkerboard[x + 4][y] == flagch):
        finish = True
        msg()
```

接着需要判断棋子的对角线方向，主要是判断对角线上与棋子坐标相邻的 4 个棋子是不是同一个棋子，如果是，则将 finish 标识设置为 True，即结束循环下棋，然后调用 msg()函数打印胜利棋盘及赢家。代码如下：

```python
# 判断棋子右上方向
if (x - 4 >= 0 and y - 4 >= 0):
    if (checkerboard[x - 1][y - 1] == flagch
            and checkerboard[x - 2][y - 2] == flagch
            and checkerboard[x - 3][y - 3] == flagch
            and checkerboard[x - 4][y - 4] == flagch):
        finish = True
        msg()

# 判断棋子右下方向
if (x + 4 <= 9 and y - 4 >= 0):
    if (checkerboard[x + 1][y - 1] == flagch
            and checkerboard[x + 2][y - 2] == flagch
            and checkerboard[x + 3][y - 3] == flagch
            and checkerboard[x + 4][y - 4] == flagch):
        finish = True
        msg()

# 判断棋子左上方向
if (x - 4 >= 0 and y + 4 <= 9):
    if (checkerboard[x - 1][y + 1] == flagch
            and checkerboard[x - 2][y + 2] == flagch
            and checkerboard[x - 3][y + 3] == flagch
            and checkerboard[x - 4][y + 4] == flagch):
        finish = True
        msg()

# 判断棋子左下方向
if (x + 4 <= 9 and y + 4 <= 9):
    if (checkerboard[x + 1][y + 1] == flagch
            and checkerboard[x + 2][y + 2] == flagch
            and checkerboard[x + 3][y + 3] == flagch
            and checkerboard[x + 4][y + 4] == flagch):
        finish = True
        msg()
```

1.4.8 打印胜利棋盘及赢家

定义一个 msg()函数，用来输出最后胜利的棋盘及赢家。该函数中，主要是使用嵌套的 for 循环输出最终胜利的五子棋棋盘二维列表，而输出赢家则通过判断变量 flagNum 的值来实现。msg()函数实现代码如下：

```python
def msg():
```

```
# 输出最后胜利的棋盘
print("\033[1;37;41m------------------------------")
print("   1  2  3  4  5  6  7  8  9  10")
for i in range(len(checkerboard)):
    print(chr(i + ord('A')) + " ", end=' ')
    for j in range(len(checkerboard[i])):
        print(checkerboard[i][j] + " ", end=' ')
    print()
print("------------------------------\033[0m")
# 输出赢家
if (flagNum == 1):
    print('\033[32m*棋胜利！ ***\033[0m')
else:
    print('\033[32mo 棋胜利！ ***\033[0m')
```

1.5 项目运行

通过前述步骤，设计并完成了"简易五子棋（控制台版）"项目的开发。下面运行该项目，检验一下我们的开发成果。如图1.5所示，在PyCharm的左侧项目结构中选中gobang.py文件，单击鼠标右键，在弹出的快捷菜单中选择Run 'gobang'命令，即可成功运行该项目，效果如图1.6所示。

在图1.6中通过输入坐标，即可实现双方的五子棋对战效果，如图1.7所示。

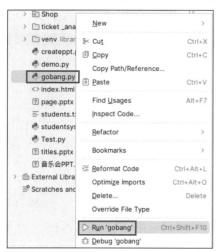

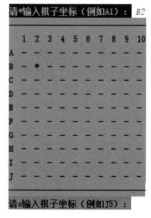

图 1.5　PyCharm 中的项目文件　　　图 1.6　成功运行项目　　　图 1.7　实现对战效果

本章主要使用Python开发了一个简易五子棋（控制台版）游戏项目，项目的核心是五子棋的实现算法；另外，五子棋游戏是在控制台中与用户进行交互的，但如大家所知，控制台中通常都是以黑色背景和白色字体显示数据的，如何在控制台中拥有良好的用户交互体验是本项目的一个难点，本项目通过在print()打印函数中设置背景颜色、字体颜色来解决了这一难点。

1.6 源码下载

本章详细地讲解了如何编码实现"简易五子棋（控制台版）"游戏的各个功能。为了方便读者学习，本书提供了完整的项目源码，扫描右侧二维码即可下载。

第 2 章
学生信息管理系统（基础版）

——文件读写 + 字典操作 + 字符串格式化 + 列表排序 + lambda 表达式

随着互联网技术的不断发展，对学生信息的管理越来越智能化，为了顺应互联网时代存取学生信息数据的需求，学生信息管理系统已经成为各大院校的必备系统。本章将使用 Python 语言中的文件读写、字典操作、字符串格式化、列表排序、lambda 表达式等技术，开发一个学生信息管理系统项目，以达到智能化管理学生信息的目的。

项目微视频

本项目的核心功能及实现技术如下：

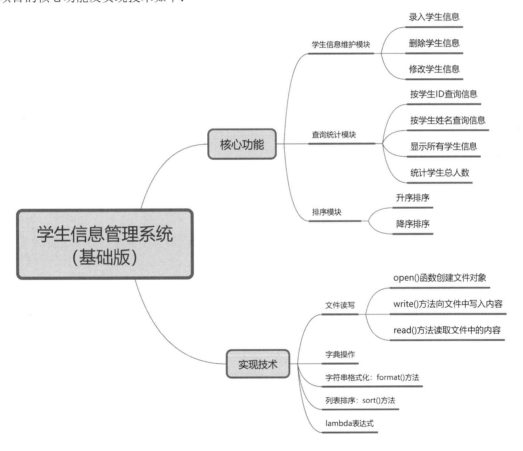

2.1 开发背景

人才是社会发展的根本，学生一直是国家关注的重点。如今，各学校的学生信息管理均具有学生多、信息更新快的特点，手工记录学生信息已经跟不上时代的发展，容易出错，不能及时反映给家长、老师和同学关于学生成绩的更新，对学生最近的状态不能很快的定位，引导学生前进也就相对迟缓。而信息化、智能化的学生信息管理系统可以更方便快捷地统计和记录学生的信息，对学生信息的变化及时更新，同样也可以使家长实时了解学生的动态，以便更好地管理学生，更准确地指引学生方向。

本章使用 Python 开发了一个学生信息管理系统，该项目的实现目标如下：
- ☑ 可以帮助教师快速录入学生的信息，并且对学生的信息进行基本的增、删、改、查操作。
- ☑ 可以根据排序功能，宏观查看学生成绩从高到低的排列，随时掌握学生近期的学习状态。
- ☑ 能够实时地将学生的信息保存到磁盘文件中，方便查看。
- ☑ 操作简单、方便。

2.2 系统设计

2.2.1 开发环境

本项目的开发及运行环境如下：
- ☑ 操作系统：推荐 Windows 10、Windows 11 及以上。
- ☑ 开发工具：Python IDLE 或者 PyCharm 2024（向下兼容）。
- ☑ 开发语言：Python 3.12。

2.2.2 业务流程

学生信息管理系统是一款控制台版的项目程序。在程序开始运行后，首先进入的是系统主界面，在该界面中，显示所有的功能菜单，用户可以通过输入数字操作键，或者按键盘上的↑或↓方向键选择相应的操作。本项目的业务流程如图 2.1 所示。

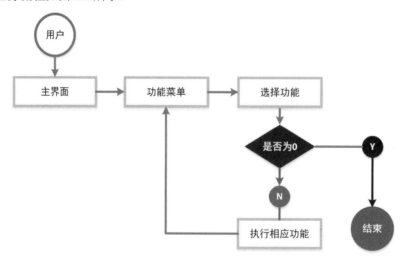

图 2.1　学生信息管理系统业务流程

2.2.3 功能结构

本项目的功能结构已经在章首页中给出。作为管理学生信息方向的应用，本项目实现的具体功能如下：
- ☑ 学生信息维护模块：添加学生及成绩信息，并将信息保存到文件中，同时能够根据 ID 修改和删除学生信息。
- ☑ 查找统计模块：分别根据学生 ID 和姓名查询学生信息，并能够统计学生总人数。
- ☑ 排序模块：按照学生的成绩进行降序或者升序排序。

2.3 技术准备

实现学生信息管理系统时，用到了 Python 中的基础知识，如文件读写、字典操作、字符串格式化、列表排序、lambda 表达式等。基于此，这里将本项目所用的 Python 核心技术点及其具体作用简述如下。

- ☑ 文件读写：在 Python 中，内置了文件（file）对象。在使用文件对象时，首先需要通过内置的 open() 函数创建一个文件对象，然后通过该对象提供的方法进行一些基本文件操作。例如，可以使用文件对象的 write() 方法向文件中写入内容，使用 read() 方法读取文件中的内容，使用 close() 方法关闭文件等。例如，在录入学生信息时，使用 open() 函数打开或者创建一个文件，同时创建文件对象，然后使用 wirte() 方法将用户的输入写入文件中，从而实现保存学生信息的功能。代码如下：

```
try:
    students_txt = open(filename, "a")           # 以追加模式打开
except Exception as e:
    students_txt = open(filename, "w")           # 文件不存在，创建文件并打开
for info in student:
    students_txt.write(str(info) + "\n")         # 按行存储，添加换行符
students_txt.close()                             # 关闭文件
```

> **说明**
> 上面介绍文件读写操作时提到了函数和方法的概念。其中，函数是 Python 中的一个独立代码块，它可以在任何位置定义，并在需要时被调用，函数不是类的一部分，也不依赖于任何特定的对象；方法是一种定义在类中的函数，其与类相关联，并通过类的实例（即对象）来调用。

- ☑ 字典操作：Python 中的字典（dictionary）是无序、可变的，保存的内容以"键-值对"形式存储，它在定义一个包含多个命名字段的对象时，非常有用。例如，本项目中实现查询学生信息功能时，就首先将学生信息存到到字典中，然后通过 ID 或者姓名，在字典中查询对应的学生的信息。代码如下：

```
d = dict(eval(list))                             # 字符串转字典
if id is not "":                                 # 判断是否按 ID 查
    if d['id'] == id:
        student_query.append(d)                  # 将找到的学生信息保存到列表中
elif name is not "":                             # 判断是否按姓名查
    if d['name'] == name:
        student_query.append(d)                  # 将找到的学生信息保存到列表中
```

- ☑ 字符串格式化：字符串格式化的意思是先制定一个模板，在这个模板中预留几个空位，再根据需要填上相应的内容，这些空位需要通过指定的符号标记（也称为占位符），而这些符号将不会被显示。在 Python 中，格式化字符串有两种方法，分别是使用"%"操作符和使用字符串对象的 format() 方法，本项目中主要用到了 format() 方法对字符串进行格式化。例如，在显示查询结果时，通过格式化字符串实现以指定格式显示标题，代码如下：

```
# 定义标题显示格式
format_title = "{:^6}{:^12}\t{:^8}\t{:^10}\t{:^10}\t{:^10}"
print(format_title.format("ID", "名字", "英语成绩", "Python 成绩",
    "C 语言成绩", "总成绩"))                      # 按指定格式显示标题
```

- 列表排序：Python 中提供了两种常用的对列表进行排序的方法，分别是使用列表对象的 sort()方法和使用 Python 内置的 sorted()函数，本项目中主要使用的是第一种方法，即使用列表对象的 sort()方法。例如，按照学生成绩对结果进行排序，代码如下：

```
student_new.sort(key=lambda x: x["english"] , reverse=ascORdescBool)
```

- lambda 表达式：在 Python 中，通常使用 lambda 表达式创建匿名函数。匿名函数（lambda）是指没有名字的函数，被使用在需要一个函数但是又不想费神命名这个函数的场合。lambda 表达式的基本语法：result = lambda [arg1 [,arg2,...,argn]]:expression。其中，result 用于调用 lambda 表达式；[arg1 [,arg2,...,argn]]用于指定要传递的参数列表，expression 用于指定一个实现具体功能的表达式。例如，本项目中按照学生成绩进行排序时，使用 lambda 表达式指定了排序的规则。代码如下：

```
mode = input("请选择排序方式（1 按英语成绩排序；2 按 Python 成绩排序；3 按 C 语言成绩排序；0 按总成绩排序）: ")
if mode == "1":                                  # 按英语成绩排序
    student_new.sort(key=lambda x: x["english"] , reverse=ascORdescBool)
elif mode == "2":                                # 按 Python 成绩排序
    student_new.sort(key=lambda x: x["python"] , reverse=ascORdescBool)
elif mode == "3":                                # 按 C 语言成绩排序
    student_new.sort(key=lambda x: x["c"] , reverse=ascORdescBool)
elif mode == "0":                                # 按总成绩排序
    student_new.sort(key=lambda x: x["english"] + x["python"] + x["c"] , reverse=ascORdescBool)
```

有关文件读写、字典操作、字符串格式化、列表排序、lambda 表达式等基础知识在《Python 从入门到精通（第 3 版）》中有详细的讲解，对这些知识不太熟悉的读者可以参考该书对应的内容。

2.4 主函数设计

2.4.1 功能概述

学生信息管理系统的主函数 main()主要用于实现系统的主界面。在主函数 main()中，主要是调用自定义的 menu()函数生成功能选择菜单，并且使用 if 语句控制各个子函数的调用，从而实现对学生信息的录入、查询、显示、保存、排序以及统计等功能。系统主界面的运行效果如图 2.2 所示。

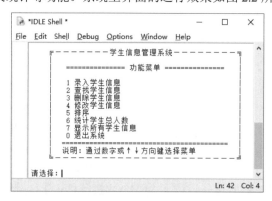

图 2.2 系统主界面的运行效果

2.4.2 实现主函数

运行学生信息管理系统时，首先将进入主功能菜单的选择界面，在这里列出了程序中的所有功能，以及各功能对应的调用说明,用户可以根据需要输入想要执行功能对应的数字编号或者按下键盘上的↑或↓方向键,进入子功能。当用户输入功能编号或者选择相应的功能后,程序会根据用户选择的功能编号(如果是通过↑或↓方向键选择的功能,程序会自动提取对应的数字)调用不同的函数,具体数字表示的功能如表 2.1 所示。

表 2.1 菜单中的数字所表示的功能

编　号	功　　能	编　号	功　　能
0	退出系统	4	修改学生信息,调用 modify()函数
1	录入学生信息,调用 insert()函数	5	对学生成绩排序,调用 sort()函数
2	查找学生信息,调用 search()函数	6	统计学生总人数,调用 total()函数
3	删除学生信息,调用 delete()函数	7	显示所有学生信息,调用 show()函数

主函数 main()的实现代码如下:

```python
def main():
    ctrl = True                                  # 标记是否退出系统
    while (ctrl):
        menu()                                   # 显示菜单
        option = input("请选择: ")
        option_str = re.sub("\D", "", option)     # 提取数字
        if option_str in ['0', '1', '2', '3', '4', '5', '6', '7']:
            option_int = int(option_str)
            if option_int == 0:                  # 退出系统
                print('您已退出学生信息管理系统!')
                ctrl = False
            elif option_int == 1:                # 录入学生成绩信息
                insert()
            elif option_int == 2:                # 查找学生成绩信息
                search()
            elif option_int == 3:                # 删除学生成绩信息
                delete()
            elif option_int == 4:                # 修改学生成绩信息
                modify()
            elif option_int == 5:                # 排序
                sort()
            elif option_int == 6:                # 统计学生总数
                total()
            elif option_int == 7:                # 显示所有学生信息
                show()
```

> **说明**
> 在 main()函数中分别调用了 insert()、search()、delete()、modify()、sort()、total()、show()等函数,这些函数实现的功能将在本章后续内容中进行详细介绍。

2.4.3　显示主菜单

在主函数 main()中,首先调用了 menu()函数。menu()函数主要使用 Python 中的 print()函数在控制台输出文字和特殊字符组成的功能菜单。具体代码如下:

```python
def menu():
    # 输出菜单
    print("
————————学生信息管理系统————————
|                                              |
```

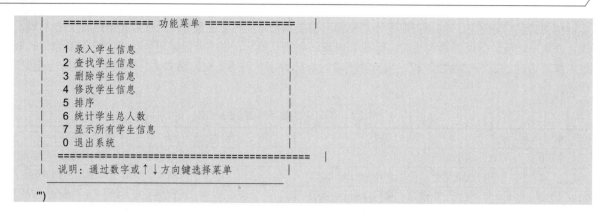

2.5 学生信息维护模块设计

2.5.1 功能概述

学生信息维护模块用于维护学生信息，主要包括录入学生信息、修改学生信息和删除学生信息。这些学生信息会被保存到磁盘文件。其中，当用户在功能选择界面中输入数字"1"或者使用↑或↓方向键选择"1 录入学生信息"菜单项时，即可进入录入学生信息功能。在这里可以批量录入学生信息，并保存到磁盘文件中，运行效果如图2.3所示。

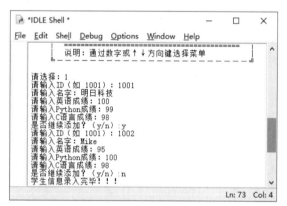

图 2.3　录入学生信息

当用户在功能选择界面中输入数字"3"或者使用↑或↓方向键选择"3 删除学生信息"菜单项时，即可进入删除学生信息功能。在这里可以根据学生ID从磁盘文件中删除指定的学生信息，运行效果如图2.4所示。

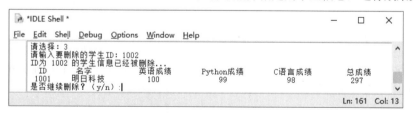

图 2.4　删除学生信息

当用户在功能选择界面中输入数字"4"或者使用↑或↓方向键选择"4 修改学生信息"菜单项时，即可进入修改学生信息功能。在这里可以根据学生ID修改指定的学生信息，运行效果如图2.5所示。

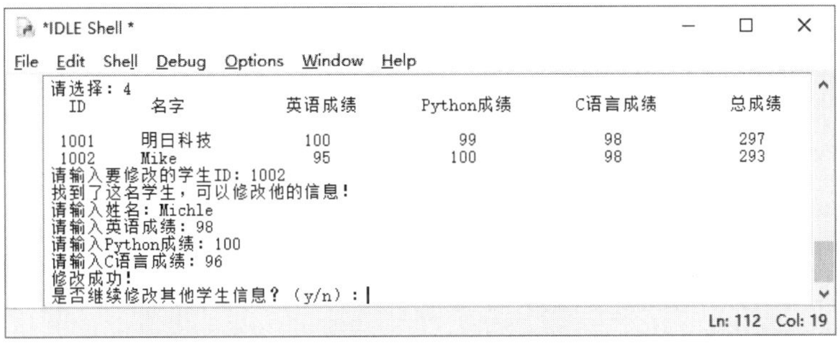

```
*IDLE Shell *                                    —  □  ×
File Edit Shell Debug Options Window Help
请选择：4
        ID       名字        英语成绩       Python成绩       C语言成绩       总成绩
        1001     明日科技     100           99              98            297
        1002     Mike         95            100             98            293
请输入要修改的学生ID：1002
找到了这名学生，可以修改他的信息！
请输入姓名：Michle
请输入英语成绩：98
请输入Python成绩：100
请输入C语言成绩：96
修改成功！
是否继续修改其他学生信息？（y/n）：|
                                                          Ln: 112 Col: 19
```

图 2.5　修改学生信息

2.5.2　实现录入学生信息功能

录入学生信息功能主要是获取用户在控制台上输入的学生信息，并且把它们保存到磁盘文件中，从而达到永久保存的目的。例如，在功能菜单上输入功能编号 1，并且按下 Enter 键，系统将分别提示输入学生编号、学生名字、英语成绩、Python 成绩和 C 语言成绩。输入正确的信息后，系统会提示是否继续添加。输入 y，系统将会再次提示用户输入用户信息；输入 n，则将录入的学生信息保存到文件中。录入学生信息功能的具体实现过程如下。

（1）编写一个向文件中写入指定内容的函数，将其命名为 save()，该函数有一个列表类型的参数，用于指定要写入的内容。save()函数的具体代码如下：

```
# 将学生信息保存到文件
def save(student):
    try:
        students_txt = open(filename, "a")             # 以追加模式打开
    except Exception as e:
        students_txt = open(filename, "w")             # 文件不存在，创建文件并打开
    for info in student:
        students_txt.write(str(info) + "\n")           # 按行存储，添加换行符
    students_txt.close()                               # 关闭文件
```

说明

上面的代码中，将以追加模式打开一个文件，并且使用 try…except 语句捕获异常，如果出现异常，则说明没有要打开的文件，这时再以写模式创建并打开文件，再通过 for 语句将列表中的元素一行一行写入文件中，每行结束添加换行符。

（2）编写主函数中调用的录入学生信息的函数 insert()。在该函数中，先定义一个保存学生信息的空列表，然后设置一个 while 循环，在该循环中通过 input()函数要求用户输入学生信息（包括学生 ID、名字、英语成绩、Python 成绩和 C 语言成绩），如果这些内容都符合要求，则将它们保存到字典中，再将该字典添加到列表中，并且询问是否继续录入，如果不再录入，则结束 while 循环，并调用 save()函数，将录入的学生信息保存到文件中。insert()函数的具体代码如下：

```
def insert():
    stdentList = []                                    # 保存学生信息的列表
    mark = True                                        # 是否继续添加
    while mark:
        id = input("请输入ID（如 1001）: ")
        if not id:                                     # ID为空，跳出循环
            break
        name = input("请输入名字: ")
```

```
        if not name:                                    # 名字为空，跳出循环
            break
        try:
            english = int(input("请输入英语成绩："))
            python = int(input("请输入 Python 成绩："))
            c = int(input("请输入 C 语言成绩："))
        except:
            print("输入无效，不是整型数值....重新录入信息")
            continue
        # 将输入的学生信息保存到字典
        stdent = {"id": id, "name": name, "english": english, "python": python, "c": c}
        stdentList.append(stdent)                       # 将学生字典添加到列表中
        inputMark = input("是否继续添加？（y/n）:")
        if inputMark == "y":                            # 继续添加
            mark = True
        else:                                           # 不继续添加
            mark = False
    save(stdentList)                                    # 将学生信息保存到文件
    print("学生信息录入完毕！！！")
```

（3）录入学生信息后，将在项目的根目录中创建一个名称为 students.txt 的文件，该文件中保存着学生信息。例如，输入 2 条信息后，students.txt 文件的内容如图 2.6 所示。

图 2.6　students.txt 文件的内容

2.5.3　实现删除学生信息功能

删除学生信息功能主要是根据用户在控制台上输入的学生 ID，到磁盘文件中找到对应的学生信息，并将其删除。例如，在功能菜单上输入功能编号 3，并且按下 Enter 键，系统将提示输入要删除学生的编号。输入相应的学生 ID 后，系统会直接从文件中删除该学生信息，并且提示是否继续删除。输入 y，系统将会再次提示用户输入要删除的学生编号；输入 n，则退出删除功能。

本项目中删除学生信息功能主要通过自定义的 delete() 函数实现。在该函数中，设置一个 while 循环，在该循环中，首先通过 input() 函数要求用户输入要删除的学生 ID，然后以只读模式打开保存学生信息的文件，读取其内容并保存到一个列表中，再以写模式打开保存学生信息的文件，并且遍历保存学生信息的列表，将每个元素转换为字典，从而方便根据输入的学生 ID 判断是否为要删除的学生信息，如果不是要删除的信息，则将其重新写入文件中。delete() 函数的具体代码如下：

```
def delete():
    mark = True                                         # 标记是否循环
    while mark:
        studentId = input("请输入要删除的学生 ID：")
        if studentId is not "":                         # 判断是否输入要删除的学生
            if os.path.exists(filename):                # 判断文件是否存在
                with open(filename, 'r') as rfile:      # 打开文件
                    student_old = rfile.readlines()     # 读取全部内容
            else:
                student_old = []
            ifdel = False                               # 标记是否删除
            if student_old:                             # 如果存在学生信息
                with open(filename, 'w') as wfile:      # 以写方式打开文件
                    d = {}                              # 定义空字典
                    for list in student_old:
                        d = dict(eval(list))            # 字符串转字典
                        if d['id'] != studentId:
                            wfile.write(str(d) + "\n")  # 将一条学生信息写入文件
```

```python
            else:
                ifdel = True                          # 标记已经删除
        if ifdel:
            print("ID 为 %s 的学生信息已经被删除..." % studentId)
        else:
            print("没有找到 ID 为 %s 的学生信息..." % studentId)
    else:
        print("无学生信息...")                        # 不存在学生信息
        break                                         # 退出循环
    show()                                            # 显示全部学生信息
    inputMark = input("是否继续删除？（y/n）:")
    if inputMark == "y":
        mark = True                                   # 继续删除
    else:
        mark = False                                  # 退出删除学生信息功能
```

2.5.4 实现修改学生信息功能

修改学生信息功能主要是根据用户在控制台上输入的学生 ID，到磁盘文件中找到对应的学生信息，再对其进行修改。例如，在功能菜单上输入功能编号 4，并且按下 Enter 键，系统首先显示全部学生信息列表，再提示输入要修改学生的编号。输入相应的学生 ID 后，系统会在文件中查找该学生信息。如果找到，则提示修改相应的信息，否则不修改。最后提示是否继续修改。输入 y，系统将会再次提示用户输入要修改的学生编号；输入 n，则退出修改功能。

本项目中修改学生信息功能主要通过自定义的 modify() 函数实现。在该函数中，调用 show() 函数显示全部学生信息，之后再判断保存学生信息的文件是否存在，如果存在，则以只读模式打开文件，读取全部学生信息并保存到列表中，否则返回。接下来再提示用户输入要修改的学生 ID，并且以写模式打开文件。打开文件后，遍历保存学生信息的列表，将每个元素转换为字典，再根据输入的学生 ID 判断是否为要修改的信息，如果是要修改的信息，则提示用户输入新的信息，并保存到文件，否则直接将其写入文件中。modify() 函数的具体代码如下：

```python
def modify():
    show()                                            # 显示全部学生信息
    if os.path.exists(filename):                      # 判断文件是否存在
        with open(filename, 'r') as rfile:            # 打开文件
            student_old = rfile.readlines()           # 读取全部内容
    else:
        return
    studentid = input("请输入要修改的学生 ID：")
    with open(filename, "w") as wfile:                # 以写模式打开文件
        for student in student_old:
            d = dict(eval(student))                   # 字符串转字典
            if d["id"] == studentid:                  # 是否为要修改信息的学生
                print("找到了这名学生，可以修改他的信息！")
                while True:                           # 输入要修改的信息
                    try:
                        d["name"] = input("请输入姓名：")
                        d["english"] = int(input("请输入英语成绩："))
                        d["python"] = int(input("请输入 Python 成绩："))
                        d["c"] = int(input("请输入 C 语言成绩："))
                    except:
                        print("您的输入有误，请重新输入。")
                    else:
                        break                         # 跳出循环
                student = str(d)                      # 将字典转换为字符串
                wfile.write(student + "\n")           # 将修改的信息写入文件
                print("修改成功！")
```

```
        else:
            wfile.write(student)                    # 将未修改的信息写入文件
mark = input("是否继续修改其他学生信息？（y/n）：")
if mark == "y":
    modify()                                        # 重新执行修改操作
```

2.6 查询统计模块设计

2.6.1 功能概述

在学生信息管理系统中，查询/统计模块用于查询和统计学生信息。主要包括根据学生编号或姓名查找学生信息、统计学生总人数和显示所有学生信息。在显示获取到的学生信息时，会自动计算总成绩。其中，当用户在功能选择界面中输入数字"2"或者使用↑或↓方向键选择"2 查找学生信息"菜单项时，即可进入查找学生信息功能。在这里可以实现根据学生编号或姓名查找学生信息，运行效果如图2.7所示。

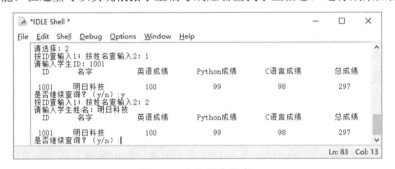

图 2.7 查找学生信息

当用户在功能选择界面中输入数字"6"或者使用↑或↓方向键选择"6 统计学生总人数"菜单项时，即可进入统计学生总人数功能。在这里可以实现统计并显示一共有多少名学生信息，运行效果如图2.8所示。

当用户在功能选择界面中输入数字"7"或者使用↑或↓方向键选择"7 显示所有学生信息"菜单项时，即可进入显示所有学生信息功能。在这里可以实现显示全部学生信息（包括学生的总成绩），运行效果如图2.9所示。

图 2.8 统计学生总人数

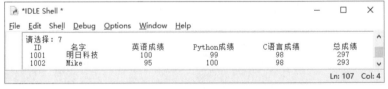

图 2.9 显示所有学生信息

2.6.2 实现查询学生信息功能

查询学生信息功能主要是根据用户在控制台上输入的学生ID或姓名，到磁盘文件中找到对应的学生信息。例如，在功能菜单上输入功能编号2，并且按下Enter键，系统将要求用户选择是按学生编号查询还是按学生姓名查询。如果用户输入 1，则要求用户输入学生 ID，表示按学生编号查询。输入想要查询的学生编号后，系统开始查询该学生信息。如果找到则显示，效果如图2.10所示，否则显示"(o@.@o) 无数据信息 (o@.@o)"，效果如图2.11所示。最后提示是否继续查找。输入y，系统将再次提示用户选择查找方式，输入 n，则退出查询学生信息功能。

图 2.10　通过学生 ID 查询学生信息

图 2.11　未找到符合条件的学生信息

本项目中查询学生信息功能主要通过自定义的 search()函数实现。在该函数中，设置一个循环，在该循环中先判断保存学生信息的文件是否存在，如果不存在，则给出提示并返回，否则提示用户选择查询方式，之后再根据选择的方式到保存学生信息的文件中查找相对应的学生信息，并且调用 show_student()函数将查询结果进行显示。search()函数的具体代码如下：

```python
def search():
    mark = True
    student_query = []                              # 保存查询结果的学生列表
    while mark:
        id = ""
        name = ""
        if os.path.exists(filename):                # 判断文件是否存在
            mode = input("按 ID 查输入 1；按姓名查输入 2: ")
            if mode == "1":                         # 按学生编号查询
                id = input("请输入学生 ID：")
            elif mode == "2":                       # 按学生姓名查询
                name = input("请输入学生姓名：")
            else:
                print("您的输入有误，请重新输入！ ")
                search()                            # 重新查询
            with open(filename, 'r') as file:       # 打开文件
                student = file.readlines()          # 读取全部内容
                for list in student:
                    d = dict(eval(list))            # 字符串转字典
                    if id is not "":                # 判断是否按 ID 查
                        if d['id'] == id:
                            student_query.append(d) # 将找到的学生信息保存到列表中
                    elif name is not "":            # 判断是否按姓名查
                        if d['name'] == name:
                            student_query.append(d) # 将找到的学生信息保存到列表中
                show_student(student_query)         # 显示查询结果
                student_query.clear()               # 清空列表
                inputMark = input("是否继续查询？（y/n）:")
                if inputMark == "y":
                    mark = True
                else:
                    mark = False
        else:
            print("暂未保存数据信息...")
            return
```

在上面的代码中，调用了函数 show_student()，用于将获取的列表按指定格式显示出来。show_student()函数的具体代码如下：

```python
# 将保存在列表中的学生信息显示出来
def show_student(studentList):
    if not studentList:
        print("(o@.@o) 无数据信息 (o@.@o) \n")        # 如果没有要显示的数据
        return
```

```python
# 定义标题显示格式
format_title = "{:^6}{:^12}\t{:^8}\t{:^10}\t{:^10}\t{:^10}"
print(format_title.format("ID", "名字", "英语成绩", "Python 成绩",
        "C 语言成绩", "总成绩"))                        # 按指定格式显示标题
# 定义具体内容显示格式
format_data = "{:^6}{:^12}\t{:^12}\t{:^12}\t{:^12}\t{:^12}"
for info in studentList:                                # 通过 for 循环将列表中的数据全部显示出来
    print(format_data.format(info.get("id"),
            info.get("name"), str(info.get("english")), str(info.get("python")),
            str(info.get("c")),
            str(info.get("english") + info.get("python") +
            info.get("c")).center(12)))
```

> **说明**
>
> 上面的代码中，使用了字符串的 format()方法对其进行格式化。其中在指定字符串的显示格式时，数字表示所占宽度；符号"^"表示居中显示；"\t"表示添加一个制表符。

2.6.3 实现显示所有学生信息功能

显示所有学生信息功能主要是将学生信息文件中保存的全部学生信息进行获取并显示出来，该功能主要通过自定义的 show()函数来实现。在该函数中，添加一个 if 语句，用于判断保存学生信息的文件是否存在，如果存在，则以只读模式打开该文件，读取该文件的全部内容并保存到一个列表中，然后遍历该列表，并将其元素转换为字典，再添加到一个新列表中，最后调用 show_student()函数将新列表中的信息显示出来。show()函数的具体代码如下：

```python
def show():
    student_new = []
    if os.path.exists(filename):                        # 判断文件是否存在
        with open(filename, 'r') as rfile:              # 打开文件
            student_old = rfile.readlines()             # 读取全部内容
            for list in student_old:
                student_new.append(eval(list))          # 将找到的学生信息保存到列表中
            if student_new:
                show_student(student_new)
            else:
                print("暂未保存数据信息...")
```

2.6.4 实现统计学生总人数功能

统计学生总人数功能主要是统计学生信息文件中保存的学生信息个数，该功能主要通过自定义的 total() 函数来实现。在该函数中，添加一个 if 语句，用于判断保存学生信息的文件是否存在，如果存在，则以只读模式打开该文件，读取该文件的全部内容并保存到一个列表中，然后使用 len()函数统计该列表的元素个数，即可得到学生的总人数。total()函数的具体代码如下：

```python
def total():
    if os.path.exists(filename):                        # 判断文件是否存在
        with open(filename, 'r') as rfile:              # 打开文件
            student_old = rfile.readlines()             # 读取全部内容
            if student_old:
                print("一共有 %d 名学生！" % len(student_old))   # 统计学生人数
            else:
                print("还没有录入学生信息！")
    else:
        print("暂未保存数据信息...")
```

2.7 排序模块设计

2.7.1 排序模块概述

在学生信息管理系统中，排序模块用于对学生信息按成绩进行排序。主要包括按英语成绩、Python 成绩、C 语言成绩和总成绩按升序或降序排列。其中，当用户在功能选择界面中输入数字"5"或者使用↑或↓方向键选择"5 排序"菜单项时，即可进入排序功能。在这里先按录入顺序显示学生信息（不排序），然后要求用户选择排序方式，并根据选择方式进行排序显示，运行效果如图 2.12 所示。

图 2.12 按总成绩降序排列

2.7.2 实现按学生成绩排序

按学生成绩排序功能主要通过自定义的 sort()函数来实现。编写主函数中调用的排序函数 sort()。在该函数中，首先判断保存学生信息的文件是否存在，如果存在，则打开该文件读取全部学生信息，将每一名学生信息转换为字典并保存到一个新的列表中，然后获取用户输入的排序方式，再根据选择结果进行相应的排序，最后调用 show_student()函数显示排序结果。sort()函数的具体代码如下：

```python
def sort():
    show()                                              # 显示全部学生信息
    if os.path.exists(filename):                        # 判断文件是否存在
        with open(filename, 'r') as file:               # 打开文件
            student_old = file.readlines()              # 读取全部内容
            student_new = []
            for list in student_old:
                d = dict(eval(list))                    # 字符串转字典
                student_new.append(d)                   # 将转换后的字典添加到列表中
    else:
        return
    ascORdesc = input("请选择（0 升序；1 降序）：")
    if ascORdesc == "0":                                # 按升序排序
        ascORdescBool = False
    elif ascORdesc == "1":                              # 按降序排序
        ascORdescBool = True
    else:
        print("您的输入有误，请重新输入！")
        sort()
    mode = input("请选择排序方式（1 按英语成绩排序；2 按 Python 成绩排序；3 按 C 语言成绩排序；0 按总成绩排序）：")
    if mode == "1":                                     # 按英语成绩排序
        student_new.sort(key=lambda x: x["english"] , reverse=ascORdescBool)
    elif mode == "2":                                   # 按 Python 成绩排序
        student_new.sort(key=lambda x: x["python"] , reverse=ascORdescBool)
    elif mode == "3":                                   # 按 C 语言成绩排序
        student_new.sort(key=lambda x: x["c"] , reverse=ascORdescBool)
    elif mode == "0":                                   # 按总成绩排序
        student_new.sort(key=lambda x: x["english"] + x["python"] + x["c"] , reverse=ascORdescBool)
    else:
        print("您的输入有误，请重新输入！")
        sort()
    show_student(student_new)                           # 显示排序结果
```

> **说明**
>
> 上面的代码中，调用列表的 sort()方法实现排序，在进行排序时，通过 lambda 表达式指定排序规则。例如，"key=lambda x: x["english"]"表示按字典的 english 键进行排序；"reverse= ascORdescBool"表示是否为降序排序，如果标记变量 ascORdescBool 的值为 True，表示降序排序。

2.8 项目运行

通过前述步骤，设计并完成了"学生信息管理系统"项目的开发。下面运行该项目，检验一下我们的开发成果。运行该项目时，可以在 PyCharm 中运行，也可以直接在 Python IDLE 中运行，由于该项目的文件只有一个，因此如果在 PyCharm 中运行，则其运行方式与第 1 章类似，步骤可参考第 1 章的第 1.5 节。这里以在 Python IDLE 中为例介绍运行该项目的步骤。首先打开 Python IDLE，在菜单中选择 File→Open，然后在弹出的"打开"对话框中选中项目文件 studentsystem.py，单击"打开"按钮，如图 2.13 所示。

然后按 F5 键，即可成功运行该项目，效果如图 2.14 所示。

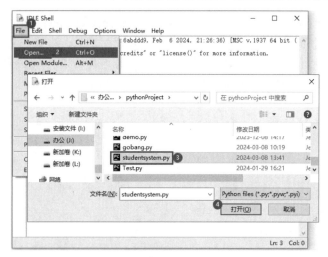

图 2.13　在 Python IDLE 中打开项目文件

图 2.14　成功运行项目

本章主要使用 Python 的基础知识开发了一个学生信息管理系统，项目的核心技术是对文件、列表和字典进行操作。其中，对文件进行操作是用来永久保存学生信息；而将学生信息以字典的形式保存到列表中，是为了方便对学生信息的查询、修改和删除。通过本章的学习，读者首先应该熟练掌握对文件进行创建、打开和修改等操作的方法，其次还应该掌握对字典和列表进行操作的方法，尤其是对列表进行自定义排序规则，这是本项目的难点，需要读者仔细体会，并做到融会贯通。

2.9 源码下载

源码下载

虽然本章详细地讲解了如何编码实现"学生信息管理系统"的各个功能，但给出的代码都是代码片段，而非源码。为了方便读者学习，本书提供了完整的项目源码，扫描右侧二维码即可下载。

第 2 篇

游戏开发项目

在数字时代的浪潮中,游戏已成为人们生活中不可或缺的一部分。从休闲的益智游戏到紧张刺激的竞技对战,游戏给人们提供了娱乐方式,同时也成为了人们交流、学习和创新的平台。Python 易于上手,且拥有丰富的游戏开发库,如 pygame,它使得开发者能够快速构建出好玩的游戏。不论你是编程新手还是资深开发者,Python 游戏开发都能让你在创造中体验乐趣,探索无限可能。

本篇主要使用 Python 语言结合 pygame 模块开发了两个经典的游戏项目,具体如下:

- ☑ 水果消消乐游戏
- ☑ 超级玛丽冒险游戏

第 3 章 水果消消乐游戏

——模块导入 + 类 + 函数 + pygame + random + time

风靡全国的水果消消乐游戏，操作简单，生动有趣，是一款百玩不厌、广受大众喜爱的经典休闲小游戏。本章将使用 Python + pygame 模块实现该游戏。具体规则：在规定的时间内，玩家需要把至少 3 个相同的水果放置在一起才可以消除并得分。

本项目的核心功能及实现技术如下：

项目微视频

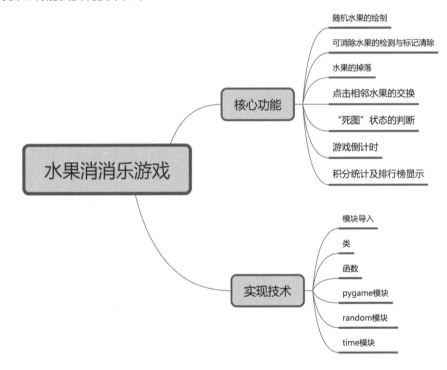

3.1 开发背景

在当今数字化时代，休闲益智类游戏因其简单易懂、操作便捷、娱乐性强等特点，受到了广大玩家的喜爱。在这样的市场背景下，本章将使用 Python 中的 pygame 游戏模块开发一款休闲益智类游戏——水果消消乐。该游戏的灵感来源于经典的消除类游戏，采用了丰富多彩的水果元素作为消除对象，使得游戏画面更加生动有趣。

本游戏项目的实现目标如下：
- ☑ 游戏界面美观大方，操作简单。
- ☑ 遵循经典的消除类游戏规则。
- ☑ 能够实时显示积分和倒计时，提升挑战性。

- 通过游戏中的排行榜功能，玩家可以查看自己的成绩。

3.2 系统设计

3.2.1 开发环境

本项目的开发及运行环境如下：
- 操作系统：推荐 Windows 10、Windows 11 及以上。
- 开发工具：PyCharm 2024（向下兼容）。
- 开发语言：Python 3.12。
- Python 内置模块：sys、os、time、random。
- 第三方模块：pygame（2.5.2）。

3.2.2 业务流程

在启动项目后，首先进入首屏界面。单击 Play 按钮，即可进入游戏主界面。在游戏主页面中单击相邻的水果方块（红框）切换位置，当至少 3 个一样的水果连在一起时，连在一起的水果（蓝框）即可消除。当水果消除获得一定的分数时，会显示鼓励性的提示。另外，当游戏结束、处于"死图"状态或者游戏规定时间到时，游戏进入排行榜界面。本项目的业务流程如图 3.1 所示。

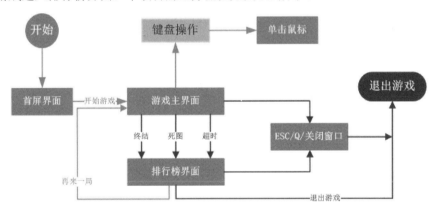

图 3.1 水果消消乐游戏业务流程

3.2.3 功能结构

本项目的功能结构已经在章首页中给出，该项目实现的具体功能如下：
- 游戏中水果的随机生成。
- 可消除水果的标记与清除。
- 水果的自动掉落。
- 单击相邻水果的切换。
- 游戏中无可消除水果时的判断。
- 倒计时的实现。
- 积分的统计和显示。
- 积分排行榜的实现。

3.3 技术准备

3.3.1 技术概览

- ☑ **模块导入**：在 Python 中，一个扩展名为.py 的文件就被称为一个模块。通常情况下，我们把能够实现某一特定功能的代码放置在一个文件中作为一个模块，从而方便被其他程序和脚本导入并使用。编写好一个模块后，如果要使用该模块，只需要在相应的代码文件中导入即可。在 Python 代码中导入模块主要有以下 5 种形式：

```
import pygame                                    # 导入整个模块
from pygame.locals import *                      # 导入模块中的所有类和对象
from functools import lru_cache                  # 导入模块中的某个类
from .entity import Element, Font_Fact           # 导入自定义模块中的某个类（要导入的模块与当前文件在同一目录下）
from core.handler import Manager                 # 导入自定义模块中的某个类（要导入的模块与当前文件不在同一目录下）
```

- ☑ **类**：在 Python 中，类表示具有相同属性和方法的对象的集合。在使用类时，需要先定义类，然后创建类的实例，通过类的实例可以访问类中的属性和方法。类的定义使用 class 关键字来实现。本项目中多次用到了类，例如，将用到的图片和文字封装成类，代码如下：

```python
class Element(pygame.sprite.Sprite):
    """
    绘制图片类
    """
class Font_Fact(pygame.sprite.Sprite):
    """
    绘制文字精灵组件类
    """
```

- ☑ **函数**：在 Python 中，可以把实现某一功能的代码定义为一个函数，然后在需要使用时，随时调用即可。定义函数时需要使用 def 关键字，后面跟要定义的函数名，以及参数（如果有）。本项目中多次用到了函数，例如，定义一个名为 open_game_init()的函数，用来对游戏首屏页面进行初始化，代码如下：

```python
def open_game_init(self):
    """ 游戏首屏页面初始化 """
    # 绘制首屏的背景图片
    Element(Element.bg_open_image, (0, 0)).draw(self.screen)
    # 开始按钮的绘制
    Element(Element.game_start_button_image, Element.game_start_button_posi).draw(self.screen)
    pygame.display.flip()
```

- ☑ **pygame 模块**：pygame 模块是一个完全免费、开源的 Python 游戏模块，它支持 Windows、Linux、macOS 等操作系统，具有良好的跨平台性。使用 pygame 模块进行游戏开发的流程如图 3.2 所示。

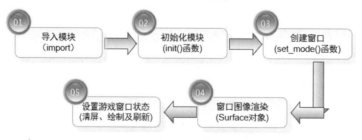

图 3.2　pygame 程序开发流程

例如，下面代码定义了一个基本的 pygame 游戏开发框架：

```python
import sys

# 导入 pygame 及常量库
import pygame
from pygame.locals import *

SIZE = WIDTH, HEIGHT = 640, 396
FPS = 60

pygame.init()
screen = pygame.display.set_mode(SIZE)
pygame.display.set_caption("Pygame__明日")
clock = pygame.time.Clock()
# 创建字体对象
font = pygame.font.SysFont(None, 60, )

running = True
# 主体循环
while running:
    # 1. 清屏
    screen.fill((25, 102, 173))
    # 2. 绘制
    for event in pygame.event.get():            # 事件索取
        if event.type == QUIT:
            pygame.quit()
            sys.exit()
    # 3.刷新
    pygame.display.update()
    clock.tick(FPS)
```

有关模块导入、类、函数、pygame 模块等知识在《Python 从入门到精通（第 3 版）》中有详细的讲解，对这些知识不太熟悉的读者可以参考该书对应的内容。除了以上知识，本项目还用到了 random 模块和 time 模块，这是 Python 内置的两个标准模块，下面对它们的使用进行必要的介绍，以确保读者可以顺利完成本项目。

3.3.2　random 模块的使用

random 模块用于实现各种分布的伪随机数生成器，可以根据不同的实数分布来随机生成值，如随机生成指定范围的整数、浮点数、序列等。random 模块的常用功能、方法及举例如表 3.1 所示。

表 3.1　random 模块的常用功能、方法及举例

功　　能	方　　法	举　　例	
生成普通随机数	random.random() random.choices(population) random.choice(seq) random.randint(a,b) random.randrange(stop) random.randrange(start, stop[,step]) random.uniform(a,b)	random.random() random.choices(['apple','orange','banana'])) random.choice([1,2,3,4,5]) random.choice(('1','3','5')) random.choice(["+","-"]) random.randint(0,10) random.randrange(5)) random.randrange(1,10) random.randrange(20, 40, 2) random.uniform(1.0,5.0) random.uniform(1,5) random.uniform(5.0,1.0)	# 返回 0.0 至 1.0 之间的随机浮点数 # 随机输出列表中的元素 # 从列表中生成随机数 # 从元组中生成随机数 # 随机生成+或者-号 #0 到 10 范围内的随机整数（包含 10） #0 至 5 之间的随机整数，不包含 5 # 从[1, 2, 3, ... 8, 9]序列中返回一个随机数 # 从[20, 22, 24, ... 36, 38]序列中返回一个随机偶数 # 指定参数为浮点数 # 指定参数为整数 # 参数 a 大于参数 b

续表

功 能	方 法	举 例
生成不重复随机数	random.sample(population,k)	random.sample([1,2,3,4,5],3)　　　　# 随机生成 3 个不重复的随机数 random.sample(['张','王','李','赵','周','吴','郑','徐'],3) random.sample([["java","oracle"],["C#","asp.net"],["PHP","mysql"],["C","C++"]],2)
随机排列元素	random.shuffle(x[,random])	random.shuffle([1,2,3,4,5,6])　　　　　　　　# 将数字 1～6 的顺次打乱 random.shuffle(["北京","上海","广州","深圳"])　　# 将 4 个城市的顺次打乱
特色规则的随机数	random.betavariate(alpha, beta) random.gauss(mu,sigma) random.getrandbits(k) random.normalvariate(mu,sigma) random.lognormvariate(mu, sigma) random.expovariate(lambd) random.gammavariate(alpha, beta) random.paretovariate(alpha) random.triangular(low, high, mode) random.vonmisesvariate(mu, kappa) random.weibullvariate(alpha, beta)	random.betavariate(1, 3)　　　　　# 生成 0～1 以 beta 概率分布的随机数 random.gauss(1, 3)　　　　　　　　# 生成以高斯分布的随机数 random.getrandbits(5)　　　　　　# 生成一个 K（指定值）随机位的整数 random.normalvariate(1, 3)　　　　# 生成以正态分布的随机数 random.lognormvariate(1, 3)　　　　# 生成以对数正态分布的随机数 random.expovariate(3.14)　　　　　# 生成以指数分布的随机数 random.gammavariate(1, 3)　　　　# 生成以 gamma 分布的随机数 random.paretovariate(1)　　　　　# 生成以 Pareto 分布的随机数 random.triangular(0, 1, 0.5)　　　　# 生成以三角形分布的随机数 random.vonmisesvariate(1, 3)　　　# 生成以 von Mises 分布的随机数 random.weibullvariate(1, 3)　　　　# 生成以 Weibull 分布的随机数
初始化生成器	random.seed(a=None, version=2)	random.seed()　　　　　　　　　# 默认种子 random.seed(a=1)　　　　　　　# 整数种子 random.seed(a='1',version=1)　　# 字符种子
生成器的状态	1. .random.getstate()获取当前生成器内部状态的对象 2. random.setstate(state)恢复生成器的内容状态	state = random.getstate()　　# 获取当前生成器内部状态的对象 random.seed()　　　　　　　# 系统时间作为种子，初始化生成器 random.setstate(state)　　　　# 恢复生成器的内部状态

例如，本项目中使用了 random 模块的 randint()方法为游戏页面中的小方块随机生成水果图片，代码如下：

```
for i in range(self._height):
    for j in range(self._width):
        self.animal[i][j] = random.randint(0, 5)
```

3.3.3 time 模块的使用

time 模块提供了 Python 中各种与时间处理相关的方法，该模块中对于时间表示的格式有如下 3 种。
- ☑ timestamp 时间戳：表示的是从 1970 年 1 月 1 日 00:00:00 开始按秒计算的偏移量。
- ☑ struct_time 时间元组：共有 9 个元素组。分别为年、月、日、时、分、秒、一周中的第几日、一年中的第几日、夏令时。
- ☑ format time 格式化时间字符串：格式化的结构使时间更具可读性，包括自定义格式和固定格式。

time 模块的常用方法及说明如表 3.2 所示。

表 3.2　time 模块的常用方法及说明

方　法	说　明	方　法	说　明
asctime()	接收时间元组并返回一个可读的长度为 24 个字符的字符串	mktime()	接收时间元组并返回时间戳
clock()	以浮点数返回当前的时间	sleep()	按指定的秒数使程序休眠若干时间
ctime()	接收时间戳并返回一个字符串	strftime()	将日期格式转换为字符串格式
gmtime()	接收时间戳并返回 UTC 时区的时间元组	strptime()	根据指定的格式把时间字符串转换为时间元组
localtime()	接收时间戳并返回本地时间的时间元组	time()	返回当前时间的时间戳

例如，本项目中使用 time 模块的 strftime()方法和 localtime()方法计算游戏的倒计时，代码如下：

time_str = time.strftime("%X", time.localtime(self.TIMEOUT // 1000 - self.running_time // 1000)).partition(":")[2]

另外，本项目中还用到了 pygame 模块中的 time 子模块，该子模块是 pygame 游戏中的一个专门的时间控制模块，其主要功能是管理时间和游戏帧数率（即 FPS）。本项目中主要用到了 pygame.time 模块中的 Clock()方法、get_ticks()方法和 delay()方法。其中，Clock()方法用来创建一个时钟对象，以确定游戏要以多大的帧数运行；get_ticks()方法用来获取时间（以毫秒为单位）；delay()方法用来使程序暂停一段时间。示例代码如下：

```
clock = pygame.time.Clock()                    # 创建时钟对象
self.end_time = pygame.time.get_ticks()        # 更新结束时间
pygame.time.delay(500)                         # 使程序暂停一段时间，以便能够看清楚绘制的文字
```

3.4 搭建游戏主框架

开发水果消消乐游戏之前，首先需要搭建游戏的主框架，步骤如下。

（1）在 PyCharm 中创建水果消消乐游戏项目，并在项目目录下依次创建 bin、core、conf 和 static 这 4 个 Python 包，然后在 static 包中创建 img 和 font 两个 Python 包，用于存放整个项目所用到的图片和字体文件。

（2）在 bin 包中创建一个 main.py 文件，作为整个项目的主文件，在该文件中创建主函数 main()，主要用来调用实现游戏各个功能逻辑的不同接口。在 main.py 主文件中实现 Pygame 程序循环，在该循环中绘制页面、监听事件，并基于事件改变游戏状态，从而执行不同的操作，示意图如图 3.3 所示。

图 3.3 主程序循环逻辑示意图

main.py 主文件的初始代码如下：

```python
import pygame
from pygame.locals import *
import sys

def main():
    """
    消消乐游戏主函数
    :return:
    """
    pygame.init()                              # 设备的检测
    pygame.font.init()                         # 字体文件的初始化

    # 在这里创建每一个页面类的对象

    while 1:                                   # 游戏主循环
        # 在这里判断不同的游戏状态，从而执行不同的操作

        for event in pygame.event.get():       # 事件的监听与循环
            # 用户敲击键盘的键盘事件判断
            if event.type == KEYDOWN:
                # 判断用户按下 Q 键或者 ESC 键
                if event.key == K_q or event.key == K_ESCAPE:
                    sys.exit()
            # 用户关闭游戏窗口的鼠标事件判断
            if event.type == QUIT:
                sys.exit()
```

```
                                        # 在这里进行不同页面的事件监听,从而改变游戏状态
```

（3）在项目目录下创建一个 manage.py 文件，作为整个游戏的启动文件，该文件代码如下：

```
__auther__ = "明日科技"
__version__ = "master_v1"

from bin.main import main

if __name__ == '__main__':
    main()                              # 游戏主函数
```

（4）在 core 包中创建一个 base.py 文件，并在其中创建 Base 类。该类中定义一个 status 类变量，默认值为 0，代表首屏状态；若为 1，则代表游戏页面状态；若为 2，则代表积分排行榜状态。然后通过此类的 __init__() 初始化方法执行窗口的初始化工作，如窗口的尺寸、窗口对象的实例化、窗口标题的设置等。base.py 文件代码如下：

```
import pygame

class Base:
    """
    一些公共变量的管理
    """
    clock = pygame.time.Clock()          # 创建一个对象,用来跟踪时间
    _screen_size = (900, 600)            # 屏幕的尺寸
    # 0: 首屏状态, 1: 游戏页面状态 2: 排行榜状态
    status = 0                           # 游戏状态

    def __init__(self):
        # 窗口对象的获取
        self.screen = pygame.display.set_mode(self._screen_size)
        # 设置窗口的标题
        pygame.display.set_caption("水果消消乐游戏")
```

搭建完的游戏主框架如图 3.4 所示。

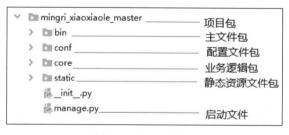

图 3.4　游戏主框架

3.5　功 能 设 计

3.5.1　精灵类设计

水果消消乐游戏中使用精灵类来表示游戏中用到的图片以及文本等，设计精灵类的步骤如下：

（1）在 core 包中创建一个 entity.py 文件，作为水果消消乐游戏中的精灵类。在 entity.py 文件中创建一个 Element 类，使其继承自 pygame.sprite.Sprite 类，该类主要用来绘制游戏中用到的图片，实现代码如下：

```python
class Element(pygame.sprite.Sprite):
    """
    绘制图片类
    """
    bg_open_image = "static/img/tree.png"
    bg_choice_image = "static/img/bs.png"
    bg_start_image = "static/img/bg.png"
    game_start_button_image = "static/img/game_start_button.png"
    game_start_button_posi = (300, 250)        # 开始游戏按钮的坐标
    start_button = (300, 120)                  # 开始游戏按钮的大小
    speed = [0, 0]
    stop = 'static/img/exit.png'               # 暂停键
    stop_position = (20, 530)                  # 暂停键坐标
    frame_image = "static/img/frame.png"       # 选中框

    board_score = "static/img/task.png"        # 分数显示板
    score_posi = (736, 15)                     # 分数显示板的坐标
    brick = 'static/img/brick.png'             # 背景图片
    # 图标元组,包括6个水果
    animal = ('static/img/lemon.png', 'static/img/watermelon.png',
              'static/img/Grapefruit.png', 'static/img/Kiwifruit.png',
              'static/img/Nettedmelon.png', 'static/img/Avocado.png')
    # 消除动画图片
    bling = ("static/img/bling1.png", "static/img/bling2.png",
             "static/img/bling3.png", "static/img/bling4.png",
             "static/img/bling5.png", "static/img/bling6.png",
             "static/img/bling7.png", "static/img/bling8.png",
             "static/img/bling9.png")
    # 鼓励话语图片
    single_score = ('static/img/good.png', 'static/img/great.png',
                    'static/img/amazing.png', 'static/img/excellent.png',
                    'static/img/unbelievable.png')
    # 0~9 数字图片
    score = ('static/img/0.png', 'static/img/1.png', 'static/img/2.png',
             'static/img/3.png', 'static/img/4.png', 'static/img/5.png',
             'static/img/6.png', 'static/img/7.png', 'static/img/8.png',
             'static/img/9.png',)
    none_animal = 'static/img/noneanimal.png'  # 无可消除水果
    none_animal_posi = (230, 150)              # 无可消除水果表示的坐标
    destory_animal_num = [0, 0, 0, 0, 0, 0]    # 消除各水果的个数
    mouse_replace_image = 'static/img/mouse.png'  # 鼠标替换图片

    time_is_over_image = "static/img/time_is_over.png"  # 游戏时间超时的图片
    time_is_over_posi = (233, 50)

    score_order_rect = (320, 125, 230, 400)    # 积分排行榜的 Rect 对象

    def __init__(self, image_file, posi):
        """
        初始化
        """
        # 注意必须用,否则精灵组不生效
        super(Element, self).__init__()
        self.image = pygame.image.load(image_file).convert_alpha()
        self.rect = self.image.get_rect()
        self.rect.topleft = posi                # 左上角坐标
        self.speed = [0, 0]
        self.init_position = posi               # 记录原始位置

    def draw(self, screen):
        """
        在窗口位图图形上进行绘制
```

```python
        screen.blit(self.image, self.rect)

    def move(self, speed):
        """
        移动
        """
        # 加快移动速度
        if speed[1] == 1:                                       # 下
            speed[1] += 1
        elif speed[0] == 1:                                     # 右
            speed[0] += 1
        elif speed[0] == -1:                                    # 左
            speed[0] += -1
        self.speed = speed
        self.rect.move_ip(*self.speed)
        if self.speed[0] != 0:                                  # 如果左右移动
            # 左右相邻，移动的距离正好为一个水果方块的宽度
            if abs(self.rect.left - self.init_position[0]) - 1 == self.rect[2]:
                self.init_position = self.rect.topleft
                self.speed = [0, 0]
        else:                                                   # 上下移动
            # 上下相邻
            if abs(self.rect.top - self.init_position[1]) - 1 == self.rect[3]:
                self.init_position = self.rect.topleft
                self.speed = [0, 0]
```

（2）在 entity.py 文件中创建一个 Font_Fact 类，其继承自 pygame.sprite.Sprite 类，该类用来渲染游戏页面中用到的文本，实现代码如下：

```python
class Font_Fact(pygame.sprite.Sprite):
    """ 绘制文字精灵组件类 """
    again_game_posi = (620, 160)                        # 再来一局文本坐标位置
    quit_game_posi = (620, 400)                         # 退出游戏文本坐标位置
    show_time_posi = (59, 46)                           # 倒计时时间文本坐标位置

    def __init__(self, text, posi, txt_size=13, txt_color=(255, 255, 255)):
        """
        文本初始化方法
        :param text:     要向页面中渲染的文本
        :param posi:     文本的位置（左上顶点）
        :param txt_size: 文本的字体大小
        :param txt_color: 文本的颜色
        """
        super(Font_Fact, self).__init__()
        self.posi = posi
        self.image = pygame.font.Font("static/font/zhengqingke.ttf", txt_size)
        self.image = self.image.render(text, False, txt_color)
        self.rect = self.image.get_rect()
        self.rect.topleft = posi

    def draw(self, screen):
        """ 绘制方法 """
        screen.blit(self.image, self.rect)
```

3.5.2 游戏首屏页面的实现

实现水果消消乐游戏的首屏页面时，首先需要设定窗口中的各项参数，创建跟踪时间对象，并初始化设备和字体模块。然后需要创建 pygame 游戏窗体，并加载背景图片。最后监听鼠标事件，判断是否关闭窗

口。具体实现步骤如下。

（1）在 core 包中创建一个 first_eye.py 文件，其中首先导入 pygame 库，以及 entity.py 文件中的精灵类，代码如下：

```
import pygame
from .base import Base
from .entity import Element, Font_Fact
from .handler import Manager
```

说明

"from .base import Base" 中的 '.' 表示当前文件所在的目录。

（2）在 first_eye.py 文件中创建一个 Screen_Manager 类，并继承自 base.py 文件中的 Base 类，在该类的 __init__() 构造方法中，使用 super 关键字执行父类的同名构造方法，以进行窗体的初始化操作。代码如下：

```
def __init__(self):
    # 执行父类的初始化构造方法
    super(Screen_Manager, self).__init__()
```

（3）创建 open_game_init() 方法，用来绘制首页的背景图片和"开始游戏"按钮图片，代码如下：

```
def open_game_init(self):
    """ 游戏首屏页面初始化 """
    # 绘制首屏的背景图片
    Element(Element.bg_open_image, (0, 0)).draw(self.screen)
    # 开始按钮的绘制
    Element(Element.game_start_button_image, Element.game_start_button_posi).draw(self.screen)
    pygame.display.flip()
```

（4）创建 mouse_select() 方法，用来监听用户的鼠标单击事件，并根据"开始游戏"按钮的左上角坐标判断单击的是否为"开始游戏"按钮。如果是，则改变游戏的 status 状态值为 1，以便使程序进入游戏页面。mouse_select() 方法的实现代码如下：

```
def mouse_select(self, event):
    """ 游戏首屏事件监听 """
    if self.status == 0:
        if event.type == pygame.MOUSEBUTTONDOWN:
            mouse_x, mouse_y = event.pos
            # 开始游戏按钮监听
            if Element.game_start_button_posi[0] < mouse_x < \
                    Element.game_start_button_posi[0] + Element.start_button[0] and \
                    Element.game_start_button_posi[1] < mouse_y < \
                    Element.game_start_button_posi[1] + Element.start_button[1]:
                Base.status = 1                    # 更改游戏的状态
```

（5）在游戏主函数 main() 中实例化 first_eye.py 文件中的 Screen_Manager 类，并在主逻辑循环中调用首屏页面的绘制方法和事件监听方法。main.py 文件修改后的代码如下（注意：加粗的代码为新增代码）：

```
import pygame
from pygame.locals import *
import sys
from core.first_eye import Screen_Manager

def main():
    """
    消消乐游戏主函数
    """
    pygame.init()                                  # 设备的检测
    pygame.font.init()                             # 字体文件的初始化
```

```python
# 在这里创建每一个页面类的对象
mr = Screen_Manager()                              # 实例化首屏页面管理对象
while 1:
    # 在这里判断不同的游戏状态,从而执行不同的操作
    if mr.status == 0:                             # 判断游戏首屏状态
        mr.open_game_init()
    for event in pygame.event.get():               # 事件的监听与循环
        # 用户敲击键盘的键盘事件判断
        if event.type == KEYDOWN:
            # 判断用户按下 Q 键或者 Esc 键
            if event.key == K_q or event.key == K_ESCAPE:
                sys.exit()
        # 用户关闭游戏窗口的鼠标事件判断
        if event.type == QUIT:
            sys.exit()

        # 在这里进行不同页面的事件监听,从而改变游戏状态
        mr.mouse_select(event)                     # 对游戏首屏的事件监听
```

游戏首屏页面效果如图 3.5 所示。

图 3.5 游戏首屏页面

3.5.3 游戏页面的实现

水果消消乐游戏的游戏页面中,主要是对背景图片、退出主页面按钮、显示积分面板,以及游戏运行时用到的水果等元素进行初始化。其中,游戏中的水果设计为 9×9 矩阵的形式,每一个水果占据一个规格为 50×50(单位:像素)的小方块。另外,一共有 6 种水果,用数字(0~5)表示,它们在矩阵中随机分布。实现游戏页面的步骤如下:

(1)在 core 包中创建一个 handler.py 文件,并在其中导入 pygame 模块、pygame 常量库、精灵类、time、random、base.py 文件中的 Base 类等。代码如下:

```python
import pygame
from pygame.locals import *
import time
import random
from functools import lru_cache                    # 缓存相关
from .base import Base
from .entity import Element, Font_Fact
```

(2)在 handler.py 文件中创建一个 Manager 类,使其继承自 base.py 文件中的 Base 类,在该类的初始

化方法 __init__()中定义水果矩阵，用于记录不同水果的二维列表变量。代码如下：

```python
class Manager(Base):
    """
    游戏主页面的管理
    """
    stop_width = 63                     # 正方形退出按钮的边长
    reset_layout = True                 # 重新布局元素的标志
    cur_sel = [-1, -1]                  # 当前选中的小方块，值为矩阵索引
    score = 0                           # 游戏得分

    def __init__(self):
        super(Manager, self).__init__()
        # 水果矩阵：存储每个小方块中所要绘制的水果的编号（0～5）
        # -1 代表不绘制，-2 代表将要消除
        self.animal = [[-1 for i in range(self._width)] for j in range(self._height)]
```

（3）在 base.py 文件中的 Base 类中定义 4 个类变量，用于初始化矩阵参数，代码如下：

```python
_cell_size = 50                     # 矩阵中每个小方块为边长为 50 的正方形
_width = 9                          # 矩阵的行数
_height = 9                         # 矩阵的列数
matrix_topleft = (250, 100)         # 矩阵的左上顶点坐标
```

（4）在 Manager 类中定义 self.cell_xy(self, row, col)和 self.xy_cell(self, x, y)两个方法，分别用来对指定方块在页面中左上顶点的坐标和该方块在矩阵中的索引进行相互转换，代码如下：

```python
@lru_cache(None)                    # 必须要有一个参数，None 代表不限
def cell_xy(self, row, col):
    """ 矩阵索引转换为坐标 """
    return int(Base.matrix_topleft[0] + col * Base._cell_size), \
           int(Base.matrix_topleft[1] + row * Base._cell_size)

@lru_cache(None)
def xy_cell(self, x, y):
    """ 坐标转换位矩阵索引 """
    return int((y - Base.matrix_topleft[1]) / Base._cell_size), \
           int((x - Base.matrix_topleft[0]) / Base._cell_size)
```

（5）在 Manager 类中创建一个 start_game_init()方法，用来初始化游戏页面中的所有图片和文本。另外，该方法需要返回水果矩阵中所有水果的水果精灵组。start_game_init()方法代码如下：

```python
def start_game_init(self):
    """ 游戏页面绘制 """
    # 绘制页面背景
    Element(Element.bg_start_image, (0, 0)).draw(self.screen)
    # 绘制暂停键
    Element(Element.stop, Element.stop_position).draw(self.screen)
    # 绘制分数显示板
    score_board = Element(Element.board_score, Element.score_posi)
    score_board.draw(self.screen)
    # 绘制游戏分数
    str_score = str(self.score)
    for k, sing in enumerate(str_score):
        Element(Element.score[int(sing)], (755 + k * 32, 40)).draw(self.screen)
    # 创建小方块背景图片精灵组
    BrickSpriteGroup = pygame.sprite.Group()
    # 创建水果精灵组
    AnimalSpriteGroup = pygame.sprite.Group()
    # 向精灵组中添加精灵
    for row in range(self._height):
        for col in range(self._width):
```

```python
                x, y = self.cell_xy(row, col)
                BrickSpriteGroup.add(Element(Element.brick, (x, y)))
                if self.animal[row][col] != -2:
                    AnimalSpriteGroup.add(Element(Element.animal[self.animal[row][col]], (x, y)))
        # 绘制小方块的背景图
        BrickSpriteGroup.draw(self.screen)
        # 绘制小方块中的水果
        for ani in AnimalSpriteGroup:
            self.screen.blit(ani.image, ani.rect)
        # 绘制鼠标所单击的水果的突出显示边框
        if self.cur_sel != [-1, -1]:
            frame_sprite = Element(Element.frame_image, self.cell_xy(self.cur_sel[0], self.cur_sel[1]))
            self.screen.blit(frame_sprite.image, frame_sprite.rect)
        pygame.display.flip()                                   # 更新页面显示, 必须添加
        return AnimalSpriteGroup
```

（6）在 Manager 类中创建一个 mouse_select()方法, 用于对游戏页面中的事件进行监听, 代码如下：

```python
def mouse_select(self, event):
    """ 游戏事件监听 """
    if event.type == MOUSEBUTTONDOWN:                   # 鼠标按下事件
        mouse_x, mouse_y = event.pos                    # 获取当前鼠标的坐标
        if self.status == 1:
            # 判断单击的是水果
            if self.matrix_topleft[0] < mouse_x < self.matrix_topleft[0] + self._cell_size * self._width \
                    and self.matrix_topleft[1] < mouse_y < self.matrix_topleft[1] + self._cell_size * self._height:
                mouse_selected = self.xy_cell(mouse_x, mouse_y)
                # 记录当前鼠标单击的小方块
                self.cur_sel = mouse_selected
            # 判断单击的是退出按钮, 需注意此退出按钮的坐标为左上角
            elif Element.stop_position[0] < mouse_x < Element.stop_position[0] + Manager.stop_width \
                    and Element.stop_position[1] < mouse_y < Element.stop_position[1] + Manager.stop_width:
                Base.status = 2
                self.reset_layout = True                # 布局下一盘游戏的元素
            else:
                self.cur_sel = [-1, -1]                 # 处理无效的单击
```

（7）在 Manager 类中创建一个 reset_animal()方法, 用于对矩阵中的小方块随机分配水果, 代码如下：

```python
def reset_animal(self):
    """ 对矩阵中的小方块随机分配水果 """
    if self.reset_layout:
        for i in range(self._height):
            for j in range(self._width):
                self.animal[i][j] = random.randint(0, 5)
        self.reset_layout = False
```

（8）在游戏主函数 main()中实例化 handler.py 文件中的 Manager 类, 并在主逻辑循环中调用游戏页面的绘制方法和事件监听方法。main.py 文件进一步修改后的代码如下（注意: 加粗的代码为新增代码）：

```python
import pygame
from pygame.locals import *
import sys
from core.first_eye import Screen_Manager
from core.handler import Manager

def main():
    """
    消消乐游戏主函数
    :return:
    """
    pygame.init()                                       # 设备的检测
    pygame.font.init()                                  # 字体文件的初始化
```

```
# 在这里创建每一个页面类的对象
mr = Screen_Manager()                              # 实例化首屏页面管理对象
mg = Manager()                                     # 实例化游戏页面管理对象
while 1:
    # 在这里判断不同的游戏状态，从而执行不同的操作
    if mr.status == 0:                             # 判断游戏首屏状态
        mr.open_game_init()
    if mg.status == 1:                             # 判断游戏页面状态
        mg.reset_animal()                          # 随机分配元素
        # 绘制游戏页面
        AnimalSpriteGroup = mg.start_game_init()
    for event in pygame.event.get():               # 事件的监听与循环
        # 用户敲击键盘的键盘事件判断
        if event.type == KEYDOWN:
            # 判断用户按下 Q 键或者 Esc 键
            if event.key == K_q or event.key == K_ESCAPE:
                sys.exit()
        # 用户关闭游戏窗口的鼠标事件判断
        if event.type == QUIT:
            sys.exit()

        # 在这里进行不同页面的事件监听，从而改变游戏状态
        mg.mouse_select(event)                     # 对游戏页面的事件监听
        mr.mouse_select(event)                     # 对游戏首屏的事件监听
```

3.5.4 可消除水果的检测与标记清除

水果消消乐游戏的规则为，当至少 3 个以上相同的水果成一条直线（横竖都可以）或者"L""T"形状时，消除这些水果，消除不同形状线路上的水果可以获得不同的分数。因此，在实现时，首先需要判断任意一个水果在下、左、右这 3 个方向中的任意一个方向是否有 n（$n \geq 2$）个相同的水果与其自身连成一条直线。

说明

由于水果的遍历是从（0,0）开始的，因此不需要判断上方。

实现可消除水果检测与标记清除的步骤如下。

（1）在 core/handler.py 文件的 Manager 类中添加一个 destory_animal_num 变量，用来记录每次游戏中每种水果的消除数量，便于计算分数，代码如下：

```
# 消除水果列表：记录消除各水果的个数
destory_animal_num = [0, 0, 0, 0, 0, 0]
```

（2）在 core/handler.py 文件的 Manager 类中创建一个 clear_ele()方法，用于封装水果矩阵列表中可消除水果的检测代码，其具体实现代码如下：

```
def clear_ele(self):
    """ 清除标记元素，且上方元素向下掉落 """
    single_score = self.score
    self.change_value_sign = False
    # 从（0,0）位置遍历水果矩阵
    for i in range(self._height):
        for j in range(self._width):
            # 水平向右五连消
            if self.exist_right(i, j, 5):
                self.change_value_sign = True
                # 第三个位置向下，并存在垂直三连消
                if self.exist_down(i, j + 2, 3):
```

```python
                # 记录消除的水果数量
                self.destory_animal_num[self.animal[i][j]] += 7
                # 对矩阵中消除的水果位置标记为-2，代表为消除状态
                self.change_right(i, j, 5)
                self.change_down(i, j + 2, 3)
            else:
                self.destory_animal_num[self.animal[i][j]] += 5
                self.change_right(i, j, 5)
        # 水平四连消
        elif self.exist_right(i, j, 4):
            self.change_value_sign = True
            # 第二个位置向下，并存在垂直三连消
            if self.exist_down(i, j + 1, 3):
                self.destory_animal_num[self.animal[i][j]] += 6
                self.change_right(i, j, 4)
                self.change_down(i, j + 1, 3)
            # 第一个位置向下，并存在垂直三连消
            elif self.exist_down(i, j, 3):
                self.destory_animal_num[self.animal[i][j]] += 6
                self.change_right(i, j, 4)
                self.change_down(i, j, 3)
            else:
                self.destory_animal_num[self.animal[i][j]] += 4
                self.change_right(i, j, 4)
        # 水平三连消
        elif self.exist_right(i, j, 3):
            self.change_value_sign = True
            if self.exist_down(i, j, 3):
                self.destory_animal_num[self.animal[i][j]] += 5
                self.change_right(i, j, 3)
                self.change_down(i, j, 3)
            elif self.exist_down(i, j + 1, 3):
                self.destory_animal_num[self.animal[i][j]] += 5
                self.change_right(i, j, 3)
                self.change_down(i, j + 1, 3)
            elif self.exist_down(i, j + 2, 3):
                self.destory_animal_num[self.animal[i][j]] += 5
                self.change_right(i, j, 3)
                self.change_down(i, j + 2, 3)
            else:
                self.destory_animal_num[self.animal[i][j]] += 3
                self.change_right(i, j, 3)
        # 垂直五连消
        elif self.exist_down(i, j, 5):
            self.change_value_sign = True
            # 第三个位置向右，并存在三连消
            if self.exist_right(i + 2, j, 3):
                self.destory_animal_num[self.animal[i][j]] += 7
                self.change_down(i, j, 5)
                self.change_right(i + 2, j, 3)
            # 第三个位置向左，并存在三连消
            elif self.exist_left(i + 2, j, 3):
                self.destory_animal_num[self.animal[i][j]] += 7
                self.change_down(i, j, 5)
                self.change_left(i + 2, j, 3)
            else:
                self.destory_animal_num[self.animal[i][j]] += 5
                self.change_down(i, j, 5)
        # 垂直四连消
        elif self.exist_down(i, j, 4):
            self.change_value_sign = True
            if self.exist_right(i + 1, j, 3):
```

```python
                self.destory_animal_num[self.animal[i][j]] += 6
                self.change_down(i, j, 4)
                self.change_right(i + 1, j, 3)
            elif self.exist_left(i + 1, j, 3):
                self.destory_animal_num[self.animal[i][j]] += 6
                self.change_down(i, j, 4)
                self.change_left(i + 1, j, 3)
            elif self.exist_right(i + 2, j, 3):
                self.destory_animal_num[self.animal[i][j]] += 6
                self.change_down(i, j, 4)
                self.change_right(i + 2, j, 3)
            elif self.exist_left(i + 2, j, 3):
                self.destory_animal_num[self.animal[i][j]] += 6
                self.change_down(i, j, 4)
                self.change_left(i + 2, j, 3)
            else:
                self.destory_animal_num[self.animal[i][j]] += 4
                self.change_down(i, j, 4)
        # 垂直三连消
        elif self.exist_down(i, j, 3):
            self.change_value_sign = True
            if self.exist_right(i + 1, j, 3):
                self.destory_animal_num[self.animal[i][j]] += 5
                self.change_down(i, j, 3)
                self.change_right(i + 1, j, 3)
            elif self.exist_left(i + 1, j, 3):
                self.destory_animal_num[self.animal[i][j]] += 5
                self.change_down(i, j, 3)
                self.change_left(i + 1, j, 3)
            elif self.exist_right(i + 2, j, 3):
                self.destory_animal_num[self.animal[i][j]] += 5
                self.change_down(i, j, 3)
                self.change_right(i + 2, j, 3)
            elif self.exist_left(i + 2, j, 3):
                self.destory_animal_num[self.animal[i][j]] += 5
                self.change_down(i, j, 3)
                self.change_left(i + 2, j, 3)
            elif self.exist_left(i + 2, j, 2) and \
                    self.exist_right(i + 2, j, 2):
                self.destory_animal_num[self.animal[i][j]] += 5
                self.change_down(i, j, 3)
                self.change_left(i + 2, j, 2)
                self.change_right(i + 2, j, 2)
            elif self.exist_left(i + 2, j, 2) and \
                    self.exist_right(i + 2, j, 3):
                self.destory_animal_num[self.animal[i][j]] += 6
                self.change_down(i, j, 3)
                self.change_left(i + 2, j, 2)
                self.change_right(i + 2, j, 3)
            elif self.exist_left(i + 2, j, 3) and \
                    self.exist_right(i + 2, j, 2):
                self.destory_animal_num[self.animal[i][j]] += 6
                self.change_down(i, j, 3)
                self.change_left(i + 2, j, 3)
                self.change_right(i + 2, j, 2)
            elif self.exist_left(i + 2, j, 3) and \
                    self.exist_right(i + 2, j, 3):
                self.destory_animal_num[self.animal[i][j]] += 7
                self.change_down(i, j, 3)
                self.change_left(i + 2, j, 3)
                self.change_right(i + 2, j, 3)
            else:
```

```
            self.destory_animal_num[self.animal[i][j]] += 3
            self.change_down(i, j, 3)
    return self.change_value_sign
```

（3）在 core/handler.py 文件的 Manager 类中定义 3 个方法，分别为 exist_right()、exist_down()和 exist_left()，它们分别用于判断某一个水果的右边、下边、左边是否存在与其自身同类型的 num-1 个水果。exist_right()、exist_down()和 exist_left()方法的实现代码如下：

```
def exist_right(self, row, col, num):
    """ 判断 self.animal[i][j]元素右边是否存在与其自身图像相同的 num - 1 个图像 """
    if col <= self._width - num:
        for item in range(num):
            if self.animal[row][col] != self.animal[row][col + item] or self.animal[row][col] == -2:
                break
            else:
                return True
        return False
    else:
        return False

def exist_down(self, row, col, num):
    """ 判断 self.animal[i][j]元素下方是否存在与其自身图像相同的 num - 1 个图像 """
    if row <= self._height - num:
        for item in range(num):
            if self.animal[row][col] != self.animal[row + item][col] or self.animal[row][col] == -2:
                break
            else:
                return True
        return False
    else:
        return False

def exist_left(self, row, col, num):
    """ 判断 self.animal[i][j]元素左边是否存在与其自身图像相同的 num - 1 个图像 """
    if col >= num - 1:
        for item in range(num):
            if self.animal[row][col] != self.animal[row][col - item] or self.animal[row][col] == -2:
                break
            else:
                return True
        return False
    else:
        return False
```

（4）在 core/handler.py 文件的 Manager 类中定义 3 个方法，分别为 change_right()、change_down()和 change_left()，它们分别用于改变某一个水果右边、下边、左边 num 个水果的状态为消除状态。change_right()、change_down()和 change_left()方法的实现代码如下：

```
def change_right(self, row, col, num):
    """ 改变当前水果及右边的 num 个水果为消除状态 """
    for item in range(num):
        self.animal[row][col + item] = -2

def change_down(self, row, col, num):
    for item in range(num):
        self.animal[row + item][col] = -2

def change_left(self, row, col, num):
    for item in range(num):
        self.animal[row][col - item] = -2
```

（5）在游戏主函数 main()中调用可消除水果的检测方法 clear_ele()，实现水果消除的效果，修改后的主函数main()代码如下（注意：加粗的代码为新增代码）：

```python
import pygame
from pygame.locals import *
import sys
from core.first_eye import Screen_Manager
from core.handler import Manager

def main():
    """
    消消乐游戏主函数
    :return:
    """
    pygame.init()                          # 设备的检测
    pygame.font.init()                     # 字体文件的初始化

    # 在这里创建每一个页面类的对象
    mr = Screen_Manager()                  # 实例化首屏页面管理对象
    mg = Manager()                         # 实例化游戏页面管理对象

    while 1:
        # 在这里判断不同的游戏状态，从而执行不同的操作
        if mr.status == 0:                 # 判断游戏首屏状态
            mr.open_game_init()
        if mg.status == 1:                 # 判断游戏页面状态
            mg.reset_animal()              # 随机分配元素
            # 绘制游戏页面
            AnimalSpriteGroup = mg.start_game_init()
            mg.clear_ele()                 # 标记清除
        for event in pygame.event.get():   # 事件的监听与循环
            # 用户敲击键盘的键盘事件判断
            if event.type == KEYDOWN:
                # 判断用户按下 Q 键或者 Esc 键
                if event.key == K_q or event.key == K_ESCAPE:
                    sys.exit()
            # 用户关闭游戏窗口的鼠标事件判断
            if event.type == QUIT:
                sys.exit()

            # 在这里进行不同页面的事件监听，从而改变游戏状态
            mg.mouse_select(event)         # 对游戏页面的事件监听
            mr.mouse_select(event)         # 对游戏首屏的事件监听
```

运行程序，单击游戏首屏上的 Play 按钮进入游戏页面时，原始水果矩阵列表中默认可消除的水果会自动被消除，效果如图 3.6 所示。

3.5.5 水果的掉落

当水果矩阵列表中有水果被消除时，首先在要消除的水果方块中绘制消除动画，然后将每一个被消除水果所在列的上方所有水果依次向下移动，最终在该列的最上方会产生一个空缺，在此空缺处随机产生一个水果，这样即可继续进行游戏。

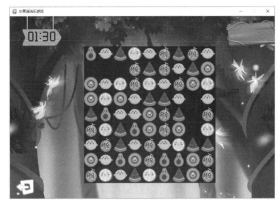

图 3.6　检测消除为空

实现水果消消乐游戏中水果掉落功能的步骤如下。

（1）在 core/handler.py 文件的 Manager 类中创建一个 drop_animal()方法，用于实现水果掉落的功能。

该方法中，首先定义一个 position 列表，用于存储水果矩阵列表中每一个被消除水果所在的小方块的左上角坐标（x, y），然后判断如果 position 列表不为空，则在 position 列表所存储的每一个小方块处绘制消除动画，并按照从上到下的顺序依次移动每一行中被消除水果上方的所有水果。drop_animal()方法实现代码如下：

```python
def drop_animal(self):
    """ 水果掉落函数 """
    clock = pygame.time.Clock()
    position = []                                       # 水果矩阵中要消除的水果列表
    for i in range(self._width):
        for j in range(self._height):
            if self.animal[i][j] == -2:
                x, y = self.cell_xy(i, j)
                position.append((x, y))
    # 绘制消除小方块的消除动画效果
    if position != []:
        for index in range(0, 9):
            # clock.tick(40)
            for pos in position:
                Element(Element.brick, pos).draw(self.screen)
                Element(Element.bling[index], (pos[0], pos[1])).draw(self.screen)
            pygame.display.flip()
    for i in range(self._width):
        # 此行之上所有要掉落的水果的背景图片列表
        brick_position = []
        # 此行之上所有要掉落的水果列表
        fall_animal_list = []
        speed = [0, 1]
        for j in range(self._height):
            if self.animal[i][j] == -2:
                x, y = self.cell_xy(i, j)
                brick_position.append((x, y))
                for m in range(i, -1, -1):
                    if m == 0:                          # 此列中最上方的水果（补缺）
                        self.animal[m][j] = random.randint(0, 5)
                    else:
                        x, y = self.cell_xy(m - 1, j)
                        brick_position.append((x, y))
                        animal = Element(Element.animal[self.animal[m - 1][j]], (x, y))
                        fall_animal_list.append(animal)
                        # 在水果矩阵列表中交换上下两个水果
                        self.animal[m][j] = self.animal[m - 1][j]
        # 使所消除的小方块的上方的小方块向下移动
        while speed != [0, 0] and fall_animal_list != []:
            # 绘制水果的背景图片
            for position in brick_position:
                Element(Element.brick, position).draw(self.screen)
            # 向下移动水果
            for animal_sprite in fall_animal_list:
                animal_sprite.move(speed)
                animal_sprite.draw(self.screen)
                speed = animal_sprite.speed
            pygame.display.flip()
```

（2）在可消除水果的检测方法 clear_ele()中调用 drop_animal()方法，代码如下：

```python
self.drop_animal()                                      # 调用水果掉落方法
```

（3）在 Manager 类中定义一个 every_animal_score 列表，用来存储游戏得分规则，代码如下：

```python
# 计分规则列表：消除每一类水果所得的分数
every_animal_score = [1, 2, 1, 1, 2, 1]
```

（4）在 Manager 类中创建一个 cal_score()方法，用于统计当前获得的分数，代码如下：

```python
def cal_score(self, destory_animal_num):
    """ 统计当前分数 """
    self.score = 0
    for k, num in enumerate(destory_animal_num):
        self.score += self.every_animal_score[k] * num
```

（5）在 Manager 类的 clear_ele()方法中调用统计游戏分数的 cal_score()方法，并在水果矩阵每次消除完水果后，根据每次消除所得总分数在页面中绘制不同的鼓励性话语。Manager 类中 clear_ele()方法修改后的代码如下（注意：加粗的代码为新增代码）：

```python
def clear_ele(self):
    """ 清除标记元素，且上方元素向下掉落 """
    single_score = self.score
    self.change_value_sign = False
    for i in range(self._height):
        for j in range(self._width):
            ...                                      # 此处代码忽略

        self.drop_animal()                           # 调用水果掉落方法

        self.cal_score(self.destory_animal_num)      # 计算分数

        # 根据此次鼠标单击交换获得的分数，绘制不同的鼓励性语句
        single_score = self.score - single_score

        if single_score < 5:
            pass
        elif single_score < 8:                       # 绘制 Good
            Element(Element.single_score[0], (350, 250)).draw(self.screen)
            pygame.display.flip()
            pygame.time.delay(500)
        elif single_score < 10:                      # 绘制 Great
            Element(Element.single_score[1], (350, 250)).draw(self.screen)
            pygame.display.flip()
            pygame.time.delay(500)
        elif single_score < 15:                      # 绘制 Amazing
            Element(Element.single_score[2], (350, 250)).draw(self.screen)
            pygame.display.flip()
            pygame.time.delay(500)
        elif single_score < 20:                      # 绘制 Excellent
            Element(Element.single_score[3], (350, 250)).draw(self.screen)
            pygame.display.flip()
            pygame.time.delay(500)
        elif single_score >= 20:                     # 绘制 Unbelievable
            PlaySound()
            Element(Element.single_score[4], (350, 250)).draw(self.screen)
            pygame.display.flip()
            pygame.time.delay(500)
    return self.change_value_sign
```

3.5.6 单击相邻水果时的交换

实现鼠标单击水果与相邻水果进行交换的步骤：首先定义一个交换开关，每单击一次水果，都记录当前单击的水果的矩阵索引；然后与上次单击的水果的矩阵索引进行比较以判断是否相邻，如果相邻，则开启交换开关，交换前后单击的两个水果；否则，更新代表前一次单击的水果的矩阵索引的值指向为当前单击的水果的矩阵索引。

（1）在 core/handler.py 文件的 Manager 类中定义一个 exchange_status 变量，用来作为交换开关；定义

一个 last_sel 列表，用来记录上一次鼠标单击的水果的矩阵索引。代码如下：

```
# 交换的标志，1: 代表交换，-1: 不交换
exchange_status = -1
# 记录上一次选中的水果，值为水果索引
last_sel = [-1, -1]
```

（2）在游戏主页面的事件监听方法 mouse_select()中记录当前单击的水果的矩阵索引，并将其与上一次单击的水果的矩阵索引相比较，判断两次单击的水果是否相邻，如果相邻，则开启交换开关。Manager 类的 mouse_select()方法修改后的代码如下（注意：加粗的代码为新增代码）：

```
def mouse_select(self, event):
    """ 游戏事件监听 """
    if event.type == MOUSEBUTTONDOWN:             # 鼠标按下事件
        mouse_x, mouse_y = event.pos              # 获取当前鼠标的坐标
        if self.status == 1:
            # 判断单击的是水果
            if self.matrix_topleft[0] < mouse_x < self.matrix_topleft[0] + self._cell_size * self._width \
                and self.matrix_topleft[1] < mouse_y < self.matrix_topleft[1] + self._cell_size * self._height:
                mouse_selected = self.xy_cell(mouse_x, mouse_y)
                # 记录当前鼠标单击的小方块
                self.cur_sel = mouse_selected

                # 判断前后单击的两个水果是否相邻
                if (self.last_sel[0] == self.cur_sel[0] and abs(self.last_sel[1] - self.cur_sel[1]) == 1) or \
                        (self.last_sel[1] == self.cur_sel[1] and abs(self.last_sel[0] - self.cur_sel[0]) == 1):
                    self.exchange_status = 1      # 确定相邻，交换值

            # 判断单击的是退出按钮，需注意此退出按钮的坐标为左上角
            elif Element.stop_position[0] < mouse_x < Element.stop_position[0] + Manager.stop_width \
                    and Element.stop_position[1] < mouse_y < Element.stop_position[1] + Manager.stop_width:
                Base.status = 2
                self.reset_layout = True          # 布局下一盘游戏的元素
            else:
                self.cur_sel = [-1, -1]           # 处理无效的单击
```

（3）在 Manager 类中创建一个 exchange_ele()方法，用来实现水果的位置交换功能，该方法有一个参数，表示水果精灵组。具体实现时，当判断交换开关为开启时，首先获取两个水果所在小方块的左上顶点的坐标，根据获取的坐标值判断相邻的两个水果的相邻方向，遍历精灵组，找到这两个水果的 Surface 对象；然后设置这两个 Sruface 对象的 speed 属性，以便移动这两个对象，从而达到交换水果位置的功能。exchange_ele() 方法实现代码如下：

```
def exchange_ele(self, AnimalSpriteGroup):
    """ 交换鼠标前后单击的两个元素 """
    if self.exchange_status == -1:
        self.last_sel = self.cur_sel
    if self.exchange_status == 1:
        last_x, last_y = self.cell_xy(*self.last_sel)
        cur_x, cur_y = self.cell_xy(*self.cur_sel)
        # 左右相邻
        if self.last_sel[0] == self.cur_sel[0]:                # 比较矩阵索引
            for animal_sur in AnimalSpriteGroup:
                if animal_sur.rect.topleft == (last_x, last_y):
                    last_sprite = animal_sur
                    last_sprite.speed = [self.cur_sel[1] - self.last_sel[1], 0]
                if animal_sur.rect.topleft == (cur_x, cur_y):
                    cur_sprite = animal_sur
                    cur_sprite.speed = [self.last_sel[1] - self.cur_sel[1], 0]
        # 上下相邻
        elif self.last_sel[1] == self.cur_sel[1]:
```

```
                for animal_sur in AnimalSpriteGroup:
                    if animal_sur.rect.topleft == (last_x, last_y):
                        last_sprite = animal_sur
                        last_sprite.speed = [0, self.cur_sel[0] - self.last_sel[0]]
                    if animal_sur.rect.topleft == (cur_x, cur_y):
                        cur_sprite = animal_sur
                        cur_sprite.speed = [0, self.last_sel[0] - self.cur_sel[0]]
                # 移动水果
                while last_sprite.speed != [0, 0]:
                    pygame.time.delay(5)
                    Element(Element.brick, (last_x, last_y)).draw(self.screen)
                    Element(Element.brick, (cur_x, cur_y)).draw(self.screen)
                    last_sprite.move(last_sprite.speed)
                    cur_sprite.move(cur_sprite.speed)
                    last_sprite.draw(self.screen)
                    cur_sprite.draw(self.screen)
                    pygame.display.flip()

                self.change_value()                     # 交换水果值
                if not self.clear_ele():                # 交换后，若不存在消除，则归位
                    self.change_value()
                self.exchange_status = -1               # 关闭交换
                self.cur_sel = [-1, -1]                 # 保证每次交换的两个元素不存在交叉
```

（4）上面代码中用到了一个 change_value()方法，该方法定义在 Manager 类中，用于交换相邻两个水果的矩阵值，代码如下：

```
def change_value(self):
    """ 交换水果的矩阵值 """
    temp = self.animal[self.last_sel[0]][self.last_sel[1]]
    self.animal[self.last_sel[0]][self.last_sel[1]] = self.animal[self.cur_sel[0]][self.cur_sel[1]]
    self.animal[self.cur_sel[0]][self.cur_sel[1]] = temp
```

（5）在游戏主函数 main()的游戏主逻辑循环中调用实现相邻两水果交换的 exchange_ele()方法。修改后的主函数 main()代码如下（注意：加粗的代码为新增代码）：

```
import pygame
from pygame.locals import *
import sys
from core.first_eye import Screen_Manager
from core.handler import Manager

def main():
    """
    消消乐游戏主函数
    :return:
    """
    pygame.init()                               # 设备的检测
    pygame.font.init()                          # 字体文件的初始化

    # 在这里创建每一个页面类的对象
    mr = Screen_Manager()                       # 实例化首屏页面管理对象
    mg = Manager()                              # 实例化游戏页面管理对象

    while 1:
        # 在这里判断不同的游戏状态，从而执行不同的操作
        if mr.status == 0:                      # 判断游戏首屏状态
            mr.open_game_init()
        if mg.status == 1:                      # 判断游戏页面状态
            mg.reset_animal()                   # 随机分配元素
            # 绘制游戏页面
            AnimalSpriteGroup = mg.start_game_init()
```

```
            mg.clear_ele()                              # 标记清除
            mg.exchange_ele(AnimalSpriteGroup)          # 元素交换
        for event in pygame.event.get():                # 事件的监听与循环
            # 用户敲击键盘的键盘事件判断
            if event.type == KEYDOWN:
                # 判断用户按下 Q 键或者 Esc 键
                if event.key == K_q or event.key == K_ESCAPE:
                    sys.exit()
            # 用户关闭游戏窗口的鼠标事件判断
            if event.type == QUIT:
                sys.exit()

            # 在这里进行不同页面的事件监听，从而改变游戏状态
            mg.mouse_select(event)                      # 对游戏页面的事件监听
            mr.mouse_select(event)                      # 对游戏首屏的事件监听
```

相邻水果交换的示意图如图 3.7 所示。

3.5.7 "死图"状态的判断

在每次消除完可消除的水果，并且上方的水果降落后，如果没有水果能够再通过单击交换的方式进行消除，则称为"死图"状态。如果是"死图"状态，则当前游戏会自动退出，并进入排行榜页面。

实现水果消消乐游戏"死图"状态判断功能的步骤如下。

（1）在 core/handler.py 文件的 Manager 类中定义一个 death_sign 变量，用来标识是否为"死图"状态，初始值为 True，标识默认为"死图"。代码如下：

```
death_sign =   True                               # 死图标识
```

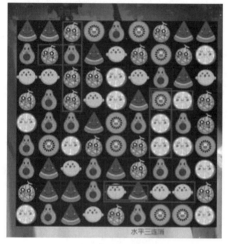

图 3.7 相邻水果交换示意图

（2）在 Manager 类中创建一个 is_death_map()方法，用于检测水果矩阵当前是否为"死图"状态。该方法中，只要检测到有可以通过交换相邻水果进行消除的情况，就关闭"死图"标识开关。is_death_map()方法实现代码如下：

```
def is_death_map(self):
    """ 判断当前水果矩阵是否为死图 """
    for i in range(self._width):
        for j in range(self._height):
            # 边界判断
            if i >= 1 and j >= 1 and i <= 7 and j <= 6:
                if self.animal[i][j] == self.animal[i][j + 1]:
                    """e      b
                         e e
                       b      e
                    """
                    if (self.animal[i][j] in [self.animal[i - 1][j - 1], self.animal[i + 1][j - 1]] and self.animal[i][j - 1] != -1)
                        or (self.animal[i][j] in [self.animal[i - 1][j + 2], self.animal[i + 1][j + 2]] and self.animal[i][j + 2] != -1):
                        self.death_sign = False
                        break
            if i >= 1 and j >= 1 and i <= 6 and j <= 7:
                if self.animal[i][j] == self.animal[i + 1][j]:
                    if (self.animal[i][j] in [self.animal[i - 1][j - 1], self.animal[i - 1][j + 1]] and self.animal[i - 1][j] != -1)
                        or (self.animal[i][j] in [self.animal[i + 2][j - 1], self.animal[i + 2][j + 1]] and self.animal[i + 2][j] != -1):
                        """e     b
                               e
```

```
                                e
                            c       e"""
                            self.death_sign = False
                            break
                elif i >= 1 and j >= 1 and i <= 7 and j <= 7:
                    if self.animal[i - 1][j - 1] == self.animal[i][j]:
                        if (self.animal[i][j] == self.animal[i - 1][j + 1] and self.animal[i - 1][j] != -1)  \
                                or (self.animal[i][j] == self.animal[i + 1][j - 1] and self.animal[i][j - 1] != -1):
                            """e       e       b
                                   c       e       """
                            self.death_sign = False
                            break

                    if self.animal[i][j] == self.animal[i + 1][j + 1]:
                        if (self.animal[i][j] == self.animal[i - 1][j + 1] and self.animal[i][j + 1] != -1) \
                                or (self.animal[i][j] == self.animal[i + 1][j - 1] and self.animal[i + 1][j] != -1):
                            """       e       b
                                   e       e
                                b      e       e"""
                            self.death_sign = False
                            break
```

（3）如果判定为"死图"状态，则结束本场游戏，进入排行榜页面。在 Manager 类中创建一个 stop_game() 方法，封装结束本场游戏的相关逻辑，代码如下：

```
def stop_game(self):
    """ 结束本场游戏，进入排行榜的页面 """
    if self.status == 1:
        if self.death_sign:
            pygame.time.delay(500)
            Element(Element.none_animal,Element.none_animal_posi).draw(self.screen)
            pygame.display.flip()
            pygame.time.delay(500)
            Base.status = 2                          # 结束本场游戏
            self.reset_layout = True                 # 布局下一盘游戏的元素
            self.time_is_over = False
        else:
            self.death_sign = True
```

（4）在主函数 main()中的游戏主逻辑循环中调用 is_death_map()和 stop_game()方法，实现游戏的"死图"状态判断功能。修改后的主函数 main()代码如下（注意：加粗的代码为新增代码）：

```
import pygame
from pygame.locals import *
import sys
from core.first_eye import Screen_Manager
from core.handler import Manager

def main():
    """
    消消乐游戏主函数
    :return:
    """
    pygame.init()                                    # 设备的检测
    pygame.font.init()                               # 字体文件的初始化

    # 在这里创建每一个页面类的对象
    mr = Screen_Manager()                            # 实例化首屏页面管理对象
    mg = Manager()                                   # 实例化游戏页面管理对象
```

```
while 1:
    # 在这里判断不同的游戏状态，从而执行不同的操作
    if mr.status == 0:                              # 判断游戏首屏状态
        mr.open_game_init()
    if mg.status == 1:                              # 判断游戏页面状态
        mg.reset_animal()                           # 随机分配元素
        # 绘制游戏页面
        AnimalSpriteGroup = mg.start_game_init()
        mg.clear_ele()                              # 标记清除
        mg.is_death_map()                           # 死图判断
        mg.exchange_ele(AnimalSpriteGroup)          # 元素交换
        mg.stop_game()                              # 结束游戏

    for event in pygame.event.get():                # 事件的监听与循环
        # 用户敲击键盘的键盘事件判断
        if event.type == KEYDOWN:
            # 判断用户按下 Q 键或者 Esc 键
            if event.key == K_q or event.key == K_ESCAPE:
                sys.exit()
        # 用户关闭游戏窗口的鼠标事件判断
        if event.type == QUIT:
            sys.exit()

        # 在这里进行不同页面的事件监听，从而改变游戏状态
        mg.mouse_select(event)                      # 对游戏页面的事件监听
        mr.mouse_select(event)                      # 对游戏首屏的事件监听
```

3.5.8 游戏倒计时的实现

消消乐游戏中的游戏倒计时功能是通过 pygame 中监控时间的 time 子模块来实现的。当游戏规定时间到时会自动出现如图 3.8 所示的效果。

图 3.8 游戏超时运行效果图

水果消消乐游戏的倒计时功能实现步骤如下。

（1）在 core/handler.py 文件的 Manager 类中分别定义 start_time、end_time、running_time 和 time_is_over 这 4 个变量和一个 TIMEOUT 常量，分别用于表示每场游戏的开始时间、结束时间、运行时间、游戏是否超时的开关和超时时间，代码如下：

```
start_time = 0                          # 每场游戏的开始时间
end_time = 0                            # 每场游戏的结束时间
running_time = 0                        # 每场游戏的运行时间（毫秒）
time_is_over = False                    # 每场游戏的时间状态控制
TIMEOUT = 1000 * 60 * 3                 # 每场游戏的规定时长
```

（2）在 Manager 类中定义一个 judge_time()方法，用于判断游戏是否超时，如果超时，则开启游戏超时开关。代码如下：

```
def judge_time(self):
    """ 判断游戏时间是否超时 """
    self.end_time = pygame.time.get_ticks()       # 更新结束时间
    # 避免在 self.status = 2 的情况下更新 self.end_time，而使 self.time_is_over == True
    if self.status == 1:
        self.running_time = self.end_time - self.start_time
        if self.running_time >= self.TIMEOUT:
            self.time_is_over = True
```

（3）在每一局游戏开始时（即游戏的状态变量 Manager.status 值为 1），更新每一局游戏的开始时间，该位置有两处：在游戏首屏页面单击 Play 按钮时、在排行榜页面中单击"再来一局"按钮时，即分别在 Screen_Manager 类中的 mouse_select()方法和 Score_Manager 类中的 mouse_select()方法中添加如下代码：

```
# 初始化游戏的开始时间
Manager.start_time = pygame.time.get_ticks()
```

（4）在主函数 main()中的游戏主逻辑循环中调用 judge_time()方法，修改后的主函数 main()代码如下（注意：加粗的代码为新增代码）：

```
import pygame
from pygame.locals import *
import sys
from core.first_eye import Screen_Manager
from core.handler import Manager

def main():
    """
    消消乐游戏主函数
    :return:
    """
    pygame.init()                                  # 设备的检测
    pygame.font.init()                             # 字体文件的初始化

    # 在这里创建每一个页面类的对象
    mr = Screen_Manager()                          # 实例化首屏页面管理对象
    mg = Manager()                                 # 实例化游戏页面管理对象

    while 1:
        mg.judge_time()                            # 判断游戏超时
        # 在这里判断不同的游戏状态，从而执行不同的具体操作
        if mr.status == 0:                         # 判断游戏首屏状态
            mr.open_game_init()
        if mg.status == 1:                         # 判断游戏页面状态
            mg.reset_animal()                      # 随机分配元素
            # 绘制游戏页面
            AnimalSpriteGroup = mg.start_game_init()
            mg.clear_ele()                         # 标记清除
            mg.is_death_map()                      # 死图判断
            mg.exchange_ele(AnimalSpriteGroup)     # 元素交换
        mg.stop_game()                             # 结束游戏

        for event in pygame.event.get():           # 事件的监听与循环
```

```
        # 用户敲击键盘的键盘事件判断
        if event.type == KEYDOWN:
            # 判断用户按下 Q 键或者 Esc 键
            if event.key == K_q or event.key == K_ESCAPE:
                sys.exit()
        # 用户关闭游戏窗口的鼠标事件判断
        if event.type == QUIT:
            sys.exit()

        # 在这里进行不同页面的事件监听，从而改变游戏状态
        mg.mouse_select(event)                    # 对游戏页面的事件监听
        mr.mouse_select(event)                    # 对游戏首屏的事件监听
```

（5）在游戏主页面的绘制方法（Manager 类的 start_game_init()方法）中添加绘制时间的代码，修改后的 start_game_init()方法代码如下（注意：加粗的代码为新增代码）：

```
def start_game_init(self):
    """ 游戏页面绘制 """
    # 绘制游戏页面的背景
    Element(Element.bg_start_image, (0, 0)).draw(self.screen)
    # 绘制暂停键
    Element(Element.stop, Element.stop_position).draw(self.screen)
    # 绘制分数显示板
    score_board = Element(Element.board_score, Element.score_posi)
    score_board.draw(self.screen)
    # 绘制游戏分数
    str_score = str(self.score)
    for k, sing in enumerate(str_score):
        Element(Element.score[int(sing)], (755 + k * 32, 40)).draw(self.screen)
    # 创建小方块背景图片精灵组
    BrickSpriteGroup = pygame.sprite.Group()
    # 创建水果精灵组
    AnimalSpriteGroup = pygame.sprite.Group()
    # 向精灵组中添加精灵
    for row in range(self._height):
        for col in range(self._width):
            x, y = self.cell_xy(row, col)
            BrickSpriteGroup.add(Element(Element.brick, (x, y)))
            if self.animal[row][col] != -2:
                AnimalSpriteGroup.add(Element(Element.animal[self.animal[row][col]], (x, y)))
    # 绘制小方块的背景图
    BrickSpriteGroup.draw(self.screen)
    # 绘制小方块中的水果
    for ani in AnimalSpriteGroup:
        self.screen.blit(ani.image, ani.rect)
    # 绘制鼠标所单击的水果的突出显示边框
    if self.cur_sel != [-1, -1]:
        frame_sprite = Element(Element.frame_image, self.cell_xy(self.cur_sel[0], self.cur_sel[1]))
        self.screen.blit(frame_sprite.image, frame_sprite.rect)
    # 绘制游戏倒计时时间
    if not self.time_is_over:
        if self.running_time <= self.TIMEOUT:
            try:
                time_str = time.strftime("%X",
                    time.localtime(self.TIMEOUT // 1000 - self.running_time // 1000)).partition(":")[2]
                Font_Fact(time_str, Font_Fact.show_time_posi, 43, (0, 0, 0)).draw(self.screen)
            except Exception as e:
                pass
        else:
            time_str = "00:00"
            Font_Fact(time_str, Font_Fact.show_time_posi, 43, (0, 0, 0)).draw(self.screen)

    pygame.display.flip()                         # 更新页面显示，必须添加
```

```
    return AnimalSpriteGroup
```

（6）在 core/handler.py 文件的 Manager 类的 stop_game()方法中，添加当判定游戏超时时，游戏退出的逻辑代码，包括绘制游戏超时图片、改变游戏状态、进入排行榜页面、重置水果矩阵、复位游戏超时开关等。修改后的 stop_game()方法代码如下（注意：加粗的代码为新增代码）：

```python
def stop_game(self):
    """ 结束本场游戏，进入排行榜的页面 """
    if self.status == 1:
        # 游戏死图
        if self.death_sign:
            pygame.time.delay(500)
            Element(Element.none_animal, Element.none_animal_posi).draw(self.screen)
            pygame.display.flip()
            pygame.time.delay(500)
            Base.status = 2                    # 结束本场游戏
            self.reset_layout = True           # 布局下一盘游戏的元素
            self.time_is_over = False
        else:
            self.death_sign = True
        # 游戏超时
        if self.time_is_over:
            pygame.time.delay(1000)            # 暂停程序一段时间
            # 绘制游戏超时图片
            Element(Element.time_is_over_image, Element.time_is_over_posi).draw(self.screen)
            pygame.display.flip()
            pygame.time.delay(2000)            # 暂停程序一段时间，避免 "game over" 图片一闪而过
            Base.status = 2                    # 结束本场游戏
            self.reset_layout = True           # 布局下一盘游戏的元素
            self.time_is_over = False
```

3.5.9 游戏排行榜页面的实现

当游戏处于主页面时，如果玩家单击了页面左下角的"退出"按钮，则可以使游戏进入排行榜页面，该页面中记录本次游戏的分数，并会在排行榜页面中降序显示。

水果消消乐游戏排行榜页面的实现步骤如下。

（1）在游戏主页面的事件监听方法中判断玩家是否单击了"退出"按钮，如果已单击，则改变游戏的全局状态变量 Base.status 为 2，并重新布局水果矩阵。代码如下：

```python
Base.status = 2    # 需要将 Base.status 设置为 2，以便结束本场游戏，重新布局水果矩阵
```

（2）在 core/handler.py 文件的 Manager 类中创建一个 score_list 列表，用来记录每场游戏的得分，代码如下：

```python
score_list = []    # 排行榜存储分数列表
```

（3）在 Manager 类中创建一个 record_score()方法，用于在每一局游戏退出时，向分数列表中添加本局游戏的得分。代码如下：

```python
def record_score(self):
    """ 记录每场游戏得分 """
    if self.score != 0:
        self.score_list.append(self.score)
        self.destory_animal_num = [0, 0, 0, 0, 0, 0]
        self.score = 0                    # 分数复位归零
```

（4）在 core 包中创建一个 sort_score.py 文件，用于实现游戏排行榜页面的相关功能。该文件中，首先导入 pygame 和 pygame 常量库、sys、精灵组件类以及游戏主页面管理类 Manager，然后创建一个

Score_Manager 类，用于绘制游戏排行榜页面和监听其中的事件。sort_score.py 文件完整代码如下：

```python
import sys
import pygame
from core.base import Base
from core.entity import Font_Fact, Element
from core.handler import Manager

class Score_Manager(Base):
    """
    游戏排行榜页面的管理
    """
    def __init__(self):
        super(Score_Manager, self).__init__()

    def choice_game_init(self):
        """ 游戏排行榜页面的初始化 """
        if self.status == 2:
            # 背景的绘制
            Element(Element.bg_choice_image, (0, 0)).draw(self.screen)
            li = sorted(Manager.score_list, reverse=True)
            for k, item in enumerate(li[:8]):
                Font_Fact(str(item) + "    Score", \
                    (Element.score_order_rect[0] + 50, Element.score_order_rect[1] +
                        k * 50), 35, (0, 0, 0)).draw(self.screen)
            pygame.display.flip()

    def mouse_select(self, event):
        """ 游戏排行榜页面的事件监听 """
        if event.type == pygame.MOUSEBUTTONDOWN:
            mouse_x, mouse_y = event.pos
            if self.status == 2:
                # "再来一局"的鼠标监听
                if Font_Fact.again_game_posi[0] < mouse_x < Font_Fact.again_game_posi[0] + 200 and \
                    Font_Fact.again_game_posi[1] < mouse_y < Font_Fact.again_game_posi[1] + 60:
                    # 游戏进入游戏页状态
                    Base.status = 1
                    # 分数置 0
                    Manager.destory_animal_num = [0, 0, 0, 0, 0, 0]
                    # 初始化游戏开始时间
                    Manager.start_time = pygame.time.get_ticks()
                # "退出游戏"的鼠标监听
                elif Font_Fact.quit_game_posi[0] < mouse_x < Font_Fact.quit_game_posi[0] + 200 and \
                    Font_Fact.quit_game_posi[1] < mouse_y < Font_Fact.quit_game_posi[1] + 60:
                    sys.exit()
            if event.type == pygame.MOUSEBUTTONUP:
                pass
```

（5）在 bin/main.py 文件中实例化排行榜页面管理类 Score_Manager，并在游戏主逻辑循环中判断当游戏状态为排行榜页面状态时，调用排行榜页面的初始化方法，并且监听排行榜页面的鼠标事件。修改后的 bin/main.py 文件代码如下（注意：加粗的代码为新增代码）：

```python
import pygame
from pygame.locals import *
import sys
from core.first_eye import Screen_Manager
from core.handler import Manager
from core.sort_score import Score_Manager

def main():
    """
    消消乐游戏主函数
```

```python
:return:
"""
pygame.init()                                    # 设备的检测
pygame.font.init()                               # 字体文件的初始化

# 在这里创建每一个页面类的对象
mr = Screen_Manager()                            # 实例化首屏页面管理对象
mg = Manager()                                   # 实例化游戏页面管理对象
ms = Score_Manager()                             # 实例化排行榜页面管理对象

while 1:
    mg.judge_time()                              # 判断游戏超时
    # 在这里判断不同的游戏状态，从而执行不同的具体操作
    if mr.status == 0:                           # 判断游戏首屏状态
        mr.open_game_init()
    if mg.status == 1:                           # 判断游戏页面状态
        mg.reset_animal()                        # 随机分配元素
        # 绘制游戏页面
        AnimalSpriteGroup = mg.start_game_init()
        mg.clear_ele()                           # 标记清除
        mg.is_death_map()                        # 死图判断
        mg.exchange_ele(AnimalSpriteGroup)       # 元素交换
    mg.stop_game()                               # 结束游戏

    if ms.status == 2:                           # 判断游戏排行榜状态
        mg.record_score()                        # 记录本场游戏得分，并分数清零
        ms.choice_game_init()

    for event in pygame.event.get():             # 事件的监听与循环
        # 用户敲击键盘的键盘事件判断
        if event.type == KEYDOWN:
            # 判断用户按下 Q 键或者 Esc 键
            if event.key == K_q or event.key == K_ESCAPE:
                sys.exit()
        # 用户关闭游戏窗口的鼠标事件判断
        if event.type == QUIT:
            sys.exit()

        # 在这里进行不同页面的事件监听，从而改变游戏状态
        mg.mouse_select(event)                   # 对游戏页面的事件监听
        ms.mouse_select(event)                   # 对游戏排行榜页面的事件监听
        mr.mouse_select(event)                   # 对游戏首屏的事件监听
```

游戏排行榜页面效果如图 3.9 所示。

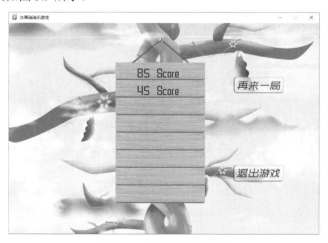

图 3.9　游戏排行榜页面

3.6 项目运行

通过前述步骤，设计并完成了"水果消消乐游戏"项目的开发。下面运行该游戏，检验一下我们的开发成果。如图 3.10 所示，在 PyCharm 的左侧项目结构中展开水果消消乐游戏的项目文件夹，在其中选中 manage.py 文件，单击鼠标右键，在弹出的快捷菜单中选择 Run 'manage'命令，即可成功运行该项目。

> **说明**
> 运行项目之前，一定要确保本机已经安装了 pygame 模块，如果没有安装，请使用 pip install pygame 命令进行安装。

水果消消乐游戏页面如图 3.11 所示。

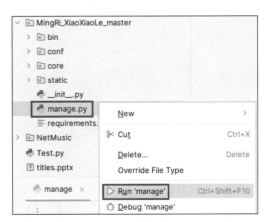

图 3.10 PyCharm 中的项目文件

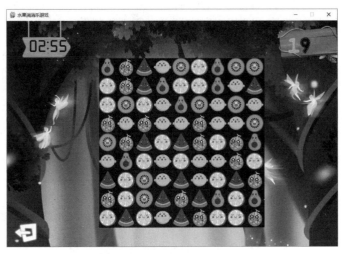

图 3.11 成功运行项目

本章使用 pygame 模块设计了一个功能完善的水果消消乐游戏，其中主要用到了 pygame 中的绘图、精灵、精灵组、事件监听等技术。学习本章时，重点要熟悉消消乐游戏的基本游戏规则以及实现流程，并掌握 pygame 中的绘图、精灵、精灵组及事件监听等技术在实际开发中的使用方法。

3.7 源码下载

虽然本章详细地讲解了如何编码实现"水果消消乐游戏"的各个功能，但给出的代码都是代码片段，而非源码。为了方便读者学习，本书提供了完整的项目源码，扫描右侧二维码即可下载。

源码下载

第 4 章
超级玛丽冒险游戏

——pygame + random + itertools

玛丽冒险是人们经常玩的一款经典游戏，该游戏为玩家呈现了一个充满奇幻色彩和未知挑战的冒险世界。游戏的核心机制是冒险与探索，玩家需要控制玛丽在游戏世界中自由移动，探索未知的地图和区域，并躲避敌人的攻击，趣味无穷。本章将使用 Python 结合 pygame 模块开发一个经典的超级玛丽冒险游戏。

项目微视频

本项目的核心功能及实现技术如下：

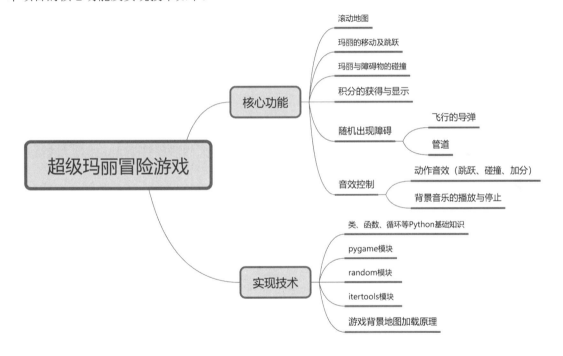

4.1 开发背景

在数字娱乐产业迅猛发展的今天，游戏作为其中的重要组成部分，正不断吸引着越来越多的玩家，而 Python 作为一种简洁、易读且功能强大的编程语言，在游戏开发领域具有广泛的应用。利用 Python 进行游戏开发，不仅可以缩短开发周期，还能降低开发成本，同时保证游戏的稳定性和可玩性。本章使用 Python 中的第三方游戏模块 pygame 开发一款冒险类游戏——超级玛丽冒险游戏，该游戏的灵感来源于经典的玛丽冒险游戏和谷歌小恐龙冒险游戏，采用符合当今审美潮流的背景图和角色形象，使得游戏画面更加生动有趣。

本游戏项目的实现目标如下：

- ☑ 核心玩法围绕冒险进行，玩家需要控制超级玛丽在游戏世界中探索未知区域，解决各种谜题，并最终达成游戏目标。

- ☑ 设置积分，增强游戏的挑战性。
- ☑ 游戏的视觉效果精美细腻，能够呈现独特的游戏世界和角色形象。
- ☑ 游戏提供逼真的音效，以增强游戏的沉浸感和代入感。
- ☑ 操作简单直观，易于上手。

4.2 系统设计

4.2.1 开发环境

本项目的开发及运行环境如下：
- ☑ 操作系统：推荐 Windows 10、Windows 11 及以上。
- ☑ 开发工具：PyCharm 2024（向下兼容）。
- ☑ 开发语言：Python 3.12。
- ☑ Python 内置模块：random、itertools。
- ☑ 第三方模块：pygame（2.5.2）。

4.2.2 业务流程

超级玛丽冒险游戏的实现逻辑比较简单，在游戏启动时，首先进入主窗体，在主窗体中会随机出现障碍以及超级玛丽，用户可以控制超级玛丽躲避障碍。如果成功躲避，则加分；否则，本轮游戏结束，并重新开始下一轮游戏。

本项目的业务流程如图 4.1 所示。

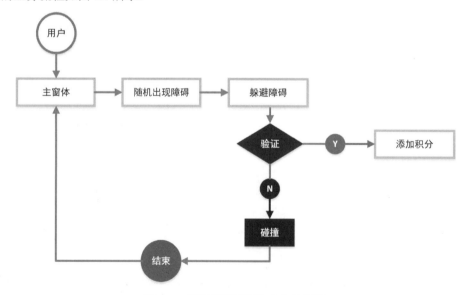

图 4.1 超级玛丽冒险游戏业务流程

4.2.3 功能结构

本项目的功能结构已经在章首页中给出，该项目实现的具体功能如下：

- ☑ 随机生成管道与导弹障碍。
- ☑ 超级玛丽跳跃躲避障碍。
- ☑ 超级玛丽与障碍碰撞，从而结束游戏。
- ☑ 实时显示积分。
- ☑ 手动控制背景音乐的播放与停止。
- ☑ 逼真的游戏音效。

4.3 技术准备

4.3.1 技术概览

- ☑ pygame 模块：pygame 模块是专为 Python 开发的一个游戏模块，本项目中主要使用该模块来设计超级玛丽游戏的窗口、图形绘制以及事件监听等功能。例如，下面代码使用 pygame 模块中相应对象的方法对游戏窗口中的图片和音效进行初始化操作：

```python
# 初始化障碍物矩形
self.rect = pygame.Rect(0, 0, 0, 0)
# 加载障碍物图片
self.missile = pygame.image.load("image/missile.png").convert_alpha()
self.pipe = pygame.image.load("image/pipe.png").convert_alpha()
# 加载积分图片
self.numbers = (pygame.image.load('image/0.png').convert_alpha(),
                pygame.image.load('image/1.png').convert_alpha(),
                pygame.image.load('image/2.png').convert_alpha(),
                pygame.image.load('image/3.png').convert_alpha(),
                pygame.image.load('image/4.png').convert_alpha(),
                pygame.image.load('image/5.png').convert_alpha(),
                pygame.image.load('image/6.png').convert_alpha(),
                pygame.image.load('image/7.png').convert_alpha(),
                pygame.image.load('image/8.png').convert_alpha(),
                pygame.image.load('image/9.png').convert_alpha())
# 加载加分音效
self.score_audio = pygame.mixer.Sound('audio/score.wav')          # 加分
```

- ☑ random 模块：random 模块是 Python 中的一个用于实现各种分布的伪随机数生成器，可以根据不同的实数分布来随机生成值。例如，本项目中使用其 randint() 方法随机生成 0 或者 1 的数字，以确定显示的障碍种类，代码如下：

```python
r = random.randint(0, 1)
```

有关 pygame 模块的知识在《Python 从入门到精通（第 3 版）》中有详细的讲解，对该知识点不太熟悉的读者，可以参考该书对应的内容；有关 random 模块的使用，可以参考本书第 3 章的第 3.3.2 节。itertools 模块是 Python 内置的一个标准模块，下面对它的使用进行必要介绍，以确保读者可以顺利完成本项目。

4.3.2 itertools 模块的使用

itertools 模块是 Python 中一个强大的内置模块，用于操作迭代器。迭代器常用来做惰性序列的对象，只有当迭代到某个值的时候，才会进行计算而得出这个值。因此，迭代器可以用来存储无限大的序列，这样就不需要一次性将所有数据加载到内存中，而只在需要的时候进行计算。

itertools 模块中主要包含 3 类函数，分别为无限迭代器函数、有限迭代器函数和组合迭代器函数，它们的语法及说明如表 4.1 所示。

表 4.1 itertools 模块的常用函数及说明

类 别	函 数	说 明
无限迭代器函数	count(start=0, step=1)	返回一个从 start 开始，以 step 为步长的无限整数序列
	cycle(iterable)	返回一个对 iterable 中的元素反复循环的无限序列
	repeat(object, times=None)	返回一个无限重复的 object 序列，如果指定 times，则重复指定次数
有限迭代器函数	chain(*iterables)	将多个可迭代对象（如列表、元组、集合等）串联起来，形成一个更长的迭代器，该函数按输入顺序依次迭代每个可迭代对象中的元素
	islice(iterable, start, stop[, step])	返回一个迭代器，它生成从 iterable 的 start 索引开始到 stop 索引之前的元素（不包括 stop 索引处的元素），步长为 step
	tee(iterable, n=2)	返回 n 个独立的迭代器，它们共享相同的底层数据
	accumulate(iterable[, func])	返回一个迭代器，它生成累加的结果。如果提供了 func 参数，那么它将使用这个函数进行累加
	starmap(function, iterable)	将一个函数应用于由元组构成的可迭代序列，并将每个元组的元素作为独立的参数传递给函数
	filterfalse(predicate, iterable)	返回一个迭代器，包含 iterable 中所有使 predicate 返回 False 的元素
	takewhile(predicate, iterable)	返回一个迭代器，包含 iterable 中所有使 predicate 返回 True 的元素，直到 predicate 返回 False 为止
	dropwhile(predicate, iterable)	返回一个迭代器，丢弃 iterable 中所有使 predicate 返回 True 的元素，然后返回剩余的元素
组合迭代器函数	product(*iterables, repeat=1)	计算笛卡儿积，即返回输入迭代器的笛卡儿积中的元素。如果指定了 repeat，则输入的迭代器会被重复指定的次数
	permutations(iterable, r=None)	返回迭代器，其中包含 iterable 中元素的所有可能排列，如果指定了 r，则返回的排列长度为 r
	combinations(iterable, r)	返回迭代器，其中包含 iterable 中元素的长度为 r 的所有可能组合，组合中元素不重复且顺序无关
	combinations_with_replacement(iterable, r)	与 combinations()类似，但允许组合中的元素重复

例如，本项目中首先导入了 itertools 模块中的无限迭代器函数 cycle()，然后使用该函数生成了一个反复循环的玛丽动图索引序列，从而实现了玛丽动态图片的迭代，代码如下：

```
from itertools import cycle
self.marieIndexGen = cycle([0, 1, 2])
```

4.3.3 背景地图加载原理分析

本游戏中的背景地图本质上是一个无限循环移动的地图。在具体实现时，首先需要渲染两张地图的背景图片，并将地图 1 的背景图片展示在窗体当中，而地图 2 的背景图片需要在窗体的外面进行准备，如图 4.2 所示。

接下来两张地图同时以相同的速度向左移动，此时窗体外的地图 2 背景图片将跟随地图 1 背景图片进入窗体中，如图 4.3 所示。

当地图 1 背景图片完全移出窗体时，将该图片的坐标设置为

图 4.2 移动地图的准备工作

准备状态的坐标位置，如图 4.4 所示。

图 4.3　地图 2 背景图片进入窗体

图 4.4　地图 1 离开窗体后的位置

这样反复循环，不断改变两张背景图片的位置并平移，从而在用户的视觉中形成一张不断移动的背景地图的效果。

4.4　搭建游戏主框架

开发超级玛丽冒险游戏之前，首先需要搭建游戏的主框架，步骤如下。

（1）在 PyCharm 中创建超级玛丽冒险游戏项目，并在项目目录下依次创建 audio 和 image 两个 Python 包。其中，audio 包中保存音效文件，image 包中保存图片文件。

（2）在项目中创建一个 marie.py 文件，作为整个游戏的逻辑代码文件。

搭建完成的超级玛丽冒险游戏框架结构如图 4.5 所示。

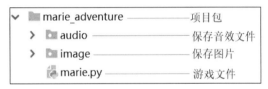

图 4.5　游戏框架结构

4.5　功　能　设　计

4.5.1　游戏窗体设计

在实现超级玛丽冒险游戏的窗体时，首先需要定义窗体的宽度与高度，并通过 pygame 模块中的 init() 方法对窗体进行初始化。然后创建游戏主循环，在循环中通过 update() 函数不断更新窗体。最后需要判断用户是否单击了"关闭"按钮，如果单击了"关闭"按钮，则关闭窗体，否则继续循环显示窗体。

通过 pygame 模块设计超级玛丽冒险游戏窗体的具体步骤如下。

（1）在 marie.py 文件中导入 pygame 库与 pygame 中的常量库，并定义窗体的宽度与高度，代码如下：

```
import pygame                         # 将 pygame 库导入 python 程序中
from pygame.locals import *           # 导入 pygame 中的常量
import sys                            # 导入系统模块

SCREENWIDTH = 822                     # 窗口宽度
SCREENHEIGHT = 199                    # 窗口高度
FPS = 30                              # 更新画面的时间
```

（2）创建一个 mainGame() 函数，在该函数中首先使用 pygame 模块对窗体进行初始化，然后创建时间对象，用来以指定的帧率对窗体进行刷新，最后通过循环实现窗体的显示与刷新。接下来在 main() 函数中调

用自定义的 mainGame()函数,以便运行程序。mainGame()函数的实现代码如下:

```python
def mainGame():
    score = 0                                    # 得分
    over = False                                 # 游戏结束标记
    global SCREEN, FPSCLOCK
    pygame.init()                                # 初始化窗体
    # 使用 Pygame 时钟之前,必须先创建 Clock 对象的一个实例
    # 控制每个循环多长时间运行一次
    FPSCLOCK = pygame.time.Clock()
    # 通常来说,需要先创建一个窗体,方便与程序的交互
    SCREEN = pygame.display.set_mode((SCREENWIDTH, SCREENHEIGHT))
    pygame.display.set_caption('超级玛丽冒险游戏')    # 设置窗体标题
    while True:
        # 获取单击事件
        for event in pygame.event.get():
            # 如果单击了关闭按钮,则关闭窗体
            if event.type == QUIT:
                pygame.quit()                    # 退出窗体
                sys.exit()                       # 退出游戏
        pygame.display.update()                  # 更新整个窗体
        FPSCLOCK.tick(FPS)                       # 循环应该多长时间运行一次

if __name__ == '__main__':
    mainGame()
```

游戏窗体的初始运行效果如图 4.6 所示。

图 4.6　游戏窗体的初始运行效果

4.5.2　加载地图

在超级玛丽冒险游戏中,通过不断改变两张背景图片的位置并平移,从而实现背景地图加载的功能,其具体实现步骤如下。

(1)创建一个名称为 MyMap 的滚动地图类,在该类的初始化方法中加载背景图片,并分别定义背景图片的 X、Y 坐标,代码如下:

```python
# 定义一个滚动地图类
class MyMap:

    def __init__(self, x, y):
        # 加载背景图片
        self.bg = pygame.image.load("image/bg.png").convert_alpha()
        self.x = x
        self.y = y
```

(2)在 MyMap 类中创建 map_rolling()方法,该方法中,根据地图背景图片的 X 坐标判断图片是否移出窗体。如果移出,则给相应图片设置一个新的 X 坐标值;否则,按照每次 5 个像素的跨度向左移动,代

码如下：

```
def map_rolling(self):
    if self.x < -790:              # 小于-790，说明地图已经完全移动完毕
        self.x = 800               # 给地图设置一个新的坐标点
    else:
        self.x -= 5                # 以5个像素向左移动
```

（3）在 MyMap 类中创建 map_update()方法，用来实现地图无限滚动的效果，代码如下：

```
# 更新地图
def map_update(self):
    SCREEN.blit(self.bg, (self.x, self.y))
```

（4）在 mainGame()函数中创建两个地图背景图片的对象，代码如下：

```
# 创建地图背景图片对象
bg1 = MyMap(0, 0)
bg2 = MyMap(800, 0)
```

（5）在 mainGame()函数的程序主循环中，通过背景图片对象调用 map_update()方法和 map_rolling()方法，实现无限循环滚动的地图，代码如下：

```
if over == False:
    # 绘制地图起到更新地图的作用
    bg1.map_update()
    # 地图移动
    bg1.map_rolling()
    bg2.map_update()
    bg2.map_rolling()
```

滚动地图的运行效果如图 4.7 所示。

图 4.7　滚动地图的运行效果

4.5.3　玛丽的跳跃功能

在实现玛丽的跳跃功能时，首先需要指定玛丽的固定坐标，也就是默认显示在地图上的固定位置。然后判断是否按下了键盘上的 space（空格）按键，如果按下了，则开启玛丽的跳跃开关，让玛丽以 5 个像素的距离向上移动。当玛丽到达窗体顶部的边缘时，再让玛丽以 5 个像素的距离向下移动，回到地面后关闭跳跃的开关。

实现玛丽跳跃功能的具体步骤如下。

（1）导入迭代器函数，并创建一个名称为 Marie 的玛丽类，在该类的初始化方法中，定义玛丽跳跃时所需要的变量，并加载玛丽跑动状态的 3 张图片，然后加载玛丽跳跃时的音效，并设置玛丽默认的坐标位置，代码如下：

```
from itertools import cycle        # 导入迭代器函数
```

```python
# 玛丽类
class Marie:
    def __init__(self):
        # 初始化玛丽图片所用的矩形
        self.rect = pygame.Rect(0, 0, 0, 0)
        self.jumpState = False                                  # 跳跃的状态
        self.jumpHeight = 130                                   # 跳跃的高度
        self.lowest_y = 140                                     # 最低坐标
        self.jumpValue = 0                                      # 跳跃增变量
        # 玛丽动图索引
        self.marieIndex = 0
        self.marieIndexGen = cycle([0, 1, 2])
        # 加载玛丽图片
        self.adventure_img = (
            pygame.image.load("image/adventure1.png").convert_alpha(),
            pygame.image.load("image/adventure2.png").convert_alpha(),
            pygame.image.load("image/adventure3.png").convert_alpha(),
        )
        self.jump_audio = pygame.mixer.Sound('audio/jump.wav')  # 跳跃音效
        self.rect.size = self.adventure_img[0].get_size()
        self.x = 50;                                            # 绘制玛丽的 X 坐标
        self.y = self.lowest_y;                                 # 绘制玛丽的 Y 坐标
        self.rect.topleft = (self.x, self.y)
```

（2）在 Marie 类中创建 jump()方法，在该方法中控制玛丽跳跃开关的开启，代码如下：

```python
# 控制跳跃状态
def jump(self):
    self.jumpState = True
```

（3）在 Marie 类中创建 move()方法，在该方法中，首先判断玛丽的跳跃开关是否开启，如果处于开启状态，则判断玛丽是否在地面上，如果这两个条件同时满足，则玛丽以 5 个像素的距离向上移动。当玛丽到达窗体顶部时，再以 5 个像素的距离向下移动，当玛丽回到地面后关闭跳跃开关。代码如下：

```python
# 玛丽移动
def move(self):
    if self.jumpState:                                      # 起跳的时候
        if self.rect.y >= self.lowest_y:                    # 如果站在地上
            self.jumpValue = -5                             # 以 5 个像素值向上移动
        if self.rect.y <= self.lowest_y - self.jumpHeight:  # 玛丽到达顶部回落
            self.jumpValue = 5                              # 以 5 个像素值向下移动
        self.rect.y += self.jumpValue                       # 通过循环改变玛丽的 Y 坐标
        if self.rect.y >= self.lowest_y:                    # 如果玛丽回到地面
            self.jumpState = False                          # 关闭跳跃状态
```

（4）在 Marie 类中创建 draw_marie()方法，在该方法中首先匹配玛丽跑步的动图，然后进行玛丽的绘制，代码如下：

```python
# 绘制玛丽
def draw_marie(self):
    # 匹配玛丽动图
    marieIndex = next(self.marieIndexGen)
    # 绘制玛丽
    SCREEN.blit(self.adventure_img[marieIndex], (self.x, self.rect.y))
```

（5）在 mainGame()函数中创建玛丽对象，代码如下：

```python
# 创建玛丽对象
marie = Marie()
```

（6）在 mainGame()函数的主循环中，判断是否按下了键盘上的 space（空格）按键，如果按下了，则开启玛丽跳跃开关，并播放跳跃音效，代码如下：

```
# 按键盘空格键，开启跳跃的状态
if event.type == KEYDOWN and event.key == K_SPACE:
    if marie.rect.y >= marie.lowest_y:          # 如果玛丽在地面上
        marie.jump_audio.play()                 # 播放玛丽跳跃音效
        marie.jump()                            # 开启玛丽跳跃的状态
```

（7）在 mainGame()函数中调用 Marie 类中自定义的 move()方法和 draw_marie()方法实现玛丽的移动与绘制功能，代码如下：

```
# 玛丽移动
marie.move()
# 绘制玛丽
marie.draw_marie()
```

运行程序，按下键盘中的 space（空格）按键，玛丽跳跃时的效果如图 4.8 所示。

图 4.8　跳跃的玛丽

4.5.4　随机出现障碍物

在实现障碍物的随机出现功能时，首先需要考虑障碍物的大小以及障碍物不能全部相同，如果每次出现的障碍物都是相同的，那么游戏将失去了挑战乐趣，所以需要加载两个大小不同的障碍物图片，然后随机显示。另外，还需要通过计算来设置多久出现一个障碍物。

实现随机出现障碍物功能的具体步骤如下：

（1）导入随机数模块，并创建一个名称为 Obstacle 的障碍物类，在该类中定义障碍物相关的变量，如越过一次障碍物所得的积分、每次移动的距离、障碍物的 Y 坐标；然后在该类的初始化方法中加载障碍物图片、积分图片以及加分音效，并随机生成 0 和 1 的数字，根据该数字确定障碍物的种类；最后根据图片的宽和高创建障碍物矩形的大小，并设置障碍物的坐标。代码如下：

```
import random                                   # 随机数模块
# 障碍物类
class Obstacle:
    score = 1                                   # 积分
    move = 5                                    # 移动距离
    obstacle_y = 150                            # 障碍物 Y 坐标
    def __init__(self):
        # 初始化障碍物矩形
        self.rect = pygame.Rect(0, 0, 0, 0)
        # 加载障碍物图片
        self.missile = pygame.image.load("image/missile.png").convert_alpha()
        self.pipe = pygame.image.load("image/pipe.png").convert_alpha()
        # 加载积分图片
        self.numbers = (pygame.image.load('image/0.png').convert_alpha(),
                        pygame.image.load('image/1.png').convert_alpha(),
                        pygame.image.load('image/2.png').convert_alpha(),
                        pygame.image.load('image/3.png').convert_alpha(),
                        pygame.image.load('image/4.png').convert_alpha(),
```

```
                    pygame.image.load('image/5.png').convert_alpha(),
                    pygame.image.load('image/6.png').convert_alpha(),
                    pygame.image.load('image/7.png').convert_alpha(),
                    pygame.image.load('image/8.png').convert_alpha(),
                    pygame.image.load('image/9.png').convert_alpha())
        # 加载加分音效
        self.score_audio = pygame.mixer.Sound('audio/score.wav')    # 加分
        # 0 和 1 随机数
        r = random.randint(0, 1)
        if r == 0:                                    # 如果随机数为 0,则显示导弹障碍物,反之显示管道障碍物
            self.image = self.missile                 # 显示导弹障碍物
            self.move = 15                            # 移动速度加快
            self.obstacle_y = 100                     # 导弹障碍物坐标在天上
        else:
            self.image = self.pipe                    # 显示管道障碍物
        # 根据障碍物位图的宽高来设置矩形
        self.rect.size = self.image.get_size()
        # 获取位图宽高
        self.width, self.height = self.rect.size
        # 障碍物坐标
        self.x = 800
        self.y = self.obstacle_y
        self.rect.center = (self.x, self.y)
```

（2）在 Obstacle 类中创建一个 obstacle_move()方法,用于实现障碍物的移动;再创建一个 draw_obstacle() 方法,用于实现绘制障碍物功能。代码如下:

```
# 障碍物移动
def obstacle_move(self):
    self.rect.x -= self.move
# 绘制障碍物
def draw_obstacle(self):
    SCREEN.blit(self.image, (self.rect.x, self.rect.y))
```

（3）在 mainGame()函数中定义添加障碍物的时间变量及创建障碍物对象列表,代码如下:

```
addObstacleTimer = 0                              # 添加障碍物的时间
list = []                                         # 障碍物对象列表
```

（4）在 mainGame()函数中计算障碍物出现的间隔时间,代码如下:

```
# 计算障碍物出现的间隔时间
if addObstacleTimer >= 1300:
    r = random.randint(0, 100)
    if r > 40:
        # 创建障碍物对象
        obstacle = Obstacle()
        # 将障碍物对象添加到列表中
        list.append(obstacle)
    # 重置添加障碍物出现的时间
    addObstacleTimer = 0
```

（5）在 mainGame()函数中循环遍历障碍物,并分别调用 Obstacle 类中自定义的 obstacle_move()方法和 draw_obstacle()方法实现障碍物的移动和绘制功能。代码如下:

```
# 循环遍历障碍物
for i in range(len(list)):
    # 障碍物移动
    list[i].obstacle_move()
    # 绘制障碍物
    list[i].draw_obstacle()
```

（6）在 mainGame()函数中增加障碍物的显示时间，代码如下：

addObstacleTimer += 20   # 增加障碍物显示时间

运行程序，障碍物出现时的效果如图 4.9 所示。

图 4.9　障碍物出现的效果

4.5.5　碰撞和积分的实现

在实现碰撞与积分功能时，首先需要判断表示玛丽与障碍物的两个矩形图片是否发生了碰撞，如果发生了碰撞，则结束游戏；否则，判断玛丽是否跃过了障碍物，并在确认跃过后进行加分操作，同时将积分显示在窗体右上角的位置。

实现碰撞和积分功能的具体步骤如下。

（1）在 Obstacle 类中创建一个 getScore()方法，用于获取积分并播放加分音效。再创建一个 showScore()方法，用于在窗体右上角显示积分。代码如下：

```
# 获取积分
def getScore(self):
    self.score
    tmp = self.score;
    if tmp == 1:
        self.score_audio.play()                    # 播放加分音乐
    self.score = 0;
    return tmp;

# 显示积分
def showScore(self, score):
    # 获取积分数字
    self.scoreDigits = [int(x) for x in list(str(score))]
    totalWidth = 0                                 # 要显示的所有数字的总宽度
    for digit in self.scoreDigits:
        # 获取积分图片的宽度
        totalWidth += self.numbers[digit].get_width()
    # 积分横向位置
    Xoffset = (SCREENWIDTH - (totalWidth+30))
    for digit in self.scoreDigits:
        # 绘制积分数字
        SCREEN.blit(self.numbers[digit], (Xoffset, SCREENHEIGHT * 0.1))
        # 随着数字增加改变位置
        Xoffset += self.numbers[digit].get_width()
```

（2）在 marie.py 文件中创建一个 game_over()方法，在该方法中，首先需要加载并播放撞击的音效，然后获取窗体的宽度与高度，并将游戏结束的图片显示在窗体的中间位置，代码如下：

```
# 游戏结束的方法
def game_over():
```

```
bump_audio = pygame.mixer.Sound('audio/bump.wav')         # 撞击
bump_audio.play()                                          # 播放撞击音效
# 获取窗体宽、高
screen_w = pygame.display.Info().current_w
screen_h = pygame.display.Info().current_h
# 加载游戏结束的图片
over_img = pygame.image.load('image/gameover.png').convert_alpha()
# 将游戏结束的图片绘制在窗体的中间位置
SCREEN.blit(over_img, ((screen_w - over_img.get_width()) / 2,(screen_h - over_img.get_height()) / 2))
```

（3）在 mainGame()函数中，判断玛丽与障碍物是否发生碰撞。如果发生了碰撞，则开启游戏结束的开关，并调用 game_over()方法显示游戏结束的图片；否则，判断玛丽是否跃过了障碍物，如果跃过，则增加积分并显示。代码如下：

```
# 判断玛丽与障碍物是否碰撞
if pygame.sprite.collide_rect(marie, list[i]):
    over = True                                # 碰撞后开启结束开关
    game_over()                                # 调用游戏结束的方法
    music_button.bg_music.stop()
else:
    # 判断玛丽是否跃过了障碍物
    if (list[i].rect.x + list[i].rect.width) < marie.rect.x:
        score += list[i].getScore()            # 加分
list[i].showScore(score)                       # 显示积分
```

（4）为了实现游戏结束后再次按下键盘 space（空格）按键时重新启动游戏的功能，需要在 mainGame()函数中开启玛丽的跳跃状态后，再次判断游戏结束开关是否开启，如果开启，则重新调用 mainGame()函数开始新游戏，代码如下：

```
if over == True:                               # 判断游戏结束的开关是否开启
    mainGame()                                 # 如果开启，调用 mainGame 函数重新启动游戏
```

运行程序，当玛丽与障碍物发生碰撞时的效果如图 4.10 所示。

图 4.10　碰撞与积分运行效果

4.5.6　背景音乐的播放与停止

在实现背景音乐的播放与停止时，需要在窗体中添加一个按钮，通过单击该按钮实现背景音乐的播放与停止功能。实现背景音乐播放与停止功能的具体步骤如下。

（1）创建 Music_Button 类，该类中，首先初始化背景音乐的音效文件与按钮图片，然后创建一个 is_select()方法，用于判断鼠标是否在音效控制按钮的范围内。代码如下：

```
# 背景音乐按钮
class Music_Button:
    is_open = True                             # 是否播放背景音乐的标记
    def __init__(self):
```

```
        self.open_img = pygame.image.load('image/btn_open.png').convert_alpha()
        self.close_img = pygame.image.load('image/btn_close.png').convert_alpha()
        self.bg_music = pygame.mixer.Sound('audio/bg_music.wav')      # 加载背景音乐
    # 判断鼠标是否在音效控制按钮的范围内
    def is_select(self):
        # 获取鼠标的坐标
        point_x, point_y = pygame.mouse.get_pos()
        w, h = self.open_img.get_size()                                # 获取按钮图片的大小
        # 判断鼠标是否在按钮范围内
        in_x = point_x > 20 and point_x < 20 + w
        in_y = point_y > 20 and point_y < 20 + h
        return in_x and in_y
```

（2）在 mainGame()函数中创建背景音乐按钮对象，并设置按钮默认图片，然后通过调用 play()方法循环播放背景音乐。代码如下：

```
music_button = Music_Button()                    # 创建背景音乐按钮对象
btn_img    = music_button.open_img               # 设置背景音乐按钮的默认图片
music_button.bg_music.play(-1)                   # 循环播放背景音乐
```

（3）在 mainGame()函数的 while 主循环中监听鼠标事件，判断单击音效控制按钮时，控制背景音乐的播放与停止。代码如下：

```
if event.type == pygame.MOUSEBUTTONUP:                # 判断鼠标事件
    if music_button.is_select():                      # 判断鼠标是否在静音按钮范围
        if music_button.is_open:                      # 判断背景音乐状态
            btn_img = music_button.close_img          # 单击后显示关闭状态的图片
            music_button.is_open = False              # 关闭背景音乐状态
            music_button.bg_music.stop()              # 停止背景音乐的播放
        else:
            btn_img = music_button.open_img
            music_button.is_open = True
            music_button.bg_music.play(-1)
```

（4）最后在 mainGame()函数中绘制背景音乐按钮，代码如下：

```
SCREEN.blit(btn_img, (20, 20))                        # 绘制背景音乐按钮
```

运行程序，当背景音乐播放时，音效控制按钮的效果如图 4.11 所示；当背景音乐停止时，音效控制按钮的效果如图 4.12 所示。

图 4.11 播放背景音乐

图 4.12 停止背景音乐

4.6 项目运行

通过前述步骤，设计并完成了"超级玛丽冒险游戏"项目的开发。下面运行该游戏，检验一下我们的

开发成果。如图4.13所示,在PyCharm的左侧项目结构中展开超级玛丽冒险游戏的项目文件夹,选中marie.py文件,单击鼠标右键,在弹出的快捷菜单中选择Run 'marie'命令,即可成功运行该项目。

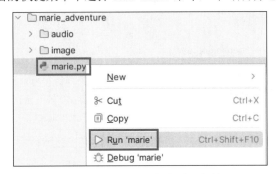

图4.13　PyCharm中的项目文件

> **说明**
>
> 　　运行项目之前,一定要确保本机已经安装了pygame模块,如果没有安装,请使用pip install pygame命令进行安装。

超级玛丽冒险游戏运行时的游戏页面如图4.14所示。

图4.14　成功运行项目

本章主要使用Python开发了一个超级玛丽冒险的游戏项目。其中,pygame模块为该游戏所使用的核心模块,而itertools模块用于实现玛丽动态图片的迭代功能,random模块则主要用于产生随机数字,实现障碍物的随机出现。在具体开发中,玛丽的跳跃、障碍物的移动以及玛丽与障碍物的碰撞是重点与难点,需要读者重点掌握。

4.7　源码下载

源码下载

虽然本章详细地讲解了如何编码实现"超级玛丽冒险游戏"的各个功能,但给出的代码都是代码片段,而非源码。为了方便读者学习,本书提供了完整的项目源码,扫描右侧二维码即可下载。

第3篇

网络爬虫项目

在信息爆炸的时代，网络上的数据如同无尽的宝藏，等待人们去发掘。Python语言简洁易读，拥有强大的网络库和数据处理能力，使其成为爬虫开发的理想选择。通过编写Python爬虫程序，人们可以自动地从互联网上抓取、解析和存储所需的数据，从而实现对网络资源的有效利用。

本篇主要使用Python的原生爬虫技术和Scrapy爬虫框架开发了两个网络爬虫项目，具体如下：

- ☑ 汽车之家图片抓取工具
- ☑ 分布式爬取动态新闻数据

第 5 章 汽车之家图片抓取工具

——文件读写 + 文件夹操作 + urllib + beautifulsoup4 + PyQt5 + Pillow

汽车之家图片抓取工具是一款能够自动从汽车之家网站上抓取指定汽车图片,并进行查看的工具。本项目使用 Python 语言中的 request、urllib 和 beautifulsoup4（bs4）模块实现爬虫功能,从而自动从汽车之家网站抓取指定汽车的图片,并通过 PyQt5 和 Pillow 技术将抓取到的图片显示在窗体中,方便用户查看。

项目微视频

本项目的核心功能及实现技术如下：

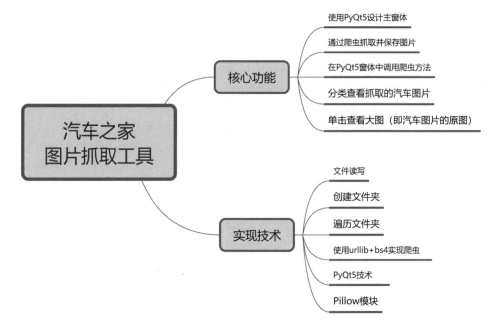

5.1 开发背景

随着互联网的快速发展，网络上的信息量呈爆炸式增长。汽车之家作为国内领先的汽车媒体和汽车消费者社区，拥有海量的汽车图片资源。这些图片资源不仅数量庞大，而且质量上乘，对于汽车爱好者、设计师、销售人员等来说具有极高的价值。然而，手动从汽车之家网站上下载这些图片不仅效率低下，而且容易出错。因此，开发一款能够自动抓取汽车之家图片的工具变得尤为重要。Python 在网络爬虫和数据抓取领域具有广泛的应用，它拥有丰富的库和框架，可以方便地实现网页解析和数据提取。本章使用 Python 开发了一个汽车之家图片抓取工具。

本项目的实现目标如下：
- ☑ 简洁明了的操作界面，使用户能够轻松启动抓取任务。
- ☑ 能够快速地从汽车之家网站上抓取指定汽车的图片。

- ☑ 能够准确地识别并抓取目标图片，避免漏抓或误抓。
- ☑ 能够通过导航菜单分类查看抓取到的汽车图片。
- ☑ 项目主要用于学习目的，避免恶意抓取、滥用资源等行为，以免侵犯他人权益或引发法律纠纷。

5.2 系统设计

5.2.1 开发环境

本项目的开发及运行环境如下：
- ☑ 操作系统：推荐 Windows 10、Windows 11 及以上。
- ☑ 开发工具：PyCharm 2024（向下兼容）。
- ☑ 开发语言：Python 3.12。
- ☑ Python 内置模块：sys、os、time、random、urllib。
- ☑ 第三方模块：beautifulsoup4（4.12.3）、pyqt5（5.15.10）、pyqt5designer（5.14.1）、Pillow（10.2.0）。

5.2.2 业务流程

本项目的实现流程比较简单，主要通过 Python 爬虫技术抓取汽车之家网站上指定汽车的图片，并保存到本地，然后将抓取到的图片分类显示在使用 PyQt5 设计的窗体中，通过单击窗体中的图片，可以查看其原图大小。

本项目的业务流程如图 5.1 所示。

图 5.1 汽车之家图片抓取工具业务流程

5.2.3 功能结构

本项目的功能结构已经在章首页中给出，该项目实现的具体功能如下：
- ☑ 以窗体形式抓取汽车图片。
- ☑ 自动从汽车之家网站抓取指定图片，并将其存放到本地路径中。
- ☑ 通过导航树分类查看窗体中展示的汽车图片。
- ☑ 单击查看指定汽车的大图（即原图片大小）。

5.3 技术准备

5.3.1 技术概览

- 文件读写：在 Python 中对文件进行读写操作时，主要用到 File 对象相关的方法。具体实现时，首先需要用 open()方法创建一个 File 对象，然后调用 write()方法或者 read()方法进行读写操作，例如：

```python
# 创建文件
pathfile = path + r'/' + str(n) + i
# 打开文件
with open(pathfile, 'wb') as f:
    # 图片写入文件
    f.write(imgData)
    # 图片写入完成关闭文件
    f.close()
    print("thread " + name + " write:" + pathfile)
```

- 文件夹操作：本项目中用到了 Python 中的创建文件夹和遍历文件夹操作，它们分别用到 Python 内置模块 os 中的 makedirs()方法和 listdir()方法，例如：

```python
# 创建图片路径
path = self.cdir + '/byd/' + str(name)
# 读取路径
if not os.path.exists(path):
    # 根据路径建立图片文件夹
    os.makedirs(path)

# 设置文件夹路径，为了绑定导航树做准备
self.path = cdir + '/byd'
# 查找指定路径下的所有文件名称
dirs = os.listdir(self.path)
# 循环遍历文件名称
for dir in dirs:
    # 添加文件名称到导航树
    QTreeWidgetItem(self.root).setText(0, dir)
```

- Python 中的爬虫实现：在 Python 中实现爬虫有很多种方法，本项目中主要使用 Python 内置的 urllib 模块和 beautifulsoup4（bs4）模块实现爬虫功能。其中，urllib 模块主要用来发送 HTTP 请求和处理响应，其支持多种请求方法（如 GET、POST、PUT、DELETE 等），可以轻松地处理 HTTPS 请求。并且，urllib 模块支持自定义请求头部和参数，在该模块中提供了一个 request 子模块，可以打开和读取 URL，并执行网络请求，在 request 子模块中提供了一个 Request 类，用来创建一个 HTTP 请求对象。另外，urllib 模块还提供了一个 urlopen()方法，用于向指定 URL 发送网络请求并获取数据。bs4 模块则用来从 HTML 和 XML 文件中提取数据，该模块中提供了一个 BeautifulSoup 类，该类用于解析 HTML 或 XML 文档，并提供了一种方便的方式来遍历和搜索这些文档中的元素。例如，使用其 find_all()方法可以很方便地在 HTML 或 XML 文档中查找所有符合特定条件的标签或元素。下面的代码用来访问指定的 URL 地址，并从中查找所有的 img 标签对应的 src 地址：

```python
user_agent = 'Mozilla/5.0 (Windows NT 10.0; Win64; x64) AppleWebKit/537.36 (KHTML, like Gecko) Chrome/42.0.2311.135 Safari/537.36 Edge/12.10240'
headers = {'User-Agent': user_agent}
# 访问链接
request = urllib.request.Request(urls, headers=headers)
# 获取响应地址
```

```
response = urllib.request.urlopen(request)
# 解析数据
bsObj = BeautifulSoup(response, 'html.parser')
# 查找所有 img 标签
t1 = bsObj.find_all('img')
for t2 in t1:
    t3 = t2.get('src')
```

有关文件读写、文件夹操作、Python 中的爬虫实现等知识在《Python 从入门到精通（第 3 版）》中有详细的讲解，对这些知识不太熟悉的读者可以参考该书对应的内容。下面对 PyQt5 技术和 Pillow 模块的使用进行必要的介绍，以确保读者可以顺利完成本项目。

5.3.2 使用 PyQt5 设计 Python 窗体程序

PyQt 是图形程序框架 Qt 的 Python 接口，由一组 Python 模块构成，是创建 GUI 应用程序的工具包，由 Phil Thompson 开发。自从 1998 年首次将 Qt 移植到 Python 上形成 PyQt 以来，已经发布了 PyQt3、PyQt4、PyQt5、PyQt6 共 4 个主要版本，但由于 PyQt6 支持的 Python 版本最高到 Python 3.9，因此本项目中使用了最常用的 PyQt5。

要使用 Python+PyQt5 进行 GUI 图形用户界面程序的开发，首先需要搭建好开发环境，使用 PyQt5 开发的必备工具如图 5.2 所示。

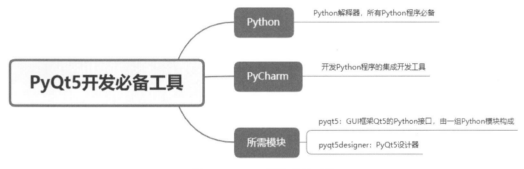

图 5.2　PyQt5 开发必备工具

下面对本项目中用到的 PyQt5 相关知识进行讲解。

1．配置 PyQt5 设计器及转换工具

因为使用 PyQt5 创建 GUI 图形用户界面程序时，会生成扩展名为.ui 的文件，该文件需要转换为.py 文件后才可以被 Python 所识别，所以需要为 PyQt5 与 PyCharm 开发工具进行配置。

接下来配置 PyQt5 设计器，即把.ui 文件（使用 PyQt5 设计器设计的文件）转换为.py 文件（Python 脚本文件）的工具，具体步骤如下。

（1）在 PyCharm 开发工具的设置窗中依次单击 Tools→External Tools 选项，然后在右侧单击"+"按钮，弹出 Create Tool 窗口。首先在该窗口中的 Name 文本框中填写工具名称 Qt Designer，然后单击 Program 后面的文件夹图标，选择安装 pyqt5designer 模块时自动安装的 designer.exe 文件，该文件位于当前虚拟环境的 Lib\site-packages\QtDesigner\文件夹中，最后在 Working directory 文本框中输入$ProjectFileDir$，表示项目文件目录，单击 OK 按钮，如图 5.3 所示。

（2）按照上面的步骤配置将.ui 文件转换为.py 文件的转换工具。在 Name 文本框中输入工具名称 PyUIC，然后单击 Program 后面的文件夹图标，选择虚拟环境目录下的 python.exe 文件，该文件位于当前虚拟环境的 Scripts 文件夹中，接下来在 Arguments 文本框中输入将.ui 文件转换为.py 文件的命令：-m PyQt5.uic.pyuic $FileName$ -o $FileNameWithoutExtension$.py；最后在 Working directory 文本框中输入$FileDir$，它表示 UI 文件所在的路径，单击 OK 按钮，如图 5.4 所示。

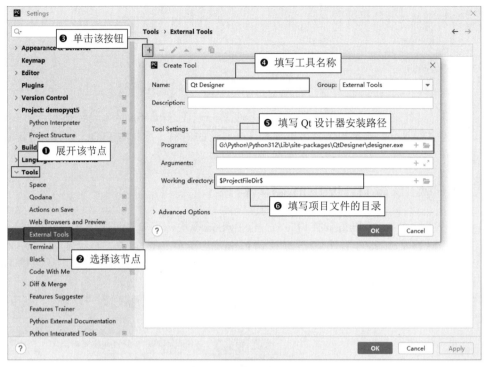

图 5.3　配置 QT 设计器

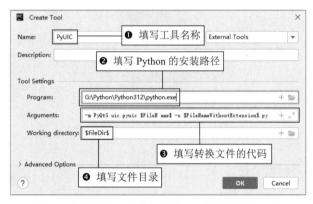

图 5.4　添加将.ui 文件转换为.py 文件的快捷工具

> **说明**
> 在 Program 文本框中输入或者选择的路径一定不要含有中文，以避免路径无法识别的问题。

完成以上配置后，在 PyCharm 开发工具的菜单中展开 Tools→External Tools 菜单，即可看到配置好的 Qt Designer 和 PyUIC 工具，如图 5.5 所示，这两个菜单的使用方法如下：

图 5.5　配置完成的 PyQt5 设计器及转换工具菜单

- ☑ 单击 Qt Designer 菜单，可以打开 QT 设计器。
- ☑ 选择一个.ui 文件，单击 PyUIC 菜单，即可将选中的.ui 文件转换为.py 代码文件。

2．Qt Designer 的使用

Qt Designer 的中文名称为 Qt 设计师，它是一个强大的可视化 GUI 设计工具，通过使用 Qt Designer 设计 GUI 程序界面，可以大大提高开发效率。

按照上面的步骤在 PyCharm 开发工具中配置完 Qt Designer 后，即可通过 PyCharm 开发工具中的 External Tools（扩展工具）菜单方便地打开 Qt Designer，步骤如下：

（1）在 PyCharm 的菜单栏中依次选择 Tools→External Tools→Qt Designer，如图 5.6 所示。

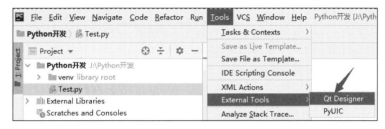

图 5.6　在 PyCharm 菜单中选择 Qt Designer 菜单

（2）打开 Qt Designer 设计器，并显示"新建窗体"窗口，该窗口中以列表形式列出了 Qt 支持的几种窗口类型，分别如下：

- ☑ Dialog with Buttons Bottom：按钮在底部的对话框窗口。
- ☑ Dialog with Buttons Right：按钮在右上角的对话框窗口。
- ☑ Dialog without Buttons：没有按钮的对话框窗口。
- ☑ Main Window：一个带菜单、停靠窗口和状态栏的主窗口。
- ☑ Widget：通用窗口。

在 Qt Designer 设计器的"新建窗体"窗口中选择 Main Window，即可创建一个主窗口。Qt Designer 设计器的主要组成部分如图 5.7 所示。

图 5.7　Qt Designer 设计器

3. 信号与槽的基本概念

信号（signal）与槽（slot）是 Qt 的核心机制，也是进行 PyQt5 编程时对象之间通信的基础。在 PyQt5 中，每一个 QObject 对象（包括各种窗口和控件）都支持信号与槽机制，通过信号与槽的关联，就可以实现对象之间的通信，当信号发射时，连接的槽函数（方法）将会自动执行。在 PyQt5 中，信号与槽是通过对象的 signal.connect()方法进行连接的。信号与槽的连接工作示意图如图 5.8 所示。

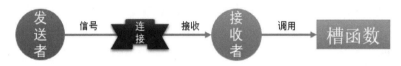

图 5.8　信号与槽的连接工作示意图

例如，本项目中为抓取汽车图片按钮的 clicked 信号绑定槽函数的代码如下：

```
self.pushButton.clicked.connect(self.btnstate)
```

4. PyQt5 常用控件

☑ Label 控件：又称为标签控件，它主要用于显示用户不能编辑的文本，标识窗体上的对象（例如，给文本框、列表框添加描述信息等），它对应 PyQt5 中的 QLabel 类，Label 控件本质上是 QLabel 类的一个对象。为 Label 标签设置图片时，需要使用 QLabel 类的 setPixmap()方法，该方法中需要有一个 QPixmap 对象，表示图标对象。例如，本项目中通过动态添加 Label 控件来显示抓取到的汽车图片，代码如下：

```
# 创建 Qlabel 控件，用于显示图片
self.label = QLabel(self.widget)
# 设置图片大小
self.label.setGeometry(QtCore.QRect(0, 0, 350, 300))
# 设置要显示的图片
self.label.setPixmap(QPixmap(self.path + '/' + items.text(0) + '/' + filenames[n]))
# 图片显示方式，使图片适应 QLabel 的大小
self.label.setScaledContents(True)
```

☑ PushButton 控件：是 PyQt5 中最常用的控件之一，它被称为按钮控件，对应 PyQt5 中的 QPushButton 类，允许用户通过单击来执行操作。PushButton 控件既可以显示文本，也可以显示图像，当该控件被单击时，它看起来像是被按下，然后被释放。PushButton 按钮最常用的信号是 clicked，当按钮被单击时，会发送该信号，执行相应的操作。例如，添加一个 PushButton 按钮，并为其 clicked 信号绑定槽函数，代码如下：

```
# 创建一个按钮，并将按钮加入窗口中
self.pushButton = QtWidgets.QPushButton(Form)
self.pushButton.setGeometry(QtCore.QRect(20, 20, 161, 41))
self.pushButton.setObjectName("pushButton")
self.pushButton.clicked.connect(self.btnstate)
```

☑ CommandLinkButton 控件：是一个命令链接按钮，对应 PyQt5 中的 QCommandLinkButton 类，该类与 PushButton 按钮的用法类似，区别是该按钮会自定义一个向右的箭头图标。例如，本项目中在每个显示汽车图片的 Label 控件左上角动态添加了一个 CommandLinkButton 超链接按钮，并为其 clicked 信号绑定槽函数，代码如下：

```
# 创建超链接按钮，用于单击后查看原图大小
self.commandLinkButton = QCommandLinkButton(self.widget)
# 设置超链接按钮位置
self.commandLinkButton.setGeometry(QtCore.QRect(0, 0, 111, 41))
```

```
# 给超链接按钮命名
self.commandLinkButton.setObjectName("label" + str(n))
# 设置超链接按钮上显示的文字
self.commandLinkButton.setText(filenames[n])
# 绑定信号槽函数
self.commandLinkButton.clicked.connect(lambda: self.wichbtn(self.path + '/' + items.text(0) + '/'))
```

- ☑ TreeView 控件：对应 PyQt5 中的 QTreeView 类，它是树控件的基类，使用时必须为其提供一个模型来与之配合。例如，本项目中使用 TreeView 控件显示图片分类，并在单击相应节点时，查看相应分类的图片，代码如下：

```
# 循环文件名称
for dir in dirs:
    # 添加文件名称到树形结构
    QTreeWidgetItem(self.root).setText(0, dir)
self.treeView.clicked.connect(self.onTreeClicked)
```

- ☑ GridLayout 控件：被称为网格布局控件（多行多列），它将位于其中的控件放入一个网格中。GridLayout 需要将提供给它的空间划分成行和列，并把每个控件插入到正确的单元格中。网格布局控件的基类是 QGridLayout，其常用的方法及说明如表 5.1 所示。

表 5.1 网格布局控件的常用方法及说明

方 法	说 明
addWidget (QWidget widget, int row, int column, Qt.Alignment alignment)	添加控件，主要参数说明如下： widget：要添加的控件。 row：添加控件的行数。 column：添加控件的列数。 alignment：控件的对齐方式
addWidget (QWidget widget, int fromRow, int fromColumn, int rowSpan, int columnSpan, Qt.Alignment alignment)	跨行和列添加控件，主要参数说明如下： widget：要添加的控件。 fromRow：添加控件的起始行数。 fromColumn：添加控件的起始列数。 rowSpan：控件跨越的行数。 columnSpan：控件跨越的列数。 alignment：控件的对齐方式
setRowStretch()	设置行比例
setColumnStretch()	设置列比例
setSpacing()	设置控件在水平和垂直方向上的间距

例如，下面的代码用来在 PyQt5 窗体中添加一个网格布局控件，代码如下：

```
# 创建一个网格布局控件，并将其加入窗口 scrollAreaWidgetContents_2 中
self.gridLayout = QtWidgets.QGridLayout(self.scrollAreaWidgetContents_2)
self.gridLayout.setContentsMargins(5, 5, 5, 5)
self.gridLayout.setObjectName("gridLayout")
```

5.3.3 Pillow 模块的使用

Pillow 是一个开源的 Python 图像处理库，它是 Python Imaging Library（PIL）的一个更现代且持续维护的分支版本。由于 PIL 在较早版本的 Python 中已停止更新，因此 Pillow 库作为其替代品而出现，并提供了对 Python

3 的全面支持。使用该模块时，需要使用 pip install Pillow 命令进行安装，安装后就可以使用该模块了。

本项目中使用了 Pillow 模块中的 Image 类的 open()方法和 show()方法来打开和显示汽车图片的原图。Image 类主要用于图像的基本操作，如打开、加载、保存、显示图像，以及进行图像模式转换、尺寸调整（缩放）、旋转、裁剪等操作。使用该类时，首先需要进行导入，代码如下：

```
from PIL import Image
```

然后使用 open()方法创建一个图像对象，接下来就可以使用该对象调用其方法实现相应的功能了，例如，下面代码用来打开一张指定路径下的图片并显示：

```
img = Image.open(tppath + sender.text())
img.show()
```

5.4 设计主窗体

主窗体是程序操作过程中必不可少的，它是人机交互中的重要环节。通过主窗体，用户可以对软件进行各种操作，或者打开相应的操作窗体。汽车之家图片抓取工具提供了主窗体，其设计步骤如下。

（1）打开 Qt Designer 设计器，创建一个 Main Window 窗体，该窗体中主要用到了 3 个控件，分别是 PushButton 按钮控件、TreeView 树控件、GridLayout 网格布局控件。其中，PushButton 按钮控件用来执行图片抓取操作，TreeView 树控件用来作为导航树菜单，GridLayout 网格布局控件用来显示抓取的汽车图片，其设计效果如图 5.9 所示。

图 5.9 主窗体设计效果

（2）在 PyCharm 中使用 PyUIC 工具将 .ui 文件转换为对应的 .py 文件，并将该文件重命名为 car.py，转换后的代码如下：

```python
from PyQt5 import QtWidgets, QtCore
from PyQt5.QtWidgets import *
from PyQt5.QtGui import *
class Ui_Form(object):
    # 初始化窗体方法
    def setupUi(self, Form):
        # 设置窗口名
        Form.setObjectName("Form")
        # 设置窗口大小
        Form.resize(1300, 900)
        # 创建一个滑动控件，并将其加入窗口 Form 中
        self.scrollArea = QtWidgets.QScrollArea(Form)
        self.scrollArea.setGeometry(QtCore.QRect(20, 70, 181, 800))
        self.scrollArea.setWidgetResizable(True)
        self.scrollArea.setObjectName("scrollArea")
        self.scrollAreaWidgetContents = QtWidgets.QWidget()
        self.scrollAreaWidgetContents.setGeometry(QtCore.QRect(0, 0, 179, 800))
        self.scrollAreaWidgetContents.setObjectName("scrollAreaWidgetContents")
        self.treeView = QTreeWidget(self.scrollAreaWidgetContents)
        self.treeView.setGeometry(QtCore.QRect(0, 0, 181, 761))
        self.treeView.setObjectName("treeView")
        self.treeView.setHeaderLabel('爬虫爬出的结果')
        self.scrollArea.setWidget(self.scrollAreaWidgetContents)
        # 创建一个竖向布局容器，并将其加入窗口 Form 中
        self.verticalLayout = QtWidgets.QVBoxLayout(Form)
        self.verticalLayout.setObjectName("verticalLayout")
        # 创建一个滑动控件，并将其加入窗口 Form 中
        self.scrollArea_2 = QtWidgets.QScrollArea(Form)
        self.scrollArea_2.setGeometry(QtCore.QRect(200, 70, 1000, 800))
        self.scrollArea_2.setWidgetResizable(True)
        self.scrollArea_2.setObjectName("scrollArea_2")
        self.scrollAreaWidgetContents_2 = QtWidgets.QWidget()
        self.scrollAreaWidgetContents_2.setObjectName("scrollAreaWidgetContents_2")
        # 创建一个网格布局控件，并将其加入窗口 scrollAreaWidgetContents_2 中
        self.gridLayout = QtWidgets.QGridLayout(self.scrollAreaWidgetContents_2)
        self.gridLayout.setContentsMargins(5, 5, 5, 5)
        self.gridLayout.setObjectName("gridLayout")
        # 创建一个按钮，并将按钮加入窗口 Form 中
        self.pushButton = QtWidgets.QPushButton(Form)
        self.pushButton.setGeometry(QtCore.QRect(20, 20, 161, 41))
        self.pushButton.setObjectName("pushButton")
        # 创建一个滑动按钮，并将按钮加入窗口 Form 中
        self.pushButton1 = QtWidgets.QPushButton(Form)
        self.pushButton1.setGeometry(QtCore.QRect(20, 20, 161, 41))
        self.pushButton1.setObjectName("pushButton1")
        self.pushButton1.setVisible(False)
        # 开启方法
        self.retranslateUi(Form)
        # 关联信号槽
        QtCore.QMetaObject.connectSlotsByName(Form)

    # UI 设置方法 设置 ui 属性
    def retranslateUi(self, Form):
        _translate = QtCore.QCoreApplication.translate
        # 设置窗体名称
        Form.setWindowTitle(_translate("Form", "汽车之家图片抓取工具"))
```

```
# 设置按钮显示文字
self.pushButton.setText(_translate("Form", "比亚迪-秦 PLUS 汽车图片"))
# 设置按钮显示文字
self.pushButton1.setText(_translate("Form", "搜索完成"))
# 获取树形结构根结点
self.root = QTreeWidgetItem(self.treeView)
# 在根结点中添加数据
self.root.setText(0, '2024 款 荣耀版 DM-i 55KM 领先型')
```

（3）将 Qt Designer 中设计的窗体转换为.py 脚本文件后，代码并不能直接运行，因为转换后的文件代码中没有程序入口，因此需要通过判断名称是否为__main__来设置程序入口，并在其中通过 MainWindow 对象的 show()方法来显示窗体，代码如下：

```
# 程序主方法
if __name__ == '__main__':
    app = QApplication(sys.argv)
    MainWindow = QtWidgets.QMainWindow()
    # 初始化主窗体
    ui = Ui_Form()
    # 获取文件的路径
    cdir = os.getcwd()
    # 调用创建窗体方法
    ui.setupUi(MainWindow)
    # 显示窗口
    MainWindow.show()
    sys.exit(app.exec_())    # 程序关闭时退出进程
```

5.5 功能设计

5.5.1 模块导入

在 car.py 文件中，首先导入需要的爬虫相关模块、图片处理模块，以及系统模块，代码如下：

```
import sys
import time
import urllib
import urllib.request
import os
from bs4 import BeautifulSoup
from PIL import Image
```

5.5.2 通过爬虫抓取并保存图片

汽车之家图片抓取工具的核心功能是通过爬虫抓取汽车之家网站上指定汽车的图片，本项目中以抓取国内领先的新能源汽车厂商比亚迪于 2024 年最新发布的秦 Plus DMI 版汽车图片为例进行讲解。具体步骤如下。

（1）打开汽车之家网站的比亚迪-秦 PLUS 2024 款的网页（https://www.autohome.com.cn/5964/20426/#pvareaid=3311672），如图 5.10 所示。

（2）滑动网页滚动条，然后在车型图片的栏目中选中"外观"，如图 5.11 所示。

（3）打开车身外观图片页面，在抓取汽车图片时，需要先确认汽车图片地址所在网页中的代码位置，这里以汽车的"车身外观"为例，按 F12 键，打开浏览器的"开发者工具"，然后将鼠标移动到网页中指定的汽车图片上，即可在"开发者工具"中查看其具体地址，如图 5.12 所示。

图 5.10　比亚迪-秦 PLUS 2024 款网页

图 5.11　打开车身外观图片页面

图 5.12　确认汽车图片地址及其所在网页中的代码位置

（4）接下来编写爬虫类，实现从指定地址抓取汽车图片并保存到本地的功能。新建一个名称为 ReTbmm 的类，在其构造函数中首先定义图片分类的请求地址（车身外观、中控方向盘、车厢座椅、其他细节），另外分别获取爬虫的开始时间和结束时间，以便计算爬虫的运行时间。代码如下：

```python
# 获取汽车图片方法类
class ReTbmm:
    def Retbmm(self):
        # 爬虫开始时间
        start = time.time()
        # 用于返回当前工作目录
        self.cdir = os.getcwd()
        # 爬取的网址：https://www.autohome.com.cn/5964/20426/#pvareaid=3311672
        # 车身外观
        url1 = 'https://car.autohome.com.cn/pic/series-s66743/5964-1.html#pvareaid=2042220'
        # 中控方向盘
        url2 = 'https://car.autohome.com.cn/pic/series-s66743/5964-10.html#pvareaid=2042220'
        # 车厢座椅
        url3 = 'https://car.autohome.com.cn/pic/series-s66743/5964-3.html#pvareaid=2042220'
        # 其他细节
        url4 = 'https://car.autohome.com.cn/pic/series-s66743/5964-12.html#pvareaid=2042220'
        end = time.time()
        # 输出运行时间
        print("run time:" + str(end - start))
```

（5）在 ReTbmm 类中创建一个 getImg() 方法。该方法中，首先使用 urllib.request 模块的 Request() 方法访问指定的链接；然后使用 urlopen() 获取响应地址，并使用 bs4 模块对响应地址进行解析，根据步骤（3）中分析的图片标记匹配图片地址；最后访问图片地址链接，并获取图片，将其保存到本地指定的文件夹中。getImg() 方法的代码如下：

```python
# 下载图片方法
def getImg(self, name, urls):
    user_agent = 'Mozilla/5.0 (Windows NT 10.0; Win64; x64) AppleWebKit/537.36 (KHTML, like Gecko) Chrome/42.0.2311.135 Safari/537.36 Edge/12.10240'
    headers = {'User-Agent': user_agent}
    # 访问链接
    request = urllib.request.Request(urls, headers=headers)
    # 获取响应地址
    response = urllib.request.urlopen(request)
    # 解析数据
    bsObj = BeautifulSoup(response, 'html.parser')
    # 查找所有 img 标记
    t1 = bsObj.find_all('img')
    for t2 in t1:
        t3 = t2.get('src')
        print(t3)
    # 创建图片路径
    path = self.cdir + '/byd/' + str(name)
    # 读取路径
    if not os.path.exists(path):
        # 根据路径建立图片文件夹
        os.makedirs(path)
    # 每次调用初始化图片序号
    n = 0
    # 循环遍历图片集合
    for img in t1:
        # 每次图片顺序加 1
        n = n + 1
        # 获取图片路径
        link = img.get('src')
        # 判断图片路径是否存在
```

```
            if link:
                # 拼接图片链接
                s = "https:" + str(link)
                # 分离文件扩展名
                i = link[link.rfind('.'):]
                try:
                    # 访问图片链接
                    request = urllib.request.Request(s)
                    # 获取返回的图片响应地址
                    response = urllib.request.urlopen(request)
                    # 读取返回内容
                    imgData = response.read()
                    # 创建文件
                    pathfile = path + r'/' + str(n) + i
                    # 打开文件
                    with open(pathfile, 'wb') as f:
                        # 图片写入文件
                        f.write(imgData)
                        # 图片写入完成关闭文件
                        f.close()
                        print("thread " + name + " write:" + pathfile)
                except:
                    print(str(name) + " thread write false:" + s)
```

> **说明**
> 上面的爬虫实现代码中，首先向被分析的图片地址所在网页位置发送网络请求，提取每个图片分类所对应的图片下载地址。然后向具体的图片地址发送网络请求，下载相应的图片。下载之后需要将图片保存到本地，这时需要创建保存图片的文件夹，在创建时，先判断指定文件夹是否存在，如果不存在，则创建对应的文件夹，否则直接将图片保存到对应的文件夹。

（6）在 ReTbmm 类的构造函数中调用 getImg()方法分别获取汽车的车身外观、中控方向盘、车厢座椅、其他细节的图片，代码如下：

```
self.getImg('车身外观', url1)
self.getImg('中控方向盘', url2)
self.getImg('车厢座椅', url3)
self.getImg('其他细节', url4)
```

5.5.3 主窗体中调用爬虫方法

爬虫类编写完成后，接下来在主窗体中调用即可，步骤如下。

（1）在 car.py 文件中自动生成的 Ui_Form 类中定义一个 btnstate()方法，在该方法中主要通过调用 ReTbmm 类的构造函数来启用爬虫，从而自动从指定网址获取汽车的图片；然后循环遍历获取的汽车分类文件夹，并将其名称显示在 TreeView 导航树中；最后设置导航树菜单的单击事件，以便后续能够分类查看相应的汽车图片。代码如下：

```
# 搜索方法
def btnstate(self):
    # 开始搜索，隐藏按钮
    self.pushButton.setVisible(False)
    # 实例化爬虫类
    ui = ReTbmm()
    # 开启爬虫方法
    ui.Retbmm()
    # 显示已完成按钮
    self.pushButton1.setVisible(True)
```

```
# 设置文件夹路径，为了绑定导航树做准备
self.path = cdir + '/byd'
# 查找指定路径下的所有文件名称
dirs = os.listdir(self.path)
# 循环遍历文件名称
for dir in dirs:
    # 添加文件名称到导航树
    QTreeWidgetItem(self.root).setText(0, dir)
self.treeView.clicked.connect(self.onTreeClicked)
```

（2）将自定义的 btnstate()方法作为槽函数绑定到 PushBotton 搜索按钮的 clicked 信号上，以便在单击按钮时，执行汽车图片的自动下载及导航树分类绑定功能。代码如下：

```
# 为按钮添加单击事件
self.pushButton.clicked.connect(self.btnstate)
```

运行程序，单击按钮爬取汽车图片，并自动将爬取过程中创建的汽车图片分类文件夹名称显示在导航树中，效果如图 5.13 所示。

图 5.13　爬取图片并显示导航树

5.5.4　分类查看抓取的汽车图片

当用户单击汽车之家图片抓取工具主窗体中左侧导航树中的结点时，可以分类查看相应的汽车图片，实现该功能的步骤如下。

（1）在 car.py 文件中自动生成的 Ui_Form 类中定义一个 onTreeClicked()方法，该方法用来对主窗体中要显示的导航树结点和汽车图片进行初始化。具体实现时，首先通过判断导航树结点对其树菜单进行初始化；然后动态向主窗体中添加 Label 控件，以便显示抓取的汽车图片；最后在每个显示汽车图片的 Label 控件的左上角动态添加一个 CommandLinkButton 超链接按钮，以便后续通过单击该超链接按钮查看相应图片的原图。onTreeClicked()方法代码如下：

```
def onTreeClicked(self, Qmodelidx):
    # 获取单击的导航树结点
    items = self.treeView.currentItem()
    # 判断单击的结点
    if items.text(0) == '2024 款 荣耀版 DM-i 55KM 领先型':
        # 清除结点 root 下的子结点
        self.root.takeChildren()
        # 获取指定路径下的所有文件
        dirs = os.listdir(self.path)
        # 循环遍历文件
        for dir in dirs:
            # 设置子结点
            QTreeWidgetItem(self.root).setText(0, dir)
        # 为单击信号事件绑定槽函数
        self.treeView.clicked.connect(self.onTreeClicked)
        pass
    else:
```

```python
# 每次单击导航树结点时，循环删除管理器的组件
while self.gridLayout.count():
    # 获取第一个组件
    item = self.gridLayout.takeAt(0)
    # 删除组件
    widget = item.widget()
    widget.deleteLater()
# 每次单击导航树结点时，清空图片集合
filenames = []
# 根据路径查找文件夹下所有文件
for filename in os.listdir(cdir + '/byd/' + items.text(0)):
    # 把文件名称添加到集合中
    filenames.append(filename)
# 行数标记
i = -1
# 根据图片的数量进行循环
for n in range(len(filenames)):
    # x 确定每行显示的个数，每行 3 个
    x = n % 3
    # 当 x 为 0 时，设置换行，行数+1
    if x == 0:
        i += 1
    # 创建布局
    self.widget = QWidget()
    # 设置布局大小
    self.widget.setGeometry(QtCore.QRect(110, 40, 350, 300))
    # 为布局命名
    self.widget.setObjectName("widget" + str(n))
    # 创建 Qlabel 控件，用于显示汽车图片
    self.label = QLabel(self.widget)
    # 设置图片大小
    self.label.setGeometry(QtCore.QRect(0, 0, 350, 300))
    # 设置要显示的图片
    self.label.setPixmap(QPixmap(self.path + '/' + items.text(0) + '/' + filenames[n]))
    # 图片显示方式，使图片适应 QLabel 的大小
    self.label.setScaledContents(True)
    # 给图片控件命名
    self.label.setObjectName("label" + str(n))
    # 创建超链接按钮，用于单击后查看原图大小
    self.commandLinkButton = QCommandLinkButton(self.widget)
    # 设置超链接按钮位置
    self.commandLinkButton.setGeometry(QtCore.QRect(0, 0, 111, 41))
    # 给超链接按钮命名
    self.commandLinkButton.setObjectName("label" + str(n))
    # 设置超链接按钮上显示的文字
    self.commandLinkButton.setText(filenames[n])
    # 绑定信号槽函数
    self.commandLinkButton.clicked.connect(lambda: self.wichbtn(self.path + '/' + items.text(0) + '/'))
    # 将动态添加的 widegt 布局添加到 gridLayout 中，i, x 分别代表行数以及每行的个数
    self.gridLayout.addWidget(self.widget, i, x)
# 设置上下滑动控件可以滑动
self.scrollArea_2.setWidget(self.scrollAreaWidgetContents_2)
self.verticalLayout.addWidget(self.scrollArea_2)
# 设置 scrollAreaWidgetContents_2 最大宽度为 scrollArea_2 的宽度，这样可以都显示，而不用左右滑动
self.scrollAreaWidgetContents_2.setMinimumWidth(800)
# 设置高度为动态高度（根据行数确定高度，每行 300）
self.scrollAreaWidgetContents_2.setMinimumHeight(i * 300)
```

（2）将 onTreeClicked()方法作为槽函数绑定到 TreeView 树控件的 clicked 信号上，代码如下：

```python
self.treeView.clicked.connect(self.onTreeClicked)
```

运行程序，首先单击窗体左上角的按钮自动抓取指定汽车的图片，然后单击左侧的导航树结点，即可按分类查看相应的汽车图片，效果如图5.14所示。

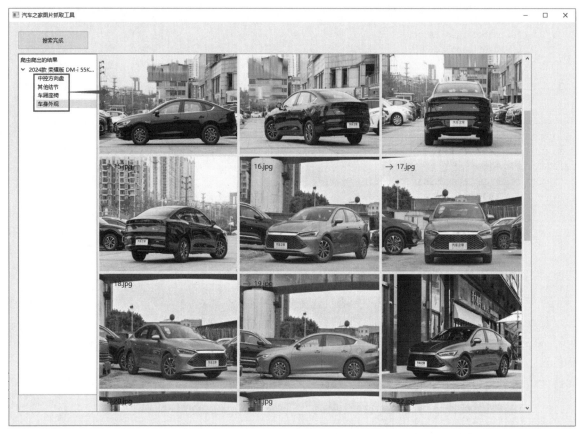

图5.14　分类查看抓取的汽车图片

5.5.5　单击查看大图

实现单击查看大图功能时，通过 Pillow 模块中的 Image 类打开并显示对应的图片即可，步骤如下：

（1）在 car.py 文件中自动生成的 Ui_Form 类中定义一个 wichbtn() 方法，在该方法中，使用 PIL 模块中的 Image 类的 open() 方法打开指定的图片，并使用 show() 方法显示，代码如下：

```
# 信号槽，单击超链接按钮显示大图功能
def wichbtn(self, tppath):
    # 获取信号源，即单击的按钮
    sender = self.gridLayout.sender()
    # 使用系统中的默认看图工具打开图片
    img = Image.open(tppath + sender.text())
    img.show()
```

（2）将 wichbtn() 方法作为槽函数绑定到 CommandLinkButton 超链接按钮的 clicked 信号上，代码如下：

```
# 绑定信号槽函数
self.commandLinkButton.clicked.connect(lambda: self.wichbtn(self.path + '/' + items.text(0) + '/'))
```

运行程序，单击窗体中任意一张汽车图片左上角的超链接按钮，即可使用系统默认的看图工具打开该图片的原图进行查看，如图5.15所示。

图 5.15　单击查看原图

5.6　项目运行

通过前述步骤，设计并完成了"汽车之家图片抓取工具"项目的开发。下面运行该项目，以检验我们的开发成果。如图 5.16 所示，在 PyCharm 的左侧项目结构中展开汽车之家图片抓取工具的项目文件夹，在其中选中 car.py 文件，单击鼠标右键，在弹出的快捷菜单中选择 Run 'car'命令，即可成功运行该项目。

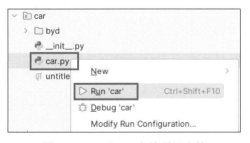

图 5.16　PyCharm 中的项目文件

> **说明**
>
> 运行项目之前，一定要确保本机已经安装了 bs4、Pillow 和 PyQt5 相关的模块，如果没有安装，请使用 pip install Beautifulsoup4 Pillow pyqt5 pyqt5designer 命令进行安装。

汽车之家图片抓取工具的主窗体如图 5.17 所示。

图 5.17 成功运行项目

本项目的核心功能是如何爬取汽车之家图片，主要使用了 beautifulsoup4（bs4）、urllib、PyQt5、Pillow 等模块。其中，urllib 模块中的 request.urlopen()方法用于实现发送网络请求，beautifulsoup4（bs4）模块中的 find_all()方法用于提取图片地址，PyQt5 技术用于实现整个程序的窗体设计，Pillow 模块用于打开并显示已下载的图片。这里需要注意的是，在提取图片地址时，原网页 HTML 代码中的图片地址可能是一个不完整的地址，需要观察规律并将图片地址拼接完整。

5.7 源码下载

虽然本章详细地讲解了如何编码实现"汽车之家图片抓取工具"的各个功能，但给出的代码都是代码片段，而非源码。为了方便读者学习，本书提供了完整的项目源码，扫描右侧二维码即可下载。

源码下载

第 6 章 分布式爬取动态新闻数据

——Scrapy + Scrapy-redis + pymysql + Redis

工厂安排生产时,一个人生产的产能总是有限的,多个人同时生产,产能就会大大提升,完成生产所工作的时间也会相对减少。分布式爬虫其实就是将一个爬虫任务分配给多个相同的爬虫程序执行,而每个爬虫程序所爬取的内容不同。本章将使用 Scrapy 爬虫框架和 Redis 数据库实现一个分布式爬虫项目,其功能是爬取动态新闻数据。

项目微视频

本项目的核心功能及实现技术如下:

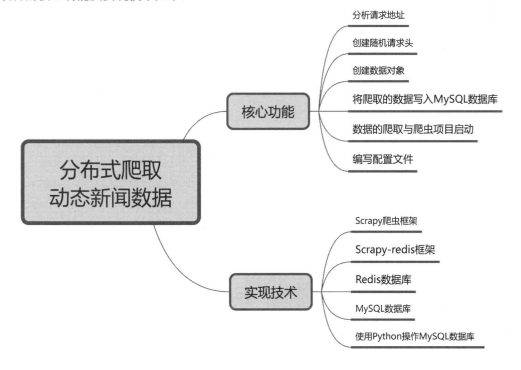

6.1 开发背景

网络上新闻数据的信息量非常大,在使用普通的爬虫爬取这些数据时,效率会非常低下。因此,使用分布式爬虫是一种非常好的解决方案,它既可以提高爬取数据的效率,还能确保每条数据的唯一性。本项目通过分布式爬虫来爬取中国日报中文网上的动态新闻数据。

本项目的实现目标如下:
- ☑ 自动爬取中国日报中文网上的动态新闻数据。
- ☑ 使用分布式爬虫提高数据爬取效率。
- ☑ 将爬取的数据保存到 MySQL 数据库中。

6.2 系统设计

6.2.1 开发环境

本项目的开发及运行环境如下：
- ☑ 操作系统：推荐 Windows 10、Windows 11 及以上。
- ☑ 开发工具：PyCharm 2024（向下兼容）。
- ☑ 开发语言：Python 3.12。
- ☑ Python 内置模块：sys、os、time、random。
- ☑ 第三方模块：scrapy（2.11.1）、scrapy-redis（0.7.3）、pymysql（1.1.0）、fake-useragent（1.5.1）。

6.2.2 业务流程

本项目在实现分布式爬取中国日报中文网上的动态新闻数据时，首先需要对请求的地址进行分析，找到规律，然后选取分布式爬虫框架，并借助 Redis 数据库的队列实现分布式爬取的功能；而对于具体的数据爬取操作，按照爬虫的基本步骤执行即可，即发送请求→爬取数据→保存数据。

本项目的业务流程如图 6.1 所示。

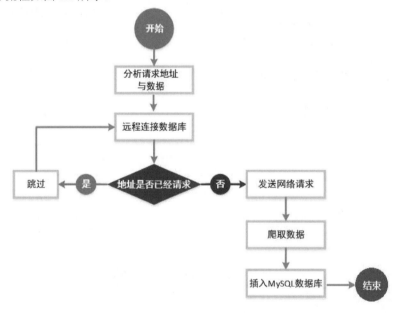

图 6.1　分布式爬取动态新闻数据的业务流程

6.2.3 功能结构

本项目的功能结构已经在章首页中给出，该项目实现的具体功能如下：
- ☑ 分析请求地址：找到新闻数据页面，分析页面规律及要爬取的信息所对应的代码位置。
- ☑ 创建随机请求头：根据不同的浏览器生成不同的请求头。
- ☑ 数据对象的创建：创建要保存的数据信息对应的字段。

- ☑ 将爬取的数据保存到 MySQL 数据库中：使用 pymysql 模块对 MySQL 数据库进行操作。
- ☑ 启动爬虫项目：设置爬虫项目入口点。
- ☑ 编写爬虫配置文件：配置分布式爬虫项目的公共参数。

6.3 技术准备

6.3.1 技术概览

- ☑ Scrapy 框架的使用：Scrapy 框架是一套成熟的开源 Python 爬虫框架，它简单轻巧，可以高效地爬取 Web 页面，并从页面中提取结构化的数据。使用该框架时，首先需要进行安装。这里需要注意的是，Scrapy 爬虫框架依赖的库比较多，如 Twisted、pywin32、lxml、pyOpenSSL 等，但由于安装 Scrapy 框架会自动安装 lxml 和 pyOpenSSL，因此只需要先使用 pip install Twisted pywin32 命令安装这两个库，然后再使用 pip install Scrapy 命令安装 Scrapy 框架即可。安装完后，就可以使用 Scrapy 框架实现爬虫功能了。例如，本项目中使用 Scrapy 框架的 Request() 方法向网站中新闻列表的前 100 页发送网络请求，代码如下：

```python
import scrapy
from distributed.items import DistributedItem      # 导入 Item 对象
class DistributedspiderSpider(scrapy.Spider):
    name = 'distributedSpider'
    allowed_domains = ['china.chinadaily.com.cn']
    start_urls = ['http://china.chinadaily.com.cn/']
    # 发送网络请求
    def start_requests(self):
        for i in range(1,101):                     # 由于新闻网页共计 100 页，所以循环执行 100 次
            # 拼接请求地址
            url = self.start_urls[0] + '5bd5639ca3101a87ca8ff636/page_{page}.html'.format(page=i)
            # 执行请求
            yield scrapy.Request(url=url,callback=self.parse)
```

- ☑ Python 中操作 MySQL 数据库：在 Python 中操作 MySQL 数据库时，需要使用相应的模块来实现。Python 中支持 MySQL 数据库的模块有很多，本项目中使用了最常用的 pymysql。使用该模块时，首先需要使用 pip install pymysql 命令对其进行安装，然后通过 connect() 函数创建连接对象，并使用该对象的 cursor() 方法创建存储数据的游标对象，最后通过游标对象调用相应的方法进行操作。游标对象的常用方法及其说明如表 6.1 所示。

表 6.1 游标对象的常用方法及其说明

方法/属性	说明
callproc(procname,[, parameters])	调用存储过程，需要数据库支持
close()	关闭当前游标
execute(operation[, parameters])	执行数据库操作，SQL 语句或者数据库命令
executemany(operation, seq_of_params)	用于批量操作，如批量更新
fetchone()	获取结果集中的下一条记录
fetchmany()	获取结果集中指定数量的记录
fetchall()	获取结果集中的所有记录
nextset()	跳至下一个可用的结果集

例如，本项目中使用 pymysql 模块将爬取的新闻内容保存到指定的 MySQL 数据表中，代码如下：

```
# 数据库连接
self.db = pymysql.connect(host=self.host, user=self.user, password=self.password, database=self.database, port=self.port,
    charset='utf8')
self.cursor = self.db.cursor()              # 创建游标
data = dict(item)                           # 将 item 转换成字典类型
# sql 语句
sql = 'insert into news (title,synopsis,url,time) values(%s,%s,%s,%s)'
# 执行插入多条数据
self.cursor.executemany(sql, [(data['news_title'], data['news_synopsis'],data['news_url'],data['news_time'])])
self.db.commit()                            # 提交
```

有关 Scrapy 框架的使用、Python 中操作 MySQL 数据库等知识在《Python 从入门到精通（第 3 版）》中有详细的讲解，对这些知识不太熟悉的读者可以参考该书对应的内容。下面对实现本项目时用到的其他主要技术点进行必要的介绍，如 Redis 数据库的使用、Scrapy-redis 模块、如何分析请求地址等，以确保读者可以顺利完成本项目。

6.3.2 Redis 数据库的使用

Redis（remote dictionary server），即远程字典服务，它是一个开源、C 语言编写、支持网络、可基于内存亦可持久化的日志型 Key-Value 数据库（与 Python 中的字典类似），它提供了多种语言的 API 接口。

Redis 通常被称为数据结构服务器，因为它的值（value）可以是字符串（String）、哈希（Hash）、列表（List）、集合（Sets）和有序集合（Sorted Sets）等类型。

Redis 数据库在分布式爬虫中作为任务列队，它主要负责检测及保存每个爬虫程序所爬取的内容，以便有效地控制每个爬虫程序之间的重复爬取问题。

使用 Redis 数据库时首先需要进行安装，这里以 Windows 系统为例进行介绍。在浏览器中打开 Redis 的开源地址（https://github.com/microsoftarchive/redis/releases），下载目前最新的 Redis-x64-3.2.100.msi 版本安装文件，如图 6.2 所示。

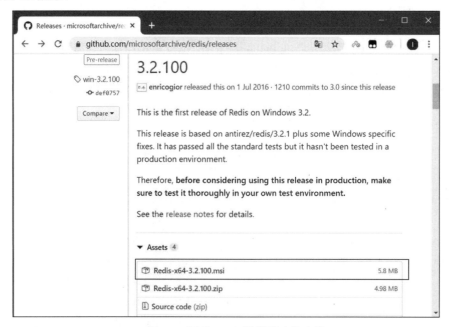

图 6.2　下载 Redis 数据库安装文件

双击下载的.msi 安装文件，按照默认提示安装 Redis 数据库。安装完成后，在 Redis 数据库所在的目录下，打开“redis-cli.exe”文件，启动 Redis 命令行窗口，在该窗口中可以通过 get 和 set 命令向数据库中读取和写入数据。例如，输入“set a demo” 表示向数据库中写入 key 为 a、value 为 demo 的数据，而输入“get a”表示读取 key 为 a 的数据，效果如图 6.3 所示。

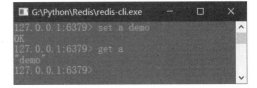

图 6.3 测试 Redis 数据库

说明

关于 Redis 数据库的其他命令，可以参考官方帮助：https://redis.io/docs/connect/cli/。

6.3.3 Scrapy-redis 模块

Scrapy-redis 模块相当于 Scrapy 爬虫框架与 Redis 数据库的桥梁，它是在 Scrapy 的基础上进行修改和扩展而来的，既保留了 Scrapy 爬虫框架中原有的异步功能，又实现了分布式功能。Scrapy-redis 模块是第三方模块，所以在使用前需要通过 pip install scrapy-redis 命令进行安装。

Scrapy-redis 模块安装完成后，在模块的安装目录中包含的源码文件如图 6.4 所示。

__pycache__	2024-03-19 10:20	文件夹	
__init__.py	2024-03-19 10:20	JetBrains PyChar...	1 KB
connection.py	2024-03-19 10:20	JetBrains PyChar...	3 KB
defaults.py	2024-03-19 10:20	JetBrains PyChar...	1 KB
dupefilter.py	2024-03-19 10:20	JetBrains PyChar...	5 KB
picklecompat.py	2024-03-19 10:20	JetBrains PyChar...	1 KB
pipelines.py	2024-03-19 10:20	JetBrains PyChar...	3 KB
queue.py	2024-03-19 10:20	JetBrains PyChar...	5 KB
scheduler.py	2024-03-19 10:20	JetBrains PyChar...	6 KB
spiders.py	2024-03-19 10:20	JetBrains PyChar...	11 KB
stats.py	2024-03-19 10:20	JetBrains PyChar...	4 KB
utils.py	2024-03-19 10:20	JetBrains PyChar...	2 KB

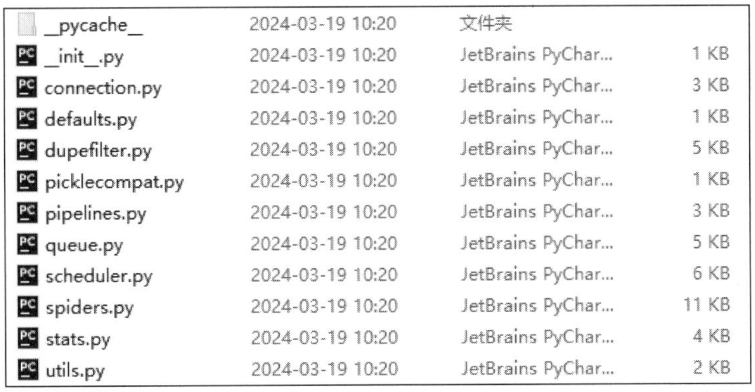

图 6.4 Scrapy-redis 模块的源码文件

图 6.4 中的所有文件都是互相调用的关系，每个文件都有自己需要实现的功能，具体的功能说明如下：

- ☑ _ _init_ _.py：模块中的初始化文件，用于实现与 Redis 数据库的连接，具体的数据库连接函数在 connection.py 文件中。
- ☑ connection.py：用于连接 Redis 数据库，在该文件中，get_redis_from_settings()函数用于获取 Scrapy 配置文件中的配置信息，get_redis()函数用于实现与 Redis 数据库的连接。
- ☑ defaults.py：模块中的默认配置信息，如果没有在 Scrapy 项目中配置相关信息，则将使用该文件中的配置信息。
- ☑ dupefilter.py：用于判断重复数据，该文件中重写了 Scrapy 中的判断重复爬取功能，将已经爬取的请求地址（URL）按照规则写入 Redis 数据库中。
- ☑ picklecompat.py：将数据转换为序列化格式的数据，解决对 Redis 数据库的写入格式问题。
- ☑ pipelines.py：与 Scrapy 中的 pipelines 是同一对象，用于实现数据库的连接以及数据的写入。
- ☑ queue.py：用于实现分布式爬虫的任务队列。
- ☑ scheduler.py：用于实现分布式爬虫的调度工作。
- ☑ spiders.py：重写 Scrapy 框架中原有的爬取方式。
- ☑ stats.py：负责在爬虫运行过程中收集统计数据，并将这些数据存储到 Redis 数据库中。

☑ utils.py：设置编码方式，用于更好地兼容 Python 的其他版本。

6.4 创建数据表

本项目中，使用分布式爬虫爬取的动态新闻数据，最终需要保存到 MySQL 数据表中。因此，需要先创建相应的数据表，具体步骤如下。

（1）在 MySQL 数据管理工具（如 Navicat）中，新建一个名称为 news_data 的数据库，如图 6.5 所示。

图 6.5 新建 news_data 数据库

（2）在 news_data 数据库中创建名称为 news 的数据表，用来保存爬取到的新闻信息，数据表的结构如图 6.6 所示。

图 6.6 news 数据表结构

创建 news 数据表的 SQL 语句如下：

```
DROP TABLE IF EXISTS `news`;
CREATE TABLE `news` (
  `id` int NOT NULL AUTO_INCREMENT,
  `title` varchar(255) COLLATE utf8mb4_general_ci NOT NULL,
  `synopsis` varchar(255) COLLATE utf8mb4_general_ci,
  `url` varchar(255) COLLATE utf8mb4_general_ci NOT NULL,
  `time` varchar(20) COLLATE utf8mb4_general_ci NOT NULL,
  PRIMARY KEY (`id`)
) ENGINE=InnoDB AUTO_INCREMENT=779 DEFAULT CHARSET=utf8mb4 COLLATE=utf8mb4_general_ci;
```

6.5 功能设计

在完成分布式爬虫项目的准备工作后，接下来就可以创建分布式爬虫项目了。在计算机的指定路径下启动命令行窗口，接着使用 scrapy startproject distributed 命令创建一个名称为 distributed 的项目作为分布式爬虫项目，然后使用 cd distributed 命令进入项目文件夹，并使用 scrapy genspider distributedSpider china.chinadaily.com.cn 命令创建一个 distributedSpider.py 爬虫文件，步骤如图 6.7 所示。

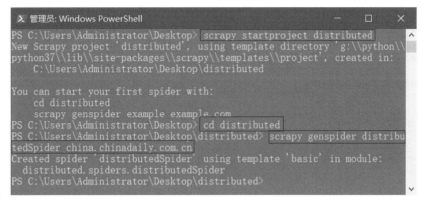

图 6.7　创建爬虫项目及文件

Scrapy 分布式爬虫项目创建完成后，在 PyCharm 中将其打开，其完整的项目结构如图 6.8 所示。

图 6.8　distributed 分布式爬虫项目结构

6.5.1　分析请求地址

在实现爬虫之前，首先需要对爬取的地址进行分析。本项目中爬取的是中国日报中文网的新闻，因此首先打开该地址（http://china.chinadaily.com.cn/5bd5639ca3101a87ca8ff636/page_1.html），然后在新闻网页的底部单击第 2 页，查看两页地址的切换规律。这两页的地址如下：

http://china.chinadaily.com.cn/5bd5639ca3101a87ca8ff636/page_1.html
http://china.chinadaily.com.cn/5bd5639ca3101a87ca8ff636/page_2.html

从上面两页的网页地址中可以看出，只需要将地址尾部的 page_1 进行数字切换即可进行分页。在浏览器中按 F12 键，打开开发者工具，然后依次找到"新闻标题""新闻地址"以及当前新闻的"更新时间"在 HTML 代码中的位置，如图 6.9 所示。

找到相应的 HTML 代码位置后，在编写爬虫时，就可以从确定的位置爬取数据了。

图 6.9　确认"新闻标题""新闻地址""更新时间"的 HTML 位置

6.5.2　创建随机请求头

打开 middlewares.py 文件，在该文件中首先导入 fake-useragent 模块中的 UserAgent 类，然后创建一个 RandomHeaderMiddleware 类，在该类的构造函数中，使用 UserAgent 类创建随机请求头对象，并设置默认的请求头。代码如下：

```python
from fake_useragent import UserAgent                    # 导入请求头类
# 自定义随机请求头的中间件
class RandomHeaderMiddleware(object):
    def __init__(self, crawler):
        self.ua = UserAgent()                           # 随机请求头对象
        # 如果配置文件中不存在，使用默认的 Google Chrome 请求头
        self.type = crawler.settings.get("RANDOM_UA_TYPE", "chrome")
```

重写 from_crawler()方法，该方法用来实例化某个对象（中间件或者模块），其常常出现在对象的初始化时，负责提供 crawler.settings。代码如下：

```python
@classmethod
def from_crawler(cls, crawler):
    # 返回 cls()实例对象
    return cls(crawler)
```

重写 process_request()方法，在该方法中设置随机生成的请求头信息。代码如下：

```python
# 发送网络请求时调用该方法
def process_request(self, request, spider):
    # 设置随机生成的请求头
    request.headers.setdefault('User-Agent',getattr(self.ua, self.type))
```

6.5.3　创建数据对象

打开 items.py 文件，在其中创建保存新闻标题、新闻简介、新闻详情页地址以及新闻发布时间的 item 对象。代码如下：

```python
import scrapy

class DistributedItem(scrapy.Item):
    news_title = scrapy.Field()         # 保存新闻标题
    news_synopsis = scrapy.Field()      # 保存新闻简介
    news_url = scrapy.Field()           # 保存新闻详情页的地址
    news_time = scrapy.Field()          # 保存新闻发布时间
    pass
```

6.5.4 将爬取的数据写入 MySQL 数据库

打开 pipelines.py 文件，在该文件中首先导入 pymysql 数据库操作模块，然后在默认类的构造函数中初始化数据库连接参数。代码如下：

```python
import pymysql                          # 导入 pymysql 数据库连接模块

class DistributedPipeline(object):
    # 初始化数据库连接参数
    def __init__(self,host,database,user,password,port):
        self.host = host
        self.database = database
        self.user = user
        self.password = password
        self.port = port
```

重写 from_crawler() 方法，在该方法中返回 cls() 实例对象，其中包含通过 crawler 对象获取的配置文件中的数据库连接参数。代码如下：

```python
@classmethod
def from_crawler(cls,crawler):
    # 返回 cls() 实例对象，其中包含通过 crawler 对象获取的配置文件中的数据库连接参数
    return cls(
        host=crawler.settings.get('SQL_HOST'),
        user=crawler.settings.get('SQL_USER'),
        password=crawler.settings.get('SQL_PASSWORD'),
        database = crawler.settings.get('SQL_DATABASE'),
        port = crawler.settings.get('SQL_PORT')
    )
```

重写 open_spider() 方法，在该方法中实现启动爬虫时进行数据库的连接，以及创建数据库操作游标对象。代码如下：

```python
# 打开爬虫时调用
def open_spider(self, spider):
    # 数据库连接
    self.db = pymysql.connect(host=self.host, user=self.user, password=self.password, database=self.database, port=self.port, charset='utf8')
    self.cursor = self.db.cursor()      # 创建游标
```

重写 close_spider() 方法，在该方法中实现关闭爬虫时关闭数据库连接的功能。代码如下：

```python
# 关闭爬虫时调用
def close_spider(self, spider):
    self.db.close()
```

重写 process_item() 方法，该方法中，首先将 item 对象转换为字典类型的数据，编写插入 SQL 语句，并使用数据库游标对象的 executemany() 执行该 SQL 语句，最后提交数据库更改并返回 item。代码如下：

```python
def process_item(self, item, spider):
```

```python
        data = dict(item)                              # 将item转换成字典类型
        # sql 语句
        sql = 'insert into news (title,synopsis,url,time) values(%s,%s,%s,%s)'
        # 执行插入多条数据
        self.cursor.executemany(sql, [(data['news_title'], data['news_synopsis'],data['news_url'],data['news_time'])])
        self.db.commit()                               # 提交数据库更改
        return item                                    # 返回item
```

6.5.5 数据的爬取与爬虫项目启动

打开 distributedSpider.py 文件，首先导入 Item 对象，然后重写 start_requests()方法，该方法中，通过 for 循环实现新闻列表前 100 页网络请求的功能。代码如下：

```python
# -*- coding: utf-8 -*-
import scrapy
from distributed.items import DistributedItem           # 导入Item对象
class DistributedspiderSpider(scrapy.Spider):
    name = 'distributedSpider'
    allowed_domains = ['china.chinadaily.com.cn']
    start_urls = ['http://china.chinadaily.com.cn/']
    # 发送网络请求
    def start_requests(self):
        for i in range(1,101):                         # 由于新闻网页共计100页，所以循环执行100次
            # 拼接请求地址
            url = self.start_urls[0] + '5bd5639ca3101a87ca8ff636/page_{page}.html'.format(page=i)
            # 执行请求
            yield scrapy.Request(url=url,callback=self.parse)
```

在 parse()方法中，首先创建 Item 实例对象，然后通过 css 选择器获取每页新闻列表中的所有新闻内容，然后使用 for 循环将提取的信息逐个添加至 item 中，并在每次迭代时返回一次 item 对象。代码如下：

```python
# 处理请求结果
def parse(self, response):
    item = DistributedItem()                           # 创建Item对象
    all = response.css('.busBox3')                     # 获取每页所有新闻内容
    for i in all:                                      # 循环遍历每页中每条新闻
        title = i.css('h3 a::text').get()              # 获取每条新闻标题
        synopsis = i.css('p::text').get()              # 获取每条新闻简介
        url = 'http:'+i.css('h3 a::attr(href)').get()  # 获取每条新闻详情页地址
        time_ = i.css('p b::text').get()               # 获取新闻发布时间
        item['news_title'] = title                     # 将新闻标题添加至Item
        item['news_synopsis'] = synopsis               # 将新闻简介内容添加至Item
        item['news_url'] = url                         # 将新闻详情页地址添加至Item
        item['news_time'] = time_                      # 将新闻发布时间添加至Item
        yield item                                     # 返回Item对象
    pass
```

导入 CrawlerProcess 类，及获取项目配置信息的 get_project_settings 函数，创建程序入口，实现爬虫的启动。代码如下：

```python
# 导入CrawlerProcess类
from scrapy.crawler import CrawlerProcess
# 导入获取项目配置信息的函数
from scrapy.utils.project import get_project_settings

# 程序入口
if __name__=='__main__':
    # 创建CrawlerProcess类对象并传入项目设置信息参数
    process = CrawlerProcess(get_project_settings())
    # 设置需要启动的爬虫名称
```

```
process.crawl('distributedSpider')
# 启动爬虫
process.start()
```

6.5.6 编写配置文件

打开 settings.py 文件，在该文件中对整个分布式爬虫项目的公共参数进行配置，包括 Redis 数据库服务器、MySQL 数据库连接信息、请求头信息等。具体的配置代码如下：

```
BOT_NAME = 'distributed'

SPIDER_MODULES = ['distributed.spiders']
NEWSPIDER_MODULE = 'distributed.spiders'

# Obey robots.txt rules
ROBOTSTXT_OBEY = True

# 启用 Redis 调度存储请求队列
SCHEDULER   = 'scrapy_redis.scheduler.Scheduler'
# 确保所有爬虫通过 Redis 共享相同的重复筛选器
DUPEFILTER_CLASS   = 'scrapy_redis.dupefilter.RFPDupeFilter'
# 不清理 Redis 队列，允许暂停/恢复爬虫
SCHEDULER_PERSIST =True
# 使用默认的优先级队列调度请求
SCHEDULER_QUEUE_CLASS ='scrapy_redis.queue.PriorityQueue'
REDIS_URL ='redis://localhost:6379'              # Redis 数据库连接地址
DOWNLOADER_MIDDLEWARES = {
    # 启动自定义随机请求头中间件
    'distributed.middlewares.RandomHeaderMiddleware': 200,
}
# 配置请求头类型为随机，此处还可以设置为 Firefox 以及 Chrome
RANDOM_UA_TYPE = "random"
ITEM_PIPELINES = {
    'distributed.pipelines.DistributedPipeline': 300,
    'scrapy_redis.pipelines.RedisPipeline':400
}
# 配置数据库连接信息
SQL_HOST = 'localhost'                           # MySQL 数据库地址
SQL_USER = 'root'                                # 用户名
SQL_PASSWORD='root'                              # 密码
SQL_DATABASE = 'news_data'                       # 数据库名称
SQL_PORT = 3306                                  # 端口
```

> **说明**
> 以上配置文件中的 Redis 与 MySql 数据库地址默认设置为本地连接，如果要实现多台计算机共同启动分布式爬虫，则需要将默认的 localhost 修改为数据库的服务器地址。

6.6 项目运行

通过前述步骤，设计并完成了"分布式爬取动态新闻数据"项目的开发。下面运行该项目，以检验我们的开发成果。分布式爬虫项目在运行前，需要将 Redis（任务列队）与 MySQL（保存爬取数据）数据库服务器配置好，并将每个计算机上的爬虫程序 settings.py 文件中的数据库连接地址设置为数据库所在的（服

务器或计算机）的固定地址，然后将编写好的爬虫程序分别在多台计算机上同时启动。

下面以将 Redis 与 MySQL 数据库配置在某台 Windows 系统的计算机上为例，介绍运行分布式爬虫项目的具体操作，步骤如下。

（1）在命令行窗口通过 ipconfig 命令获取 Redis 与 MySQL 所在计算机的 IP 地址，如图 6.10 所示。

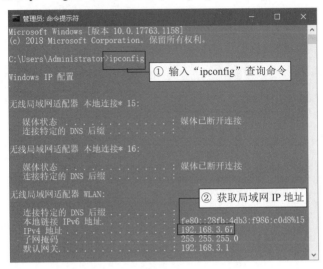

图 6.10　获取局域网 IP 地址

（2）Redis 数据库在默认情况下是不允许其他计算机进行访问的，需要在其安装目录下找到 redis.windows-service.conf 文件，文件位置如图 6.11 所示。

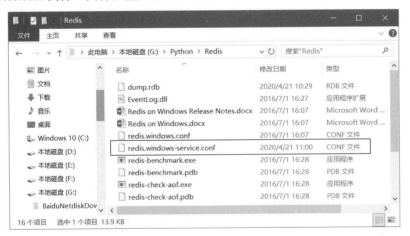

图 6.11　Redis 配置文件位置

（3）以"记事本"的方式打开 redis.windows-service.conf 文件，然后将文件中默认绑定的 IP 地址注释掉，并重新绑定当前计算机或者服务器的 IP 地址，效果如图 6.12 所示。

（4）在计算机的系统服务中重新启动 Redis 服务，如图 6.13 所示。

（5）配置 MySQL 数据库的远程连接。首先打开 MySQL Command Line Client 窗口，并输入密码连接 MySQL 数据库，然后依次输入"use mysql;""update user set host = '%' where user = 'root';""flush privileges;"命令，具体操作步骤如图 6.14 所示。

（6）测试 IP 地址 192.168.3.67 是否可以正常连接 MySQL 数据库，如图 6.15 所示。

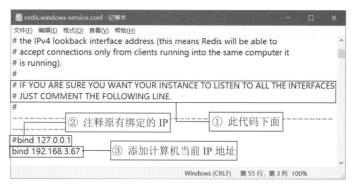

图 6.12　绑定服务器的 IP 地址

图 6.13　重新启动 Redis 服务

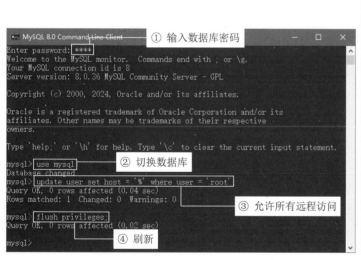

图 6.14　允许所有远程访问

图 6.15　测试 MySQL 远程连接的 IP 地址

（7）在计算机 A 与计算机 B 中，分别运行 distributed 分布式爬虫项目的源码（distributedSpider.py 文件），控制台中将显示不同的请求地址，如图 6.16 和图 6.17 所示。

说明

从图 6.16 和图 6.17 的请求地址中可以看出，两台计算机执行同样的爬虫程序，但发送的网络请求却是不同的，从而发挥出了分布式爬虫的特点，提高了爬取效率的同时也不会重复爬取相同的数据。

```
Run    distributedSpider
J:\pythonProject\venv\Scripts\python.exe J:\pythonProject\distributed\distributed\spiders\distributedSpider.py
2024-04-21 14:21:02 [scrapy.core.engine] DEBUG: Crawled (200) <GET http://china.chinadaily.com.cn/robots.txt> (referer: None)
2024-04-21 14:21:03 [scrapy.core.engine] DEBUG: Crawled (200) <GET http://china.chinadaily.com.cn/5bd5639ca3101a87ca8ff636/page_35.html> (referer: None)
2024-04-21 14:21:03 [scrapy.core.engine] DEBUG: Crawled (200) <GET http://china.chinadaily.com.cn/5bd5639ca3101a87ca8ff636/page_32.html> (referer: None)
2024-04-21 14:21:03 [scrapy.core.scraper] DEBUG: Scraped from <200 http://china.chinadaily.com.cn/5bd5639ca3101a87ca8ff636/page_35.html>
```

图 6.16 计算机 A 请求地址

```
Run    distributedSpider
J:\pythonProject\venv\Scripts\python.exe J:\pythonProject\distributed\distributed\spiders\distributedSpider.py
2024-04-21 14:21:00 [scrapy.core.engine] DEBUG: Crawled (200) <GET http://china.chinadaily.com.cn/5bd5639ca3101a87ca8ff636/page_3.html> (referer: None)
2024-04-21 14:21:00 [scrapy.core.engine] DEBUG: Crawled (200) <GET http://china.chinadaily.com.cn/5bd5639ca3101a87ca8ff636/page_2.html> (referer: None)
2024-04-21 14:21:00 [scrapy.core.engine] DEBUG: Crawled (200) <GET http://china.chinadaily.com.cn/5bd5639ca3101a87ca8ff636/page_4.html> (referer: None)
2024-04-21 14:21:00 [scrapy.core.engine] DEBUG: Crawled (200) <GET http://china.chinadaily.com.cn/5bd5639ca3101a87ca8ff636/page_5.html> (referer: None)
2024-04-21 14:21:00 [scrapy.core.scraper] DEBUG: Scraped from <200 http://china.chinadaily.com.cn/5bd5639ca3101a87ca8ff636/page_3.html>
```

图 6.17 计算机 B 请求地址

（8）打开 MySQL 数据库可视化管理工具（如 Navicat），打开 news_data 数据库中的 news 数据表，爬取的新闻数据如图 6.18 所示。

图 6.18 爬取的新闻数据

本章主要介绍了如何创建一个分布式爬虫项目，分布式爬虫就是将一个爬虫任务分配给多个相同的爬虫程序来执行，而每个爬虫程序所爬取的内容不同，从而减少爬虫爬取数据的时间。在创建分布式爬虫项目时，首先需要安装 Redis 数据库，该数据库在分布式爬虫中担任了任务列队的作用，其可以有效地控制每个爬虫程序之间的重复爬取问题；然后需要安装 Scrapy-redis 模块，该模块用于进行 Scrapy 爬虫框架与 Redis 数据库的连接与操作。

6.7 源码下载

虽然本章详细地讲解了如何编码实现"分布式爬取动态新闻数据"项目的各个功能，但给出的代码都是代码片段，而非源码。为了方便读者学习，本书提供了完整的项目源码，扫描右侧二维码即可下载。

源码下载

第4篇

大数据及可视化分析项目

在数据驱动的时代，Python 以其强大的数据处理和可视化能力，成为大数据分析的得力助手。它不仅提供了丰富的数据处理库（如 pandas、NumPy 等），还提供了强大的可视化工具（如 Matplotlib、pyecharts 等），使得数据分析和可视化变得简单而且直观。另外，还可以使用 Anconda 和 Jupyter Notebook 等工具方便地进行数据分析项目的开发。

本篇主要使用 Python 中的 Pandas、NumPy、pyecharts 和 matplotlib 库，并结合 OpenCV 图像识别技术开发了两个大数据分析项目，具体如下：

- ☑ 淘宝电商订单分析系统
- ☑ 停车场车牌自动识别计费系统

第 7 章 淘宝电商订单分析系统

——pandas + pyecharts + Anaconda + Jupyter NoteBook

淘宝电商每时每刻都会产生大量的订单数据，虽然淘宝后台也提供了数据分析功能，但是很多时候无法满足商家的需求，不能按照商家自己的想法挖掘更有价值的信息进行分析。Python 在数据分析领域具有强大的功能，本章我们将使用它来设计一个项目，专门针对淘宝电商订单数据进行挖掘和分析。本项目主要用到了 pandas 数据分析模块、pyecharts 图表模块、Anaconda 开发工具和 Jupyter Notebook 数据分析统计工具。

项目微视频

本项目的核心功能及实现技术如下：

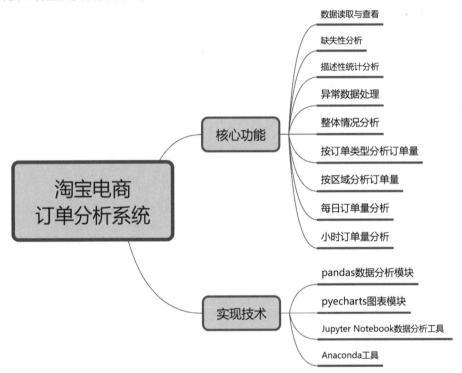

7.1 开发背景

当今正处于大数据时代，数据已经成为企业发展的重要驱动力。对于淘宝这样的电商平台而言，订单数据不仅反映了用户的购买行为和偏好，还揭示了市场的需求和变化。然而，传统的订单管理方式往往只能提供基本的订单信息，无法满足企业对深度分析和精细化运营的需求。因此，开发一套高效的电商订单分析系统显得尤为重要。

此外，随着大数据和人工智能技术的不断发展，相关技术及软件的数据处理和分析的能力得到了极大的提升，这为淘宝电商订单分析系统的开发提供了强大的技术支持。通过运用这些技术，可以对海量的订单数据进行深度挖掘和分析，从而发现其中的规律和趋势，为企业提供更有价值的洞察。本章将使用 Python 技术开发一个淘宝电商订单分析系统。

本项目的实现目标如下：
- ☑ 数据预处理：系统能够对存放淘宝订单数据的表格进行清洗，确保数据的准确性和一致性。
- ☑ 数据分析与挖掘：通过运用数据分析算法，对订单数据进行深度挖掘，发现用户行为、市场趋势和潜在商机。
- ☑ 可视化展示：将分析结果以直观、易懂的可视化图表形式呈现，帮助用户快速理解数据背后的含义和价值。

7.2　系 统 设 计

7.2.1　开发环境

本项目的开发及运行环境如下：
- ☑ 操作系统：推荐 Windows 10、Windows 11 及以上。
- ☑ 开发工具：Anaconda 3、Jupyter Notebook。
- ☑ 开发语言：Python 3.11（Anaconda 3 内置）。
- ☑ 第三方模块：pandas（2.1.4）、pyecharts（2.0.5）、notebook（6.5.4）。

7.2.2　业务流程

开发本项目前，首先需要准备好要进行统计分析的数据集；然后对数据进行处理，包括数据的缺失性分析、描述性统计分析、异常数据处理等；最后用图表按不同的维度对数据进行统计分析。

本项目的业务流程如图 7.1 所示。

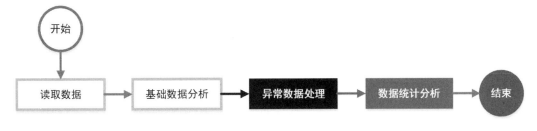

图 7.1　淘宝电商订单分析系统业务流程

7.2.3　功能结构

本项目的功能结构已经在章首页中给出。该项目中，首先需要进行数据读取与查看、数据缺失性分析、描述性统计分析、异常数据处理等预处理工作，这些预处理工作完成后，即可对处理过的数据进行统计分析，包括数据整体情况分析、按订单类型分析订单量、按区域分析订单量、每日订单量分析和小时订单量分析等。

7.3 技术准备

开发本项目时用到的核心技术包括 pandas 模块、pyecharts 模块、Jupyter Notebook 工具和 Anaconda 工具，这里对这些技术进行必要的介绍，以确保读者可以顺利完成本项目。

7.3.1 pandas 模块的使用

pandas 是使用 Python 进行数据分析时最重要的库之一，它不仅可以处理数据、分析数据，而且内置了绘图函数，可以像 Matplotlib 一样实现数据可视化，绘制各种图表。pandas 的优点就是方便快捷，因为 pandas 内置的绘图函数可以直接跟着数据处理结果，如 groupby 分组统计后直接绘制折线图。

pandas 的数据结构中有两大核心，分别是 Series 和 DataFrame。其中，Series 是一维数组，DataFrame 是一种表格形式的数据结构，类似于 Excel 表格，是一种二维的数据结构。本项目中使用 pandas 模块的 read_excel()方法读取 Excel 中的数据，并将其保存为一个 DataFrame 对象，然后对该 DataFrame 对象进行各种数据分析操作，代码如下：

```
import pandas as pd
df=pd.read_excel('TB_data.xlsx')
```

有关 pandas 模块的使用，在《Python 从入门到精通（第 3 版）》中有详细的讲解，对该模块不太熟悉的读者可以参考该书对应的内容。

7.3.2 pyecharts 模块的使用

本项目使用图表分析数据时主要使用了第三方图表模块 pyecharts，该模块是一个用于生成 Echarts 图表的类库。Echarts 是百度开源的一个数据可视化 JS 库，用 Echarts 生成的图可视化效果非常好，而 pyecharts 则主要用于将 Echarts 图表与 Python 衔接，方便在 Python 中直接使用可视化数据分析图表。使用 pyecharts 可以生成独立的网页格式的图表，也可以直接在 Flask、Django 等 Web 框架中使用，非常方便。

本项目主要通过 pyecharts 模块实现绘制表格、饼形图、折线图和柱形图的功能，下面分别进行介绍。

1. 绘制表格

绘制表格需要使用 pyecharts 的 Table 模块，其常用属性及说明如表 7.1 所示。

表 7.1 Table 模块的常用属性及说明

属性	说明
js_host	JavaScript 库的 URL，类型为字符串，默认值为全局变量 CurrentConfig.ONLINE_HOST。属性值为构造方法参数 js_host 与全局变量 CurrentConfig.ONLINE_HOST 进行或操作的结果
page_title	HTML 页面标题，类型为字符串
js_functions	自定义 JavaScript 语句，类型为 OrderedSet 对象，默认值为 OrderedSet()
js_dependencies	定义 JavaScript 依赖库，类型为 OrderedSet 对象，默认值为 OrderedSet("echarts")
title_opts	表格标题配置，类型为 ComponentTitleOpts 对象，默认值为 ComponentTitleOpts()。标题配置包括 title、subtitle、title_style、subtitle_style 共 4 个配置项
html_content	表格的 HTML，类型为字符串，默认值为""
_component_type	组件类型，类型为字符串，默认值为"table"
chart_id	组件 id，类型为字符串，默认值为 uuid.uuid4().hex

Table 模块的常用方法及说明如表 7.2 所示。

表 7.2 Table 模块的常用方法及说明

方　　法	说　　明
add()	添加表格数据
headers()	表格标题行，类型为序列
rows()	表格行数据，类型为序列
attributes()	表格样式属性，类型为字典。默认值为 None or {"class": "fl-table"}

2．绘制饼形图

绘制饼形图主要使用 Pie 模块的 add()方法实现，下面介绍该方法的几个主要参数：

- ☑ series_name：系列名称，用于提示文本和图例标签。
- ☑ data_pair：数据项。格式为[(key1, value1), (key2, value2)]。可使用 zip()函数将可迭代对象打包成元组，然后再转换为列表。
- ☑ color：系列标签的颜色。
- ☑ radius：饼图的半径，数组的第一项是内半径，第二项是外半径。默认设置为百分比，相对于容器高宽中较小的一项的一半。
- ☑ rosetype：是否展开为南丁格尔图（也称玫瑰图），通过半径区分数据大小。其值为 radius 或 area，radius 表示用扇区圆心角展现数据的百分比，半径展现数据的大小；area 表示所有扇区圆心角相同，仅通过半径展现数据的大小。

说明

南丁格尔，英国护士和统计学家，出生于意大利的一个英国上流社会的家庭。南丁格尔被描述为"在统计的图形显示方法上，是一个真正的先驱"，她发展出极坐标形式的饼形图，或称为南丁格尔玫瑰图，相当于现代圆形直方图，以说明她在管理的野战医院内的病人死亡率在不同季节的变化。她使用极坐标形式饼形图，向不会阅读统计报告的国会议员，报告克里米亚战争的医疗条件。

- ☑ is_clockwise：饼形图的扇区是否以顺时针显示。

3．绘制折线图

绘制折线图主要使用 Line 模块的 add_xaxis()方法和 add_yaxis()方法实现，下面介绍这两个方法中的几个主要参数：

- ☑ series_name：系列名称。用于提示文本和图例标签。
- ☑ x_axis/y_axis：x/y 轴数据。
- ☑ color：标签文本的颜色。
- ☑ symbol：标记，包括 circle、rect、roundRect、triangle、diamond、pin、arrow 或 none。也可以设置为图片。
- ☑ symbol_size：标记大小。
- ☑ is_smooth：布尔值，是否为平滑曲线。
- ☑ is_step：布尔值，是否显示为阶梯图。
- ☑ linestyle_opts：线条样式，如 series_options.LineStyleOpts。
- ☑ areastyle_opts：填充区域配置项，主要用于绘制面积图，该参数值需使用 options 模块的 AreaStyleOpts()方法进行设置，如 areastyle_opts=opts.AreaStyleOpts(opacity=1)。

4．绘制柱形图

绘制柱状图/条形图主要使用 Bar 模块实现，该模块中的常用方法及说明如表 7.3 所示。

表 7.3　Bar 模块的常用方法及说明

方　　法	说　　明
add_xaxis()	x 轴数据
add_yaxis()	y 轴数据
reversal_axis()	翻转 xy 轴数据
add_dataset()	原始数据。一般来说，原始数据表达的是二维表

7.3.3　Jupyter Notebook 的使用

Jupyter Notebook 是一个交互式笔记本，它本质上是一个 Web 应用程序，便于创建和共享程序文档，支持实时代码、数学方程、可视化和 Markdown，其主要用途包括数据清理和转换、数值模拟、统计建模、机器学习等。

使用 Jupyter Notebook 时，首先需要进行安装，如果在系统的原生 Python 中安装，可以使用以下命令：

pip install notebook

但在实际开发中使用 Jupyter Notebook 时，通过配合 Anaconda 使用，Anaconda 是一个开源的 Python 发行版本，其包含了 conda、Python 等 180 多个科学包及其依赖项，其中就包括 Jupyter Notebook。当然，如果你的 Anaconda 中没有 Jupyter Notebook，可以使用以下命令来进行安装：

conda install jupyter notebook

安装完 Jupyter Notebook 后，可以使用 jupyter notebook 命令启动，Jupyter Notebook 会在默认的浏览器中被打开，如果没有自动打开，可以在浏览器中输入 http://localhost:8888/tree 来访问。Jupyter Notebook 主界面如图 7.2 所示。

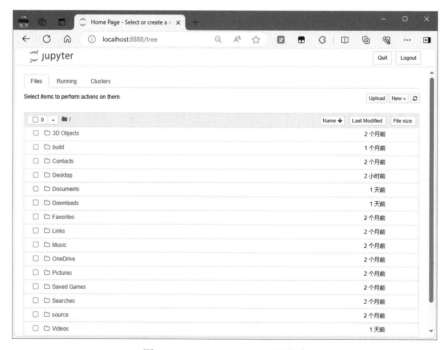

图 7.2　Jupyter Notebook 主界面

7.3.4　Anaconda 的使用

Anaconda 是一个开源的大规模数据处理、预测分析和科学计算工具，其中不仅集成了 Python 解析器，还有很多用于数据处理和科学计算的第三方模块，下面介绍 Anaconda 的安装及使用。

在 Windows 系统下安装 Anaconda 的步骤如下。

（1）在浏览器中打开 Anaconda 官网地址 https://www.anaconda.com/，然后单击 Free Download 按钮，打开下载页面，在该页面中选择系统对应的版本进行下载，如图 7.3 所示。

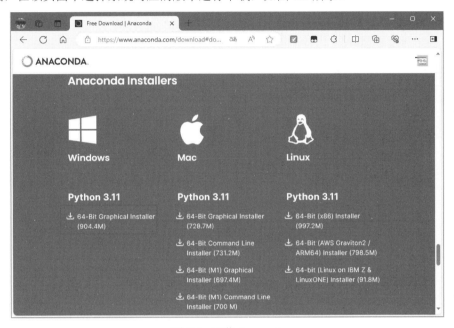

图 7.3　下载 Anaconda

（2）下载完成后，双击下载的安装文件，按照提示安装即可。这里需要注意，在 Advanced Installation Options 窗口中，需要将 Add Anaconda3 to my PATH environment variable 复选框选中，表示将 Anaconda 自动加入系统的环境变量中，如图 7.4 所示。

（3）等待安装完成后，打开系统的"命令提示符"窗口，在其中输入 conda list 命令，可以查看当前 Anaconda 已经安装好的所有模块，如果出现如图 7.5 所示界面，说明安装成功。

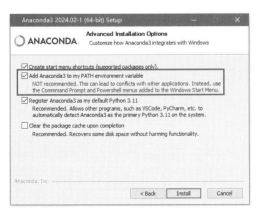

图 7.4　安装 Anaconda

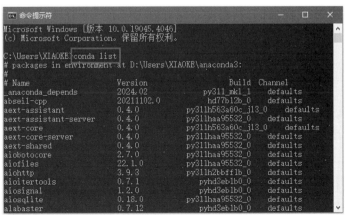

图 7.5　查看当前 Anaconda 已经安装好的所有模块

（4）在系统的"命令提示符"窗口中输入以下命令，为 Anaconda 配置国内镜像源：

```
conda config --add channels https://mirrors.tuna.tsinghua.edu.cn/anaconda/pkgs/free/
conda config --add channels https://mirrors.tuna.tsinghua.edu.cn/anaconda/pkgs/main/
conda config --add channels https://mirrors.tuna.tsinghua.edu.cn/anaconda/cloud/conda-forge/
```

说明

上面命令配置的国内镜像源是清华大学提供，除了清华大学镜像源，国内还提供了其他的一些镜像源，供开发者使用，常用的国内镜像源如下：

阿里云：https://mirrors.aliyun.com/pypi/simple/

北京外国语大学：https://mirrors.bfsu.edu.cn/pypi/web/simple/

（5）配置完成后，在系统的"开始"菜单中单击 Anaconda3(64-bit) →Anaconda Navigator 菜单，即可打开 Anaconda 的主界面，如图 7.6 所示。

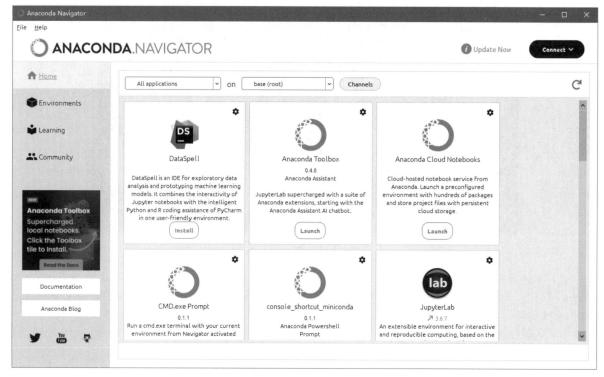

图 7.6 Anaconda 的主界面

7.4　前期准备

7.4.1　安装第三方模块

在 Anaconda 中安装 pyecharts 模块，单击系统的"开始"菜单，选择 Anaconda3(64-bit)→Anaconda Prompt，打开 Anaconda Prompt 命令提示符窗口，使用 pip 命令安装，命令如下：

```
pip install pyecharts
```

安装成功后，将提示安装成功的字样。

7.4.2 新建 Jupyter Notebook 文件

下面新建 Jupyter Notebook 文件夹和 Jupyter Notebook 文件，具体步骤如下。

（1）在系统"开始"菜单中打开 Anaconda Navigator，然后在打开的窗口中单击 Jupyter Notebook 对应的 Launch 按钮，启动 Jupyter Notebook，如图 7.7 所示。

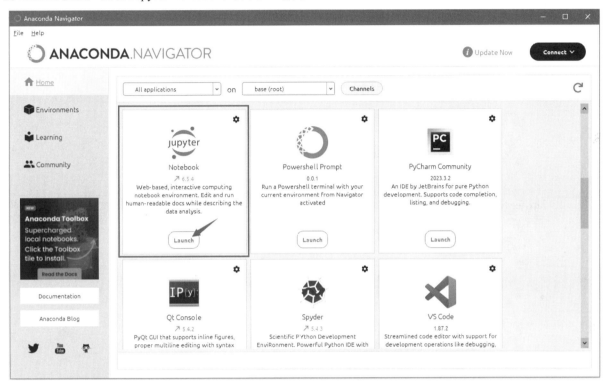

图 7.7　启动 Jupyter Notebook

（2）在打开的 Jupyter Notebook 页面中，单击右上角的 New 按钮，然后选择 Folder 菜单，新建一个 Jupyter Notebook 文件夹，如图 7.8 所示。

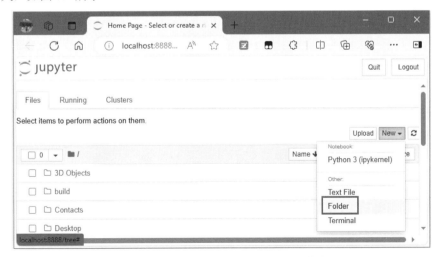

图 7.8　新建一个 Jupyter Notebook 文件夹

（3）将新建的文件夹命名为"淘宝电商订单分析系统"，单击进入该文件夹，单击右上角的 New 按钮，由于我们创建的是 Python 文件，因此选择 Python 3（ipykernel），创建一个 Jupyter Notebook 代码文件（扩展名为.ipynb），如图 7.9 所示。

图 7.9　新建一个 Jupyter Notebook 代码文件

（4）Jupyter Notebook 代码文件创建完成的效果如图 7.10 所示，在该页面中可以更改文件名和编写代码。

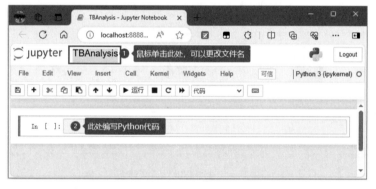

图 7.10　创建完成的 Jupyter Notebook 代码文件

7.4.3　准备数据集

淘宝电商订单分析系统要用到的数据集为 TB_data.xlsx，该数据集为从淘宝店铺导出的订单数据，其中的一些敏感数据已经进行处理，同时也删除了一些无用的数据，我们需要将该文件复制到第 7.4.2 节中创建的"淘宝电商订单分析系统"文件夹中，如图 7.11 所示。

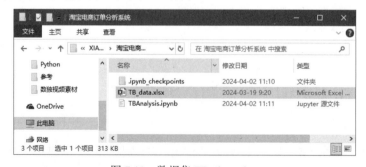

图 7.11　数据集 TB_data.xlsx

7.4.4 导入必要的库

本项目主要使用了 pandas、numpy、pyecharts 模块,下面在 Jupyter Notebook 中导入项目所需要的的库,代码如下:

```python
import pandas as pd
from pyecharts.components import Table
from pyecharts.options import ComponentTitleOpts
from pyecharts.charts import Pie
from pyecharts.charts import Line
from pyecharts.charts import Bar
from pyecharts import options as opts
```

7.4.5 数据读取与查看

使用 pandas 的 read_excel()方法读取数据,显示前 5 条数据并使用 pandas 的样式方法高亮显示指定值,此处显示缺失值,代码如下:

```python
df=pd.read_excel('TB_data.xlsx')
data.head(5).style.highlight_null()
```

运行程序,单击 Jupyter Notebook 工具栏中的"运行"按钮或者按 Ctrl+Enter 快捷键即可,效果如图 7.12 所示。

	订单编号	买家会员名	买家实际支付金额	买家应付货款	买家应付邮费	宝贝总数量	宝贝标题	宝贝种类	总金额	打款商家金额	收货地址	是否手机订单	确认收货时间	订单付款时间	订单关闭原因	订单创建时间	订单状态	运送方式	退款金额
0	311001	无	143.640000	143.640000	0	1	C#学习黄金组合套装 零基础学+精彩编程200例+项目开发实战入门	1	143.640000	0.00元	山东省青岛市李沧区	nan	NaT	2024-01-31 22:45:01		2024-01-31 22:44:36	买家已付款,等待卖家发货	快递	0.000000
1	311002	无	55.860000	55.860000	0	1	C语言精彩编程200例 全彩版 新手入门 自学 视频 实例应用	1	55.860000	0.00元	辽宁省沈阳市皇姑区	手机订单	NaT	2024-01-31 21:02:30	订单未关闭	2024-01-31 20:59:35	买家已付款,等待卖家发货	快递	0.000000
2	311003	无	55.860000	55.860000	0	1	Java精彩编程200例 新手入门 自学教程 实例应用 源码 视频	1	55.860000	0.00元	山西省临汾市侯马市	手机订单	NaT	2024-01-31 20:29:59	订单未关闭	2024-01-31 20:11:22	买家已付款,等待卖家发货	快递	0.000000
3	311004	无	48.860000	48.860000	0	1	零基础学C语言 从入门到精通 快速入门 新手 程序设计基础	1	48.860000	0.00元	安徽省合肥市蜀山区	手机订单	NaT	2024-01-31 17:17:58	订单未关闭	2024-01-31 17:17:55	买家已付款,等待卖家发货	快递	0.000000
4	311005	无	0.000000	268.000000	0	1	明日科技PHP编程词典个人版 源码视频 开发资源库 包邮	1	268.000000	0.00元	江苏省无锡市梁溪区	手机订单	NaT	NaT	订单未关闭	2024-01-31 17:06:06	等待买家付款	虚拟物品	0.000000

图 7.12 数据读取(前 5 条)

图 7.12 所示的述数据中，通过高亮显示使得缺失值数据一目了然。数据的高亮显示主要使用了 pandas 的 style 属性，该属性主要用来美化 DataFrame 和 Series 数据的输出格式，能够更加直观地显示数据结果。

7.5 数据预处理

7.5.1 缺失性分析

缺失性分析的作用是查看摘要信息和数据是否缺失。在进行数据统计分析前，要清晰地了解数据，查看数据中是否有缺失值、列数据类型是否正常。下面使用 DataFrame 对象的 info()方法查看数据的数据类型、非空值情况以及内存使用量等，代码如下：

```
# 查看摘要信息
df.info()
```

运行程序，结果如图 7.13 所示。

从运行结果得知：数据有 2660 行 19 列，并列出了每一列的名称和数据类型，数据中部分数据包含缺失值，如宝贝标题、收货地址、是否手机订单、确认收货时间、订单付款时间等。

另外，还有一种方法可以查看缺失值，即查看列数据是否包含缺失值，这需要使用 DataFrame 对象的 isnull().any()方法实现，代码如下：

```
# 检查数据中的空值
df.isnull().any()
```

运行程序，结果如图 7.14 所示。

图 7.13 查看摘要信息　　图 7.14 查看列数据是否包含空值

7.5.2 描述性统计分析

描述性统计分析主要用来查看数据的统计信息，如最大值、最小值、平均值等，同时也可以从中洞察异常数据，如空数据和值为 0 的数据。下面使用 DataFrame 对象的 describe()方法快速查看统计信息，代码如下：

```
# 描述性统计分析
df.describe()
```

运行程序，结果如图7.15所示。

	订单编号	买家实际支付金额	买家应付货款	买家应付邮费	宝贝总数量	宝贝种类	总金额	确认收货时间	订单付款时间
count	2660.000000	2660.000000	2660.000000	2660.000000	2660.000000	2660.000000	2660.000000	1876	2148
mean	312330.506767	155.113094	181.193241	1.257519	1.475940	1.185714	182.450759	2024-02-25 18:00:23.654051328	2024-02-21 10:18:58.970670592
min	311001.000000	0.000000	0.100000	0.000000	1.000000	1.000000	0.100000	2023-01-06 14:55:56	2023-01-02 23:29:12
25%	311665.750000	43.890000	50.860000	0.000000	1.000000	1.000000	51.870000	2023-10-12 18:03:20.750000128	2023-10-19 18:02:26.500000
50%	312330.500000	62.860000	89.700000	0.000000	1.000000	1.000000	90.130000	2024-02-11 15:16:02	2024-02-22 03:47:11.500000
75%	312995.250000	199.000000	268.000000	0.000000	1.000000	1.000000	268.000000	2024-07-16 14:12:20.249999872	2024-07-07 12:40:25.500000
max	313660.000000	13246.800000	13246.800000	55.000000	332.000000	13.000000	13246.800000	2025-01-07 14:11:26	2024-12-31 15:21:17
std	768.017454	350.332509	366.871965	4.408725	7.335034	0.875099	366.806966	NaN	NaN

图7.15 描述性统计分析

从运行结果得知：数据整体统计分布情况，包括总计数值、均值、最小值、1/4分位数（25%）、1/2分位数（50%）、3/4分位数（75%）和最大值、标准差。其中"买家实际支付金额"为43.89的占25%，62.86的占50%，199的占75%，说明大概率有75%的用户购买了某款产品。

7.5.3 异常数据处理

通过缺失性分析和描述性统计分析，发现数据中存在异常，如宝贝标题为空、订单付款时间为空，买家实际支付金额为0等。下面对异常数据进行删除处理，代码如下：

```
# 去除空值，订单付款时间和宝贝标题非空值才保留
# 去除买家实际支付金额为0的记录
df1=df[df['订单付款时间'].notnull() & df['宝贝标题'].notnull() & df['买家实际支付金额'] !=0]
print(df1.head(10))
```

运行程序，结果如图7.16所示。

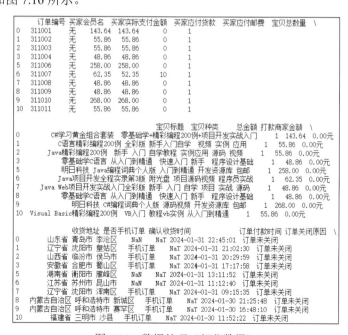

图7.16 数据处理（部分数据）

7.6 数据统计分析

7.6.1 整体情况分析

数据预处理完成后，接下来对淘宝电商订单数据进行整体分析，主要包括总订单数、总订单金额、已完成订单数、总实际收入金额、退款订单数、总退款金额、未付款订单数、成交率和退货率。代码如下：

```
# 创建表格对象
table=Table()
# 设置表头
headers=['总订单数','总订单金额','已完成订单数','总实际收入金额','退款订单数','总退款金额','未付款订单数','成交率','退货率']
# 行数据
rows=[[df1['订单编号'].count(),
       df1['总金额'].sum(),
       df1[df1['订单状态'] == '交易成功']['订单编号'].count(),
       df1['买家实际支付金额'].sum(),
       df1[df1['订单关闭原因'] == '退款']['订单编号'].count(),
       f"{df1['退款金额'].sum():.2f}",
       df1[df1['订单关闭原因'] == '买家未付款']['订单编号'].count(),
       f"{df1[df1['订单状态'] == '交易成功']['订单编号'].count()/df1['订单编号'].count():.2%}",
       f"{df1[df1['订单关闭原因'] == '退款']['订单编号'].count()/df1['订单编号'].count():.2%}"]]
# 增加表格
table.add(headers,rows)
# 设置表格标题
table.set_global_opts(title_opts=ComponentTitleOpts(title='整体情况分析表'))
# 显示表格
table.render_notebook()
```

运行程序，结果如图 7.17 所示。

整体情况分析表								
总订单数	总订单金额	已完成订单数	总实际收入金额	退款订单数	总退款金额	未付款订单数	成交率	退货率
2027	348346.73	1871	346638.02	36	10766.50	122	92.30%	1.78%

图 7.17 整体情况分析表

7.6.2 按订单类型分析订单量

淘宝电商订单大多数为手机订单，下面通过饼形图分析手机订单的比重，代码如下：

```
# 计算手机和非手机订单量
a=df1[df1['是否手机订单'] == '手机订单']['订单编号'].count()
b=df1['订单编号'].count()-a
x_data=['手机订单','非手机订单']
y_data=[int(a),int(b)]
# 将数据转换为列表加元组的格式（[(key1, value1), (key2, value2)]）
data=[list(z) for z in zip(x_data, y_data)]
# 创建饼形图
pie=Pie()
# 为饼形图添加数据
pie.add(
        # 序列名称
        series_name="订单类型",
        # 数据
        data_pair=data,
```

```
)
pie.set_global_opts(
        # 饼形图标题居中
        title_opts=opts.TitleOpts(
            title="按订单类型分析订单量",
            pos_left="center"),
        # 不显示图例
        legend_opts=opts.LegendOpts(is_show=False),
)
pie.set_series_opts(
        # 序列标签和百分比
        label_opts=opts.LabelOpts(formatter='{b}:{d}%'),
)
# 显示图表
pie.render_notebook()
```

运行程序，结果如图 7.18 所示。

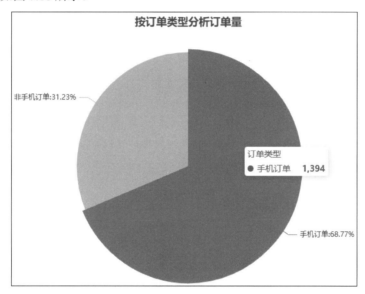

图 7.18　按订单类型分析订单量

从图 7.18 中可以看出：手机订单占据所有订单类型的约 69%，可见大多数用户都使用手机购买支付。

7.6.3　按区域分析订单量

实现按区域分析订单量功能主要是通过饼形图统计分析不同区域的订单量，不同区域主要来源于"收货地址"。在数据集中，我们发现"收货地址"是复合组成的（即由多项内容组成），例如，"收货地址"由省、市、区、街道、门牌号等信息组成，那么，如果要按区域分析订单量，则首先需要将"收货地址"信息中的"省""市"和"区"拆分开，这主要使用 split() 方法，然后实现按区域统计分析订单量。代码如下：

```
# 复制数据
df2=df1.copy()
# 拆分收货地址
series=df2['收货地址'].str.split(' ',expand=True)
df2['省']=series[0]
df2['市']=series[1]
df2['区']=series[2]
# 按区域统计订单量并降序排序
df_groupby=df2.groupby('省')['订单编号'].count().sort_values(ascending=False)
print(df_groupby)
```

```
# 获取区域和订单量
x_data=df_groupby.index
y_data=df_groupby.values.astype(str)
# 将数据转换为列表加元组的格式（[(key1, value1), (key2, value2)]）
data=[list(z) for z in zip(x_data, y_data)]
# 创建饼形图
pie=Pie()
# 为饼形图添加数据
pie.add(
        # 序列名称
        series_name="区域
        # 数据",
        data_pair=data,
        )
pie.set_global_opts(
        # 饼形图标题居中
        title_opts=opts.TitleOpts(
            title="按区域分析订单量",
            pos_left="center"),
        # 不显示图例
        legend_opts=opts.LegendOpts(is_show=False),
        )
pie.set_series_opts(
        # 序列标签和百分比
        label_opts=opts.LabelOpts(formatter='{b}:{d}%'),
        )
# 显示图表
pie.render_notebook()
```

运行程序，结果如图 7.19 所示。

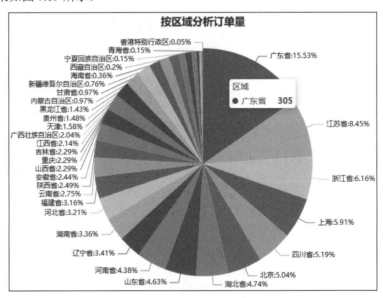

图 7.19　按区域分析订单量

从图 7.19 中可以看出：广东省订单量最多，是购买力较强的区域。

7.6.4　每日订单量分析

通过折线图分析每日订单量，由于"订单付款时间"为日期时间格式，因此首先需要对"订单付款时间"进行处理，从中提取日期，然后按日期统计订单量。代码如下：

```
# 复制数据
df3=df1.copy()
# 格式化"订单付款时间"为日期格式
df3['日期']=df3['订单付款时间'].dt.strftime('%Y-%m-%d')
# 按日期统计订单量
df3=df3.groupby('日期')['订单编号'].count()
# 创建折线图
line=Line()
# 为折线图添加x轴和y轴数据
line.add_xaxis(list(df3.index))
line.add_yaxis("订单量",list(df3.values.astype(str)))
line.set_global_opts(
        # 折线图标题居中
        title_opts=opts.TitleOpts(
            title="每日订单量分析",
            pos_left="center"),
        # 不显示图例
        legend_opts=opts.LegendOpts(is_show=False),
    )
# 显示图表
line.render_notebook()
```

运行程序，结果如图7.20所示。

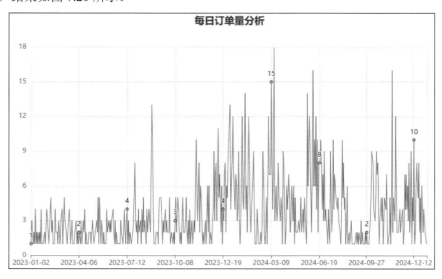

图 7.20　每日订单量分析

7.6.5　小时订单量分析

通过柱形图分析小时订单量，由于"订单付款时间"为日期时间格式，因此首先需要对"订单付款时间"进行处理，从中提取小时，然后按小时统计订单量。代码如下：

```
# 复制数据
df4=df1.copy()
# 格式化"订单付款时间"为小时格式
df4['小时']=df4['订单付款时间'].dt.strftime('%H')
# 按小时统计订单量
df4=df4.groupby('小时')['订单编号'].count()
# 创建柱状图并设置主题
bar = Bar()
# 为柱状图添加x轴和y轴数据
bar.add_xaxis(list(df4.index))
```

```
bar.add_yaxis('订单量',list(df4.values.astype(str)))
bar.set_global_opts(
        # 柱状图标题居中
        title_opts=opts.TitleOpts(
            title="小时订单量分析",
            pos_left="center"),
        # 不显示图例
        legend_opts=opts.LegendOpts(is_show=False),
    )
# 显示图表
bar.render_notebook()
```

运行程序，结果如图 7.21 所示。

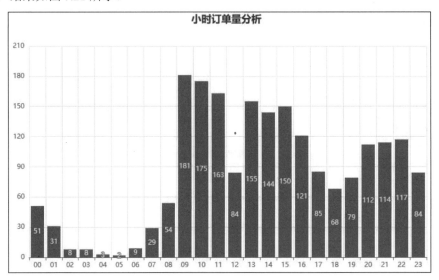

图 7.21　小时订单量分析

从图 7.21 中可以看出：上午 9 点至 11 点这个时间段订单付款较多。

7.7　项目运行

通过前述步骤，设计并完成了"淘宝电商订单分析系统"项目的开发。下面运行该项目，以检验我们的开发成果。首先在 Anaconda Navigator 中启动 Jupyter Notebook，打开"淘宝电商订单分析系统"项目文件夹，然后单击 TBAnalysis.ipynb 代码文件，如图 7.22 所示。

图 7.22　在 Jupyter Notebook 中打开代码文件

然后单击 Jupyter Notebook 工具栏中的"运行"按钮，即可成功运行该项目，效果如图 7.23 所示。

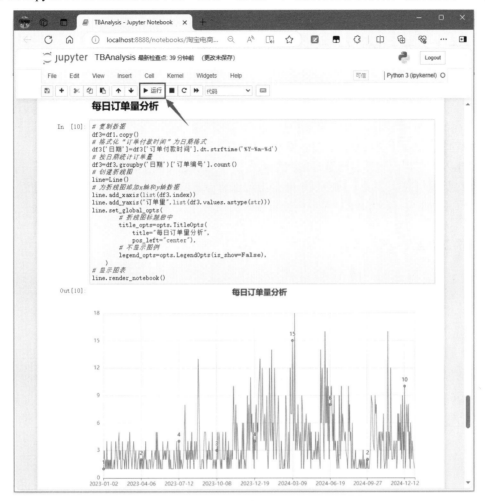

图 7.23　成功运行项目

本项目的实现综合使用了 pandas、pyecharts 两大数据分析常用模块，以及 Juypter Notebook 和 Anaconda 这两个常用的数据分析工具，为电商企业提供了一个全面、高效的数据分析平台。通过该系统，企业能够轻松地对淘宝平台的订单数据进行整合、清洗、分析和可视化，从而挖掘出有价值的信息。学习本章时，读者要重点掌握如何使用 pandas 模块对数据进行分析处理，以及如何使用 pyecharts 模块进行数据的可视化展示。

7.8　源　码　下　载

虽然本章详细地讲解了如何编码实现"分布式爬取动态新闻数据"项目的各个功能，但给出的代码都是代码片段，而非源码。为了方便读者学习，本书提供了完整的项目源码，扫描右侧二维码即可下载。

源码下载

第 8 章 停车场车牌自动识别计费系统

——BaiduAI + pandas + Matplotlib + OpenCV-Python + pygame

停车场车牌自动识别计费系统是通过计算机、网络设备、车道路管理设备搭建的一套对停车场车辆出入、费用收取等进行管理的网络系统,该系统通过采集车辆出入记录、场内位置、停车时长等信息,实现车辆出入与停车场动态和静态的综合管理。本章我们将使用 Python 结合百度 AI 接口、OpenCV 及数据分析相关的模块开发一个停车场车牌自动识别计费系统。

项目微视频

本项目的核心功能及实现技术如下:

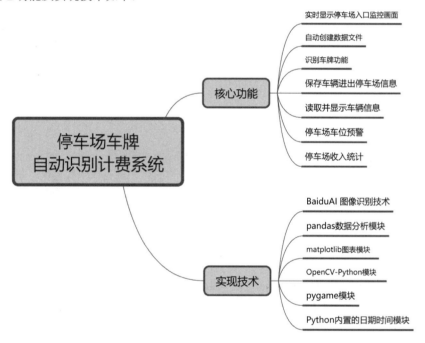

8.1 开发背景

随着城市汽车保有量的不断增加,停车场管理面临越来越多的挑战。传统的停车场管理系统大多依赖于人工进行车牌识别、计费等工作,效率低下且容易出错。因此,开发一个高效、准确的停车场车牌自动识别计费系统成为了行业内的迫切需求。通过计算机视觉技术,可以实现对车牌的快速、准确识别,而将该技术与停车场计费系统相结合,可以实现自动化管理,以提高停车场的工作效率,减少人工错误,并为车主提供更加便捷、高效的停车体验。

本项目的实现目标如下:

☑ 系统能够准确识别进出停车场车辆的车牌号码。

☑ 根据车辆的停留时间和停车场的收费标准,自动计算停车费用。

- ☑ 记录每辆车的进出时间、车牌号码、停车费用等信息，以便后续查询和统计。
- ☑ 车辆进出时，系统能在短时间内完成车牌识别和计费操作，确保车辆流畅通行。
- ☑ 系统应具备良好的稳定性。

8.2 系统设计

8.2.1 开发环境

本项目的开发及运行环境如下：
- ☑ 操作系统：推荐 Windows 10、Windows 11 及以上。
- ☑ 开发工具：PyCharm 2024（向下兼容）。
- ☑ 开发语言：Python 3.12。
- ☑ Python 内置模块：os、time、datetime。
- ☑ 第三方模块：pygame（2.5.2）、OpenCV-Python（4.9.0.80）、pandas（2.2.1）、Matplotlib（3.8.3）、baidu-aip（4.16.13）。

8.2.2 业务流程

在启动项目后，首先进入首屏界面，在该界面中首先获取 Excel 文件存储的停车场车辆信息，判断是否需要进行满预警提示。当有车辆的车头或车尾对准摄像头后，管理员单击"识别"按钮，系统将识别该车牌，并且根据车牌判断进出，显示不同信息。另外，管理员单击"收入统计"按钮，系统会根据车辆进出记录汇总出一条收入统计信息，并且通过柱型图显示出来。

本项目的业务流程如图 8.1 所示。

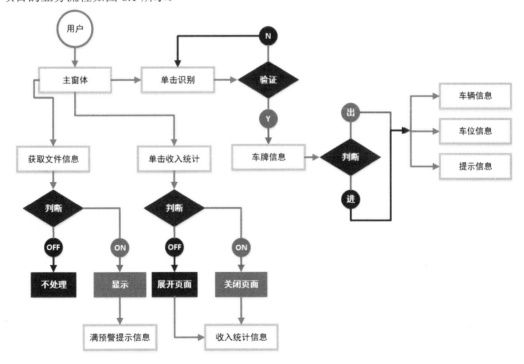

图 8.1 停车场车牌自动识别计费系统业务流程

8.2.3 功能结构

本项目的功能结构已经在章首页中给出,该项目实现的具体功能如下:
- ☑ 实时显示进出车辆监控画面。
- ☑ 智能识别进出车辆的车牌。
- ☑ 根据需要自动创建文件,保存车辆出入信息。
- ☑ 有车辆进出时,同步更新停车场信息。
- ☑ 显示停车场停放车辆的车牌及停放时间。
- ☑ 对停车场收入信息进行统计。
- ☑ 停车场车位预警提示。

8.3 技术准备

8.3.1 技术概览

- ☑ pygame 模块:pygame 模块是一个完全免费、开源的 Python 游戏模块,它支持 Windows、Linux、macOS 等操作系统,具有良好的跨平台性。本项目中主要使用 pygame 模块来设计主窗体及加载图片。例如,下面代码用来在主窗体中加载停车场入口处的监控画面图像:

```
# 加载图像
image = pygame.image.load('file/test.jpg')
# 设置图片大小
image = pygame.transform.scale(image, (640, 480))
# 绘制视频画面
screen.blit(image, (2,2))
```

- ☑ pandas 模块:pandas 是使用 Python 进行数据分析时最重要的库之一,它不仅可以处理数据、分析数据,而且内置了绘图函数,可以像 Matplotlib 一样实现数据可视化,绘制各种图表。本项目中主要使用 pandas 模块对停车场的数据信息文件进行处理。例如,下面代码使用 pandas 模块的 read_excel()方法分别读取"停车场车辆表"和"停车场信息表"这两个 Excel 文件中存储的信息:

```
# 读取文件内容
pi_table = pd.read_excel(path+'停车场车辆表.xlsx', sheet_name='data')
pi_info_table = pd.read_excel(path+'停车场信息表.xlsx', sheet_name='data')
```

- ☑ Matplotlib 模块:Matplotlib 是一个 Python 2D 绘图库,常用于数据可视化。它能够以多种硬拷贝格式和跨平台的交互式环境生成出版物质量的图形。本项目中主要使用 Matplotlib 模块的 bar()方法来绘制收入统计的柱形图,该方法的语法格式如下:

```
matplotlib.pyplot.bar(x,height,width,bottom=None,*,align='center',data=None,**kwargs)
```

- ➢ x:x 轴数据。
- ➢ height:柱形的高度,也就是 y 轴数据。
- ➢ width:浮点型,柱形的宽度,默认值为 0.8,可以指定固定值。
- ➢ bottom:标量或数组,可选参数,柱形图的 y 坐标,默认值为 0。

> *：星号本身不是参数。星号表示其后面的参数为命名关键字参数，命名关键字参数必须传入参数名，否则程序会出现错误。
> align：对齐方式，如 center（居中）和 edge（边缘），默认值为 center。
> data：data 关键字参数。如果给定一个数据参数，所有位置和关键字参数将被替换。
> **kwargs：关键字参数，其他可选参数，如 color（颜色）、alpha（透明度）、label（每个柱形显示的标签）等。

有关 pygame 模块、pandas 模块和 Matplotlib 模块的使用等知识在《Python 从入门到精通（第 3 版）》中有详细的讲解，对这些知识不太熟悉的读者可以参考该书对应的内容。下面主要对百度 AI 的图像识别接口的使用、opencv-python 模块的使用进行必要的介绍，以确保读者可以顺利完成本项目。

8.3.2 百度 AI 接口的使用

本项目中的车牌识别主要使用百度 AI 提供的图像识别接口实现，要使用该接口，关键是如何申请百度云 AI 的使用权限以及如何在 Python 程序中使用百度云 AI 的接口，下面按步骤进行详细说明。

（1）在网页浏览器（如 Chrome 或者火狐）中访问 ai.baidu.com，进入百度云 AI 的官网，如图 8.2 所示，在该页面中单击右上角的"控制台"按钮。

图 8.2 百度云 AI 官网

（2）进入百度云 AI 官网的登录页面，如图 8.3 所示，在该页面中需要输入你自己的百度账号和密码，如果没有，请单击"立即注册"超链接进行申请。

（3）登录成功后，进入百度云 AI 官网的控制台页面，单击左侧导航中的"产品服务"，展开列表，在列表的最右侧下方看到有"人工智能"的分类，在该分类中选择"图像识别"，如图 8.4 所示。

（4）进入"图像识别"→"概览"页面，如图 8.5 所示。要使用百度云 AI 的 API，首先需要申请权限，在申请权限之前需要创建自己的应用。

图 8.3　百度云 AI 官网的登录页面

图 8.4　在服务列表中选择"图像识别"

图 8.5　"百度语音"→"概览"页面

（5）单击"我的应用"下方的"公有云*个"超链接，然后单击"创建应用"按钮，进入"创建应用"页面。在该页面中输入应用的名称，选择应用类型，并选择接口。注意这里的接口可以多选择一些，把后期可能用到的接口全部选上。选择完接口后，输入应用描述，单击"立即创建"按钮，如图 8.6 所示。

图 8.6　创建应用

（6）页面跳转到应用列表页面，在该页面中即可查看创建的应用，以及百度云自动为你分配的 AppID、API Key、Secret Key，这些值根据应用的不同而不同，因此一定要保存好，以便开发时使用，如图 8.7 所示。

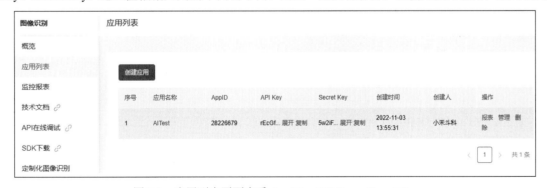

图 8.7　应用列表页面查看 AppID、API Key、Secret Key

（7）打开系统的"命令提示符"窗口，输入 pip install baidu-aip 命令，安装百度 AI 相关的模块。

（8）打开.py 代码文件，首先使用 from aip import AipOcr 导入图像识别模块，然后设置在步骤（6）中创建的应用所分配的 AppID、API Key、Secret Key，并使用它们初始化 AipOcr 图像识别对象，接下来就可以使用该对象调用相应的方法进行图像识别了。例如，本项目中使用 AipOcr 对象的 licensePlate()方法对车牌进行识别，代码如下：

```
from aip import AipOcr
APP_ID = '输入您的 APP_ID'
API_KEY = '输入您的 API_KEY'
SECRET_KEY = '输入您的 SECRET_KEY'
# 初始化 AipOcr 对象
client = AipOcr(APP_ID, API_KEY, SECRET_KEY)
# 读取图片
image = get_file_content('file/test.jpg')
# 调用车牌识别方法
results =client.licensePlate(image)["words_result"]['number']
# 返回车牌号
return results
```

8.3.3 OpenCV-Python 模块的使用

OpenCV 是一个开源的计算机视觉和机器学习软件库，它包含了大量的计算机视觉算法，包括图像处理和计算机视觉方面的很多通用算法，而 Opencv-Python 则是 OpenCV 的 Python 接口，使得 Python 用户能够轻松地使用 OpenCV 的功能。

在使用 OpenCV-Python 之前，需要先安装这个库。可以通过 pip 命令进行安装：

```
pip install opencv-python
```

安装完成后，就可以在 Python 代码中导入 OpenCV 库，并开始使用它的功能了。以下是一些基本的使用操作。

1．读取和显示图像

读取和显示图像可以使用 OpenCV 中的 imread()方法和 imshow()方法，示例代码如下：

```
import cv2
# 读取图像
img = cv2.imread('image.jpg')
# 显示图像
cv2.imshow('image', img)
cv2.waitKey(0)                    # 等待用户按键
cv2.destroyAllWindows()           # 关闭所有窗口
```

2．图像的基本操作

OpenCV 提供了许多用于图像基本操作的功能，如缩放、旋转、裁剪等。例如，下面代码用来对图像进行缩放：

```
# 缩放图像
resized_img = cv2.resize(img, (width, height))
```

3．图像滤波

可以使用 OpenCV 进行各种图像滤波操作，如高斯滤波、中值滤波等。例如，下面代码对图像进行高斯滤波操作：

```
# 高斯滤波
blurred_img = cv2.GaussianBlur(img, (5, 5), 0)
```

4. 特征检测

OpenCV 支持各种特征检测算法，如 SIFT、SURF 等。例如，以下是一个使用 SIFT 算法进行特征检测的示例：

```
sift = cv2.xfeatures2d.SIFT_create()
keypoints, descriptors = sift.detectAndCompute(img, None)
```

8.4 设计主窗体

停车场车牌自动识别计费系统的主窗体使用 pygame 模块实现。具体实现时，首先需要初始化该模块；然后设置窗体的大小、名称和图标；接下来在系统主循环中不断更新屏幕即可。具体步骤如下。

（1）创建名称为 carnumber 的项目文件夹，然后在该文件夹中创建一个 file 文件夹，用于保存项目图片资源，在 carnumber 项目文件夹内创建 main.py 文件，在该文件中实现停车场车牌自动识别计费系统的逻辑代码。

（2）导入 pygame 库，然后定义窗体的宽和高，代码如下：

```
# 将 pygame 库导入 python 程序中
import pygame

# 窗体大小
size = 1000, 484
# 设置帧率（帧率就是每秒显示的帧数）
FPS = 60
```

（3）初始化 pygame 窗体，这里主要是设置窗体的名称、图标，创建窗体实例并设置窗体的大小以及背景色，最后通过循环实现窗体的显示与刷新。代码如下：

```
# 定义背景颜色
DARKBLUE = (73, 119, 142)
# 指定背景颜色
BG = DARKBLUE
# pygame 初始化
pygame.init()
# 设置窗体名称
pygame.display.set_caption('停车场车牌自动识别计费系统')
# 图标
ic_launcher = pygame.image.load('file/ic_launcher.png')
# 设置图标
pygame.display.set_icon(ic_launcher)
# 设置窗体大小
screen=pygame.display.set_mode(size)
# 设置背景颜色
screen.fill(BG)
# 窗体循环帧率设置
clock = pygame.time.Clock()
# 主线程
Running =True
while Running:
    for event in pygame.event.get():
        # 关闭窗体操作
        if event.type == pygame.QUIT:
            # 退出
            pygame.quit()
            exit()
    # 更新窗体
```

```
pygame.display.flip()
# 控制最大帧率为 60
clock.tick(FPS)
```

主窗体的运行效果如图 8.8 所示。

图 8.8　主窗体运行效果

8.5　功 能 设 计

8.5.1　实时显示停车场入口监控画面

实时显示停车场入口监控画面功能主要是将摄像头画面捕捉保存为图片，然后通过循环加载图片，从而达到实时显示的目的。该功能的具体实现步骤如下。

（1）导入 opencv-python 模块，用于调用摄像头进行拍照，代码如下：

```
import cv2
```

（2）使用 opencv-python 模块的 VideoCapture()方法初始化摄像头实例，代码如下：

```
try:
    cam = cv2.VideoCapture(0)
except:
    print('请连接摄像头')
```

（3）使用摄像头实例对象的 read()方法读取图片，并将获取的图片保存为 file 文件夹中的 test.jpg 图片文件；然后使用 pygame 模块中的图片对象的 load()方法加载该图片，并设置图片的大小；最后将图片绘制到窗体上，从而实现实时显示停车场入口监控画面的效果。代码如下：

```
# 从摄像头读取图片
sucess, img = cam.read()
# 保存图片
cv2.imwrite('file/test.jpg', img)
# 加载图像
```

```
image = pygame.image.load('file/test.jpg')
# 设置图片大小
image = pygame.transform.scale(image, (640, 480))
# 绘制视频画面
screen.blit(image, (2,2))
```

运行效果如图 8.9 所示。

图 8.9　实时显示停车场入口监控画面

8.5.2　自动创建数据文件

在停车场车牌自动识别计费系统中，当有车辆进出停车场时，其车牌号、进出日期时间、车费、状态都会保存在本地的文件中，而且停车场的相关信息也会保存到本地文件中，并实时更新，以上描述中涉及的两个数据文件，在系统运行时会自动创建，其实现步骤如下。

（1）导入 pandas 数据处理模块，以便使用该模块中的方法创建我们需要的文件，代码如下：

```
from pandas import DataFrame
import os
```

（2）在项目开始时判断数据文件是否已经存在，如果不存在，则自动创建相应的数据文件，代码如下：

```
# 获取文件的路径
cdir = os.getcwd()
# 文件路径
path=cdir+'/datafile/'
# 读取路径
if not os.path.exists(path+'停车场车辆表.xlsx'):
    # 根据路径建立文件夹
    os.makedirs(path)
    # 文件包括车牌号、日期、时间、车费、状态
    carnfile = pd.DataFrame(columns=['carnumber', 'date', 'price', 'state'])
    # 生成 xlsx 文件
    carnfile.to_excel(path+'停车场车辆表.xlsx', sheet_name='data')
    carnfile.to_excel(path+'停车场信息表.xlsx', sheet_name='data')
```

项目运行后会在项目文件夹中自动创建两个数据文件，运行后文件目录如图 8.10 所示。

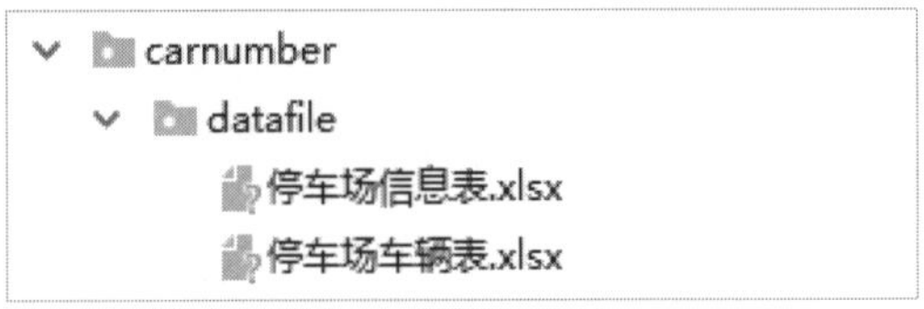

图 8.10 自动创建的数据文件

8.5.3 识别车牌功能的实现

停车场车牌自动识别计费系统的核心功能是识别车牌，实现该功能需要用到百度 AI 的图片识别接口，其可以通过识别含有车牌的图片返回识别到的车牌号。实现识别车牌功能的步骤如下：

（1）在项目文件夹中创建 ocrutil.py 文件，作为图片识别模块。在该文件中，调用百度 AI 的图片识别接口识别带有车牌号的图片，并返回识别到的车牌号，代码如下：

```python
from aip import AipOcr
# 百度识别车牌
# 以下各参数是在百度 AI 开放平台上创建应用时生成的信息
APP_ID = '输入您的 APP_ID'
API_KEY = '输入您的 API_KEY'
SECRET_KEY = '输入您的 SECRET_KEY'

# 初始化 AipOcr 对象
client = AipOcr(APP_ID, API_KEY, SECRET_KEY)
# 读取文件
def get_file_content(filePath):
    with open(filePath, 'rb') as fp:
        return fp.read()

# 根据图片返回车牌号
def getcn():
    # 读取图片
    image = get_file_content('file/test.jpg')
    # 调用车牌识别方法
    results =client.licensePlate(image)["words_result"]['number']
    # 输出车牌号
    print(results)
    return results
```

（2）由于项目中使用的是免费的百度 AI 图片识别接口，其每天有调用次数的限制，因此我们在项目中添加了"识别"按钮，当车牌出现在摄像头画面中时，需要单击"识别"按钮，才会调用识别车牌的接口进行识别。这里创建一个 btn.py 文件，用作自定义按钮的模块，代码如下：

```python
import pygame
# 自定义按钮
class Button():
    # msg 为要在按钮中显示的文本
    def __init__(self,screen,centerxy,width,height,button_color,text_color, msg,size):
        """初始化按钮的属性"""
        self.screen = screen
        # 按钮宽高
        self.width, self.height = width, height
        # 设置按钮的 rect 对象颜色为深蓝
        self.button_color = button_color
        # 设置文本的颜色为白色
        self.text_color = text_color
        # 设置文本为默认字体，字号为 20
        self.font = pygame.font.SysFont('SimHei', size)
```

```
        # 设置按钮大小
        self.rect = pygame.Rect(0, 0, self.width, self.height)
        # 创建按钮的 rect 对象，并设置按钮中心位置
        self.rect.centerx = centerxy[0]-self.width/2+2
        self.rect.centery= centerxy[1]-self.height/2+2
        # 渲染图像
        self.deal_msg(msg)

    def deal_msg(self, msg):
        """将 msg 渲染为图像，并将其在按钮上居中"""
        # 使用 render 将存储在 msg 的文本转换为图像
        self.msg_img = self.font.render(msg, True, self.text_color, self.button_color)
        # 根据文本图像创建一个 rect
        self.msg_img_rect = self.msg_img.get_rect()
        # 将该 rect 的 center 属性设置为按钮的 center 属性
        self.msg_img_rect.center = self.rect.center

    def draw_button(self):
        # 填充颜色
        self.screen.fill(self.button_color, self.rect)
        # 将该图像绘制到屏幕
        self.screen.blit(self.msg_img, self.msg_img_rect)
```

（3）在项目主文件 mian.py 中导入自定义按钮模块，并定义按钮及项目中用到的颜色属性，代码如下：

```
import btn

# 定义颜色
BLACK = ( 0, 0, 0)
WHITE = (255, 255, 255)
GREEN = (0, 255, 0)
BLUE = (72, 61, 139)
GRAY = (96,96,96)
RED = (220,20,60)
YELLOW = (255,255,0)
```

（4）在程序主循环中初始化按钮，同时判断单击的位置是否为"识别"按钮的位置，如果是，则调用自定义的 ocrutil 车牌识别模块中的 getcn()方法对车牌进行识别，代码如下：

```
# 创建识别按钮
button_go = btn.Button(screen, (640, 480), 150, 60, BLUE, WHITE, "识别", 25)
# 绘制创建的按钮
button_go.draw_button()
for event in pygame.event.get():
    # 关闭窗体操作
    if event.type == pygame.QUIT:
        # 退出
        pygame.quit()
        exit()
    # 识别按钮
    if 492 <= event.pos[0] and event.pos[0] <= 642 and 422 <= event.pos[1] and event.pos[1] <= 482:
        print('单击识别')
        try:
            # 获取车牌
            carnumber = ocrutil.getcn()
        except:
            print('识别错误')
            continue
        pass
```

在停车场车牌自动识别计费系统主窗体上添加"识别"按钮后的效果如图 8.11 所示。

图 8.11　添加"识别"按钮

8.5.4　车辆信息的保存与读取

在停车场车牌自动识别计费系统中，当主窗体加载时，会获取数据文件中的车辆信息和停车场信息，并显示在窗体右侧区域；而当识别到有新进出的车辆时，会更新相应的数据文件。实现以上功能的步骤如下。

（1）在 main.py 主程序文件中使用 pandas 模块的 read_excel()方法分别读取"停车场车辆表"和"停车场信息表"这两个 Excel 文件，获取当前停车场的停车数量。代码如下：

```
# 读取文件内容
pi_table = pd.read_excel(path+'停车场车辆表.xlsx', sheet_name='data')
pi_info_table = pd.read_excel(path+'停车场信息表.xlsx', sheet_name='data')
# 停车场车辆
cars = pi_table[['carnumber', 'date', 'state']].values
# 已进入车辆数量
carn =len(cars)
```

（2）创建一个 text3()方法，该方法用于读取数据文件信息，并将获取的信息绘制到系统的主窗体上。代码如下：

```
# 停车场车辆信息
def text3(screen):
    # 使用系统字体
    xtfont = pygame.font.SysFont('SimHei', 12)
    # 获取车辆信息
    cars = pi_table[['carnumber', 'date', 'state']].values
    # 窗体上限制绘制 10 辆车的信息
    if len(cars)>10:
        cars = pd.read_excel(path + '停车场车辆表.xlsx', skiprows=len(cars)-10,sheet_name='data').values
    # 动态绘制 y 点变量
    n=0
    # 遍历获取到的车辆信息
    for car in cars:
        n+=1
        # 车牌号所属车辆进入时间
        textstart = xtfont.render( str(car[0])+'    '+str(car[1]), True, WHITE)
        # 获取文字图像位置
        text_rect = textstart.get_rect()
        # 设置文字图像中心点
        text_rect.centerx = 820
        text_rect.centery = 70+20*n
```

```
        # 绘制内容
        screen.blit(textstart, text_rect)
    pass
```

（3）获取车辆信息，并根据 state 字段预测离现在最近的停车场车位全部被占用是星期几，然后在下一个相同的星期几提前一天进行车位预警提示。代码如下：

```
# 车位预警
kcar = pi_info_table[pi_info_table['state'] == 2]
kcars = kcar['date'].values
# 周标记，0 代表周一
week_number=0
for k in kcars:
    week_number=timeutil.get_week_numbeer(k)
# 转换当前时间 2024-04-11 16:18
localtime = time.strftime('%Y-%m-%d %H:%M', time.localtime())
# 根据时间返回周标记，0 代表周一
week_localtime=timeutil.get_week_numbeer(localtime)
if week_number ==0:
    if week_localtime==6 :
        text6(screen,'根据数据分析，明天可能出现车位紧张的情况，请提前做好调度！')
    elif week_localtime==0:
        text6(screen,'根据数据分析，今天可能出现车位紧张的情况，请做好调度！')
else:
    if week_localtime+1==week_number:
        text6(screen, '根据数据分析，明天可能出现车位紧张的情况，请提前做好调度！')
    elif week_localtime==week_number:
        text6(screen, '根据数据分析，今天可能出现车位紧张的情况，请做好调度！')
pass
```

（4）更新保存数据，当识别到车牌号后，判断是否为停车场车辆，从而对两个不同的数据文件进行更新或者添加操作。代码如下：

```
# 获取车牌号列数据
carsk = pi_table['carnumber'].values
# 判断当前识别的车牌号是否为停车场车辆
if carnumber in carsk:
    txt1='车牌号： '+carnumber
    # 时间差
    y=0
    # 获取行数
    kcar=0
    # 获取数据文件内容
    cars = pi_table[['carnumber', 'date', 'state']].values
    for car in cars:
        if carnumber ==car[0]:
            # 计算时间差，0, 1, 2...
            y = timeutil.DtCalc(car[1], localtime)
            break
        # 行数+1
        kcar = kcar + 1
    # 判断停车时间
    if y==0:
        y=1
    txt2='停车费： '+str(3*y)+'元'
    txt3='出停车场时间： '+localtime
    # 删除停车场车辆表信息
    pi_table=pi_table.drop([kcar],axis = 0)
    # 更新停车场信息
    pi_info_table=pi_info_table.append({'carnumber': carnumber,
                                        'date': localtime,
                                        'price':3*y,
```

```python
                                'state': 1}, ignore_index=True)
        # 保存信息，更新 xlsx 文件
        DataFrame(pi_table).to_excel(path + '停车场车辆表' + '.xlsx',
                        sheet_name='data', index=False, header=True)
        DataFrame(pi_info_table).to_excel(path + '停车场信息表' + '.xlsx',
                        sheet_name='data', index=False, header=True)
        # 停车场车辆减 1
        carn -= 1
else:
    if carn <=Total:
        # 添加信息到数据文件 ['carnumber', 'date', 'price', 'state']
        pi_table=pi_table.append({'carnumber': carnumber,
                                'date': localtime ,
                                'state': 0}, ignore_index=True)
        # 生成 xlsx 文件
        DataFrame(pi_table).to_excel(path + '停车场车辆表' + '.xlsx',
                        sheet_name='data', index=False, header=True)
        if carn<Total:
            # state 等于 0 时，表示停车场有车位，可以进入停车场
            pi_info_table = pi_info_table.append({'carnumber': carnumber,
                                'date': localtime,
                                'state': 0}, ignore_index=True)
            # 车辆数量+1
            carn += 1
        else:
            # state 等于 2 时，表示停车场没有车位
            pi_info_table = pi_info_table.append({'carnumber': carnumber,
                                'date': localtime,
                                'state': 2}, ignore_index=True)
        DataFrame(pi_info_table).to_excel(path + '停车场信息表' + '.xlsx',
                        sheet_name='data', index=False,header=True)
```

停车场车位预警及显示车辆信息的效果如图 8.12 所示。

图 8.12　停车场车位预警及显示车辆信息的效果

8.5.5　实现收入统计

本系统中，可以根据保存的数据文件自动生成图表，对停车场的收入进行统计，这需要用到 Matplotlib 模块的 pyplot 子模块，该模块提供了和 MATLAB 类似的绘图 API，使用它可以很方便地绘制 2D 图表，它包

含一系列绘图函数，本项目中使用其 bar()函数来绘制柱状图，显示停车场的收入情况，具体实现步骤如下。

（1）导入 Matplotlib 模块的 pyplot 子模块，使用它绘制柱状图，代码如下：

```
import matplotlib.pyplot as plt
```

（2）在主窗体上创建"收入统计"按钮，代码如下：

```
# 创建分析按钮
button_go1 = btn.Button(screen, (990, 480), 100, 40, RED, WHITE, "收入统计", 18)
# 绘制创建的按钮
button_go1.draw_button()
```

（3）判断用户是否单击了"收入统计"按钮，如果是，则重设窗体大小，为其增加显示图标的区域，然后设置柱状图参数，并按照月份绘制柱状图，将绘制的柱状图保存为本地图片。代码如下：

```
#判断单击
elif event.type == pygame.MOUSEBUTTONDOWN:
    # 输出鼠标单击位置
    print(str(event.pos[0])+':'+str(event.pos[1]))
    # 判断是否单击了识别按钮位置
    # 收入统计按钮
    if 890 <= event.pos[0] and event.pos[0] <= 990 \
            and 440 <= event.pos[1] and event.pos[1] <= 480:
        print('分析统计按钮')
        if income_switch:
            income_switch = False
            # 设置窗体大小
            size   = 1000, 484
            screen = pygame.display.set_mode(size)
            screen.fill(BG)
        else:
            income_switch = True
            # 设置窗体大小
            size   = 1500, 484
            screen = pygame.display.set_mode(size)
            screen.fill(BG)
            attr = ['1 月', '2 月', '3 月', '4 月', '5 月',
                    '6 月', '7 月', '8 月', '9 月', '10 月', '11 月', '12 月']
            v1 = []
            # 循环添加数据
            for i in range(1, 13):
                k = i
                if i < 10:
                    k = '0' + str(k)
                # 筛选每月数据
                kk = pi_info_table[pi_info_table['date'].str.contains('2018-' + str(k))]
                # 计算价格和
                kk = kk['price'].sum()
                v1.append(kk)
            # 设置字体可以显示中文
            plt.rcParams['font.sans-serif'] = ['SimHei']
            # 设置生成柱状图图片大小
            plt.figure(figsize=(3.9, 4.3))
            # 设置柱状图属性，attr 为 x 轴内容，v1 为 x 轴内容相对的数据
            plt.bar(attr, v1, 0.5, color="green")
            # 设置数字标签
            for a, b in zip(attr, v1):
                plt.text(a, b, '%.0f' % b, ha='center', va='bottom', fontsize=7)
            # 设置柱状图标题
            plt.title("每月收入统计")
            # 设置 y 轴范围
            plt.ylim((0, max(v1) + 50))
```

```
        # 生成图片
        plt.savefig('file/income.png')
    pass
```

（4）创建一个 text5()方法，该方法主要用于将生成的柱状图图片显示在使用 pygame 设计的主窗体上，同时显示总的收入信息。代码如下：

```
# 收入统计
def text5(screen):
    # 计算 price 列
    sum_price = pi_info_table['price'].sum()
    # 使用系统字体
    xtfont = pygame.font.SysFont('SimHei', 20)
    # 显示总收入
    textstart = xtfont.render('共计收入：' + str(int(sum_price)) + '元', True, WHITE)
    # 获取文字图像位置
    text_rect = textstart.get_rect()
    # 设置文字图像中心点
    text_rect.centerx = 1200
    text_rect.centery = 30
    # 绘制内容
    screen.blit(textstart, text_rect)
    # 加载图像
    image = pygame.image.load('file/income.png')
    # 设置图片大小
    image = pygame.transform.scale(image, (390, 430))
    # 绘制月收入图表
    screen.blit(image, (1000,50))
```

单击"收入统计"按钮后的运行效果如图 8.13 所示。

图 8.13　显示收入统计

8.6　项 目 运 行

通过前述步骤，设计并完成了"停车场车牌自动识别计费系统"项目的开发。下面运行该项目，以检验我们的开发成果。如图 8.14 所示，在 PyCharm 的左侧项目结构中展开停车场车牌自动识别计费系统的项目文件夹，在其中选中 main.py 文件，单击鼠标右键，在弹出的快捷菜单中选择 Run 'main'命令，即可成功运行该项目。

停车场车牌自动识别计费系统的主窗体效果如图 8.15 所示。

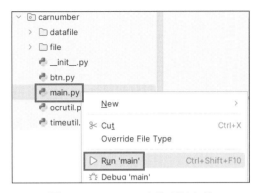

图 8.14　PyCharm 中的项目文件

图 8.15　主窗体

本章主要使用 Python 结合第三方模块开发了一个停车场车牌自动识别计费系统项目,该项目的核心功能是通过摄像头获取车牌图片,然后识别车牌图片,并将识别到的车牌信息进行保存。项目中主要用到的技术有通过 pygame 模块绘制窗体、OpenCV-Python 模块实时显示停车场入口画面、baidu-aip 模块进行车牌识别并获取车牌号、pandas 模块处理数据、Matplotlib 模块根据数据绘制收入柱形图。通过本章的学习,读者应该重点掌握 OpenCV-Python 模块和 baidu-aip 模块在图像识别处理方面的应用方法。

8.7　源码下载

源码下载

虽然本章详细地讲解了如何编码实现"停车场车牌自动识别计费系统"的各个功能,但给出的代码都是代码片段,而非源码。为了方便读者学习,本书提供了完整的项目源码,扫描右侧二维码即可下载。

第 5 篇

Web 开发项目

在数字化时代，Web 开发是连接用户与信息的桥梁。Python 以其简洁的语法、强大的功能和丰富的库资源，成为 Web 开发领域的佼佼者。使用 Flask、Django 等框架，可以让开发者快速构建出功能强大的网站和应用程序，使得 Python Web 开发更加高效和灵活。

本篇主要使用当前最流行 Python Web 框架 Flask 和 Django，并结合微信小程序，开发了 3 个热门的 Web 应用项目，具体如下：

- ☑ 食趣智选小程序
- ☑ 乐购甄选在线商城
- ☑ 智慧校园考试系统

第 9 章 食趣智选小程序

——Flask 框架 ＋MySQL ＋ 微信小程序

食趣智选小程序旨在通过技术整合丰富的美食资源，帮助用户发现更多美味佳肴，为用户提供个性化的饮食建议，提升饮食的乐趣和满足感。本章将使用 Python Flask 框架，结合微信小程序开发技术，开发一个集后台管理与小程序端为一体的食趣智选小程序项目。

项目微视频

本项目的核心功能及实现技术如下：

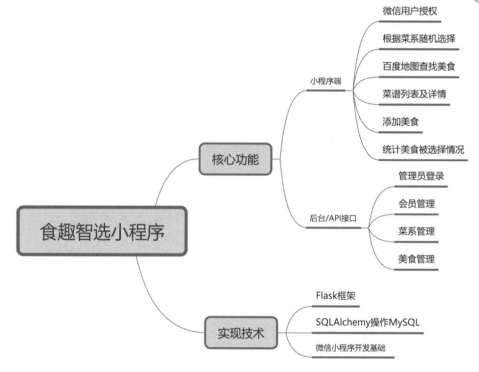

9.1 开发背景

不论是上班族还是学生党，一日三餐吃什么可能都是思考频率最高的问题。与其为"吃什么"而烦恼，不如开发一个小程序，让程序帮你解决吃什么的困扰。在这种背景下，食趣智选小程序应运而生，本章将完成该项目的开发。其中，后台管理/API 接口部分使用当前流行的 Python Web 框架 Flask 开发，而小程序端则主要通过微信官方的开发者工具进行开发。

本项目的实现目标如下：

- ☑ 具备小程序授权登录功能，只有用户通过授权后，才能使用小程序。
- ☑ 具备菜系分类功能，菜系分类可在后台配置。
- ☑ 具备随机选择美食功能。

- ☑ 具备查看美食菜谱功能，用户可查看菜谱详细步骤。
- ☑ 具备百度地图查看商家地址功能。
- ☑ 具备自主上传美食功能。
- ☑ 具备统计选中美食功能。
- ☑ 具备后台系统功能，管理员可管理菜系、美食、会员等。

9.2 系统设计

9.2.1 开发环境

本项目的开发及运行环境如下：
- ☑ 操作系统：推荐 Windows 10、Windows 11 及以上。
- ☑ 开发工具：PyCharm 2024（向下兼容）+ 微信开发者工具。
- ☑ 开发语言：Python 3.12。
- ☑ 数据库：MySQL 8.0+PyMySQL 驱动。
- ☑ Python Web 框架：Flask 3.0。

9.2.2 业务流程

食趣智选小程序的主要功能就是帮助用户随机选择要吃的美食，因此这里主要介绍小程序端用户选择美食的业务流程。首先，用户进入小程序的授权页面，需要用户先授权登录小程序。授权后，开始随机选择美食。如果用户对随机生成的美食不喜欢，可以重新选择。当用户选择好美食后，程序自动记录用户的选择，为后面生成统计数据做准备。接下来，用户可以选择"亲自下厨"或"大吃大喝"，然后进入相应的流程。具体业务流程如图 9.1 所示。

9.2.3 功能结构

本项目的功能结构已经在章首页中给出，该项目主要包括小程序端和后台管理两个部分，其中，小程序端用于随机选择美食、查看美食菜谱、查看美食商家地图等；而后台管理端用于实现会员管理、添加菜系、添加美食等功能。本项目实现的具体功能如下：
- ☑ 小程序端：
  - ➢ 用户微信授权登录。
  - ➢ 根据菜系随机选择美食。
  - ➢ 使用百度地图查看商家地址。
  - ➢ 查看菜谱及具体的做菜步骤。
  - ➢ 自主上传美食。

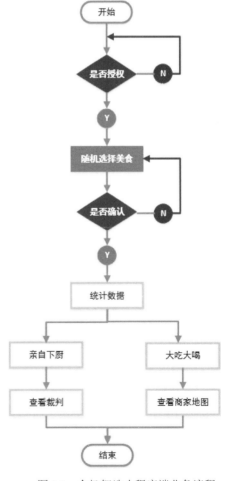

图 9.1 食趣智选小程序端业务流程

- ➤ 以图表形式显示美食的选择记录情况。
- ☑ 后台管理端：
  - ➤ 管理员账户的检测与登录。
  - ➤ 显示会员列表，查看会员详情。
  - ➤ 对菜系进行添加、修改、删除和查看。
  - ➤ 对美食（菜品）进行添加、修改、删除和查看。

9.3 技术准备

9.3.1 技术概览

本项目的核心是 Flask 框架的实际使用，Flask 是一个轻量级 Python Web 应用框架。它把 Werkzeug 和 Jinja 黏合在一起，所以很容易被扩展。使用 Flask 框架时，首先需要使用以下命令进行安装：

```
pip install flask
```

Flask 框架安装完成后，就可以在项目中使用了。在项目中使用 Flask 框架的基本步骤如下。

（1）导入 Flask 类。

（2）创建一个 Flask 类实例，第一个参数是应用模块或包的名称。如果使用的是单一模块，应使用 __name__，因为模块名称会因其是作为单独应用被启动还是作为模块被导入而有所不同（'__main__'或实际的导入名）。这是必需的，只有这样设置，Flask 才知道到哪儿去找模板、静态文件等。

（3）使用 route()装饰器告诉 Flask 什么样的 URL 能触发相应的函数。

（4）函数名字在生成 URL 时被特定函数所采用，并返回想要显示在用户浏览器中的信息。

（5）使用 run()函数让应用运行在本地服务器上。

有关 Flask 框架的使用，在《Python 从入门到精通（第 3 版）》中有详细的讲解，对该知识不太熟悉的读者可以参考该书对应的内容。下面主要对使用 SQLAlchemy 模块操作 MySQL 数据库、微信小程序的开发基础进行必要的介绍，以确保读者可以顺利完成本项目。

9.3.2 使用 SQLAlchemy 操作 MySQL 数据库

MySQL 是一款非常流行的开源数据库软件，在 Python 中对其进行操作时，可以使用相应的第三方模块实现。例如，《Python 从入门到精通（第 3 版）》中介绍了使用 PyMySQL 对 MySQL 数据库进行操作。但是，由于本项目使用了 Flask 框架，因此采用了与 Flask 框架结合更好的 SQLAlchemy 模块来对 MySQL 数据库进行操作，以实现对项目中会员信息、菜品信息及菜系信息等的管理。下面讲解如何使用 SQLAlchemy 对 MySQL 数据库进行操作。

SQLAlchemy 是一个流行的 Python SQL 工具包和对象关系映射器（ORM），它为程序提供了全面的、企业级的持久性模型。SQLAlchemy 采用简单的 Python 类来表示数据库表，并允许使用 Python 代码来创建、查询和更新数据库。

使用 SQLAlchemy 操作 MySQL 数据库涉及以下关键步骤：安装必要的库、配置数据库连接、定义模型、创建表、创建会话、添加数据、执行查询、更新和删除数据、关闭会话。下面分别进行介绍。

1. 安装必要的库

使用 pip 命令安装 SQLAlchemy 和 MySQL 的 Python 驱动（如 PyMySQL），命令如下：

```
pip install sqlalchemy pymysql
```

2. 配置数据库连接

在 Python 代码文件中配置一个数据库引擎,它负责连接 MySQL 数据库,这通常涉及指定数据库的 URL,包括主机名、端口、用户名、密码和数据库名,代码如下:

```python
from sqlalchemy import create_engine
# MySQL 数据库连接配置
DB_USER = '数据库登录用户名'
DB_PASSWORD = '数据库登录密码'
DB_HOST = 'localhost'
DB_PORT = '3306'
DB_NAME = '数据库名'

# 创建数据库引擎
engine = create_engine(f'mysql+pymysql://{DB_USER}:{DB_PASSWORD}@{DB_HOST}:{DB_PORT}/{DB_NAME}')
```

3. 定义模型

使用 SQLAlchemy 的 ORM 定义 Python 类来映射数据库表,示例代码如下:

```python
class User(db.Model):
    __tablename__ = "user"
    id = db.Column(db.Integer, primary_key=True)
    openid = db.Column(db.String(50),)
    nickname = db.Column(db.String(100))
    phone = db.Column(db.String(11), unique=True)
    avatar = db.Column(db.String(200))
    addtime = db.Column(db.DateTime, index=True, default=datetime.now)

    def __repr__(self):
        return '<User %r>' % self.name
```

4. 创建表

定义模型后,可以使用 metadata.create_all() 来创建相应的数据库表,示例代码如下:

```python
from sqlalchemy import MetaData
metadata = MetaData()
# 创建所有表
metadata.create_all(engine)
```

5. 创建会话

为了与数据库进行交互,需要创建一个会话(Session),示例代码如下:

```python
from sqlalchemy.orm import sessionmaker

# 创建会话
Session = sessionmaker(bind=engine)
session = Session()
```

6. 添加数据

可以使用会话来向指定的数据表中添加数据。示例代码如下:

```python
# 创建一个新的 User 对象
new_user = User(openid='001',nickname='MR', phone='13500000000', avatar='avatar.jpg')

# 将新对象添加到会话中
session.add(new_user)

# 提交会话以保存更改到数据库
session.commit()
```

7. 执行查询

通过会话可以对数据库执行查询，示例代码如下：

```
# 查询所有用户
users = session.query(User).all()
for user in users:
    print(user.nickname, user.phone)

# 查询特定用户
user = session.query(User).filter_by(id=1).first()
print(user.nickname)
```

8. 更新和删除数据

可以使用会话来更新和删除数据库中的数据。示例代码如下：

```
# 更新数据
user = session.query(User).filter_by(id=1).first()
user.nickname = 'New Name'
session.commit()        # 提交事务以保存更改

# 删除数据
user = session.query(User).filter_by(id=1).first()
session.delete(user)
session.commit()        # 提交事务以删除记录
```

9. 关闭会话

完成数据库操作后，关闭会话以释放资源，代码如下：

```
session.close()
```

以上是使用 SQLAlchemy 操作 MySQL 数据库的基本步骤。

9.3.3 微信小程序开发基础

小程序是目前非常流行的一种应用程序形态，而微信小程序是小程序中的主要类型，它可以在微信平台上直接运行，无须下载和安装。通过微信小程序，开发者可以快速实现各种功能和服务，并将其嵌入微信公众号、小程序码、微信搜索等多个微信生态场景中。用户可以通过微信扫描小程序码、搜索小程序名称或者通过公众号关联等方式进入小程序。

要进行微信小程序的开发，首先需要在微信公众平台（https://mp.weixin.qq.com/）注册并认证小程序账号，这是进行小程序开发的必要步骤，通过认证后才能够获得小程序的开发权限。

> **说明**
> 对于企业小程序，要求所有者必须是合法注册的公司，具备营业执照等相关证件；个人小程序则主要针对个人，不需要企业资质，但每人只能申请一个个人小程序，且上线后不能进行广告推广。

在申请并认证小程序账号后，就可以进行微信小程序的开发了。腾讯官方提供了微信开发者工具，用户可以到 https://developers.weixin.qq.com/miniprogram/dev/devtools/stable.html 网址进行下载，如图9.2所示。

用户根据自己的需求下载相应版本后，按照向导进行安装。安装完成后，双击桌面上自动生成的快捷方式图标即可打开微信开发者工具的登录页。在该页面中，可以使用微信扫码登录开发者工具，系统将使用这个微信账号的信息进行小程序的开发和调试。微信开发者工具主界面如图9.3所示。

图 9.2 微信开发者工具下载页面

图 9.3 微信开发者工具主界面

说明

关于微信开发者工具的详细使用说明，请参见官方文档：
https://developers.weixin.qq.com/miniprogram/dev/devtools/page.html#%E5%B7%A5%E5%85%B7%E6%A0%8F

接下来主要对微信小程序的基础语法进行介绍。

微信小程序是一种能够快速构建应用的平台，其基础语法主要包括以下几个方面：

- ☑ WXML：微信小程序的模板语言，类似于 HTML，用于描述页面结构。
- ☑ WXSS：微信小程序的样式语言，类似于 CSS，用于描述页面样式。
- ☑ JS：微信小程序的脚本语言，用于实现页面的逻辑和交互。
- ☑ JSON：微信小程序的配置文件，用于配置小程序的全局配置、页面配置等信息。

下面分别进行介绍。

1. WXML 模板

WXML（weixin markup language）是一种类似 HTML 的标记语言，是小程序开发中的一部分。它用于描述小程序的结构和组件，可以像 HTML 一样编写静态页面。

WXML 模板由一系列的标签和属性组成，用于描述小程序页面的结构和内容。与 HTML 类似，WXML 也是一种层次化结构，标签可以嵌套，形成父子关系。在 WXML 中，每一个标签都有一个对应的属性，用于控制标签的显示和行为。

WXML 的标签和属性名称与 HTML 略有不同，同时 WXML 也提供了一些专门的组件，用于描述小程序的特殊功能，如导航栏、下拉刷新等。WXML 模板的常用标签及说明如表 9.1 所示。

表 9.1 WXML 模板的常用标签及说明

标签	说明	标签	说明
\<view\>	视图容器，类似于 HTML 中的\<div\>标签	\<button\>	按钮容器，用于实现用户交互
\<text\>	文本容器，用于显示文本内容	\<input\>	输入框容器，用于接收用户输入
\<image\>	图片容器，用于显示图片	\<checkbox\>	复选框容器，用于选择多个选项
\<block\>	块级容器，可以替代\<view\>使用，但是不会在页面中生成额外的结点	\<radio\>	单选框容器，用于选择一个选项
\<swiper\>	滑块视图容器，用于展示轮播图等内容	\<picker\>	选择器容器，用于从预设的选项中选择一个或多个选项
\<scroll-view\>	可滚动视图容器，用于展示大量数据时，可以滚动查看	\<form\>	表单容器，用于收集用户输入的数据
\<icon\>	图标容器，用于显示小图标	\<navigator\>	导航容器，用于实现页面跳转

在 WXML 中，不能使用 HTML 的标签和属性，而是要使用小程序提供的标签和属性。同时，WXML 也支持一些特殊的语法，如{{ }}双大括号表示数据绑定、wx:if/else 表示条件渲染、wx:for 表示列表渲染等，通过使用这些语法，可以方便地实现复杂的页面效果。

2. WXSS 样式

WXSS（weixin style sheets）是小程序的样式语言，用于控制小程序界面的外观和布局。它是一种 CSS 扩展语言，支持大部分 CSS 语法和特性，如选择器、盒模型、浮动、定位、字体、背景、颜色、动画等。但其也有一些自己的特点和限制，例如：

- ☑ 支持尺寸单位 rpx，可以根据屏幕宽度自动缩放。

- ☑ 支持导入外部样式文件，可以使用@import 关键字。
- ☑ 支持样式继承，可以使用 inherit 和 initial 值。
- ☑ 支持全局样式覆盖，可以使用!important 关键字。

另外，如果想要在多个页面或组件中使用相同的样式，可以使用小程序提供的全局样式（global style）或公共样式（common style）功能，即可以在 app.wxss 中定义全局样式或在一个独立的 wxss 文件中定义公共样式，然后在页面或组件的样式标签中引用它们。例如，在 app.wxss 中定义全局样式类：

```
.global-text { font-size: 16px; color: #333;}
```

然后，可以在任何页面或组件中使用这个样式类，例如：

```
<view class="global-text">这是全局样式中定义的文本样式</view>
```

定义公共样式的方法是在一个独立的 wxss 文件中定义样式类，然后在页面或组件的样式标签中引用它们。这里需要注意的是，如果使用公共样式，需要在页面或组件中引入该文件，然后在页面或组件的样式标签中使用@import 语句进行引入。例如：

```
/* common.wxss */
.common-button {background-color: #00c2ff; color: #fff; padding: 10px 20px;}

/* 页面的 js 文件 */
Page({config: {usingComponents: { 'common-style': '/path/to/common.wxss' } }})

/* 页面或组件的样式标签 */
@import 'common-style';
<view class="common-button">这是公共样式中定义的按钮样式</view>
```

3. JS（JavaScript）逻辑交互

微信小程序中的 JS 主要用于实现页面的逻辑交互和数据处理等功能，以下是一些常见的 JS 交互方式：

- ☑ 数据绑定和事件绑定：在 WXML 中通过{{}}语法进行数据绑定，在 WXSS 中使用{{}}语法绑定样式，同时也可以在 JS 中使用 setData()方法更新页面数据，使用 bind 和 catch 前缀绑定事件处理函数。
- ☑ API 调用：微信小程序提供了丰富的 API 接口，可以通过 JS 代码调用这些 API 来实现各种功能，如获取用户信息、调用支付接口、发送请求等。
- ☑ 生命周期函数：微信小程序中提供了多个生命周期函数，可以在不同的阶段执行相应的操作，如 onLoad()、onShow()、onReady()、onHide()、onUnload()等。微信小程序中的生命周期函数执行顺序如下：
  - ➢ onLaunch()：当小程序初始化完成时，会触发 onLaunch()函数，这是整个小程序生命周期的第一个函数，只执行一次。一般用来做一些初始化操作。
  - ➢ onShow()：当小程序启动或从后台进入前台显示时，会触发 onShow()函数。在小程序生命周期中，onShow()函数可能会被多次执行。一般用来获取小程序的状态信息。
  - ➢ onPageLoad()和 onReady()：当小程序页面加载完成时，会依次触发 onLoad()和 onReady()函数。onLoad()函数会在页面加载时触发，而 onReady()函数会在页面初次渲染完成时触发。onPageLoad()一般用来初始化页面数据，onReady()一般用来进行页面布局操作。
  - ➢ onTabItemTap()：当用户点击 Tab 时，会触发 onTabItemTap()函数。
  - ➢ onPullDownRefresh()：当用户下拉刷新页面时，会触发 onPullDownRefresh()函数。
  - ➢ onReachBottom()：当页面滚动到底部时，会触发 onReachBottom()函数。
  - ➢ onHide()：当小程序从前台进入后台时，会触发 onHide()函数。

➢ onUnload()：当小程序退出时，会触发 onUnload()函数。
☑ 自定义组件：自定义组件可以将一组 WXML、WXSS 和 JS 封装成一个独立的组件，可以在不同的页面中复用。自定义组件中可以使用属性和事件来实现数据传递和交互。
☑ 小程序事件：微信小程序有许多事件可以触发，以下是一些常见的事件：
  ➢ Page 事件：包括页面加载、页面显示、页面隐藏等事件。
  ➢ View 事件：包括点击事件、长按事件、滑动事件等。
  ➢ Form 事件：包括表单提交事件、表单重置事件等。
  ➢ Audio 事件：包括音频播放事件、音频暂停事件等。
  ➢ Video 事件：包括视频播放事件、视频暂停事件等。
  ➢ NavigationBar 事件：包括导航栏按钮点击事件、导航栏高度变化事件等。
  ➢ TabBar 事件：包括 Tab 切换事件、Tab 被点击事件等。
  ➢ 交互事件：包括模态框显示事件、动画结束事件等。

4．JSON 配置

JSON（JavaScript object notation）是一种轻量级的数据交换格式，具有易于理解、读写和解析等特点，广泛应用于 Web 开发、移动应用等领域。在小程序中，JSON 被用于配置小程序的各种属性和信息。小程序的 JSON 配置主要包括两部分，分别为 app.json 和页面的配置文件。其中，app.json 是小程序的全局配置文件，用于配置小程序的窗口属性、底部导航栏属性、页面路径等信息；页面的配置文件包括.json、.wxml、.wxss、.js，共 4 个文件，用于配置页面的数据、结构、样式和行为等信息。

在小程序中，JSON 配置的作用主要体现在以下几个方面：
☑ 配置小程序的基本信息：小程序的标题、窗口大小、导航栏样式等。
☑ 配置页面的路径和导航栏信息：在 app.json 文件中配置小程序的页面路径，可以通过导航栏进行页面的跳转。
☑ 配置底部导航栏：可以通过 tabBar 属性来配置小程序的底部导航栏，使得用户可以快速切换页面。
☑ 配置页面的数据和结构：在页面的.json 和.wxml 文件中配置页面的数据和结构信息，包括页面的标题、背景色、布局等。
☑ 配置页面的样式和行为：在页面的.wxss 和.js 文件中配置页面的样式和行为信息，包括页面的字体、颜色、动画等。

通过配置小程序的 JSON 文件，开发者可以控制小程序的外观和行为，从而提升小程序的用户体验。例如，本项目在 app.json 配置文件中对小程序的页面路径、窗口属性、底部导航栏属性等信息进行了配置，代码如下：

```
{
  "pages": [
    "pages/login/login",
    "pages/index/index",
    "pages/addFood/addFood",
    "pages/cookbook/cookbook",
    "pages/choose/choose",
    "pages/map/map",
    "pages/cookDetail/cookDetail",
    "pages/pie/pie",
    "pages/success/success"
  ],
  "window": {
    "backgroundTextStyle": "light",
    "navigationBarBackgroundColor": "#fff",
```

```
      "navigationBarTitleText": "食趣智选",
      "navigationBarTextStyle": "black"
    },
    "tabBar": {
      "list": [
        {
          "pagePath": "pages/index/index",
          "text": "首页",
          "iconPath": "images/icon_home_line.png",
          "selectedIconPath": "images/icon_home_fill.png",
          "selectedColor": "#09BB07"
        },
        {
          "pagePath": "pages/addFood/addFood",
          "text": "添加美食",
          "iconPath": "images/icon_add_line.png",
          "selectedIconPath": "images/icon_add_fill.png",
          "selectedColor": "#09BB07"
        },
        {
          "pagePath": "pages/pie/pie",
          "text": "统计",
          "iconPath": "images/icon_user_line.png",
          "selectedIconPath": "images/icon_user_fill.png",
          "selectedColor": "#09BB07"
        }
      ]
    }
}
```

9.4 数据库设计

9.4.1 数据库概要说明

本项目采用 MySQL 数据库，数据库名称为 eat。在 eat 数据库下包含 5 张数据表，名称及作用如表 9.2 所示。

表 9.2 数据表名称及作用

表 名	含 义	作 用	表 名	含 义	作 用
admin	管理员表	用于存储管理员信息	food	美食信息表	用于存储美食信息
user	用户表	用于存储用户的信息	record	选择美食记录表	用于存储选择美食的记录信息
category	菜系分类表	用于存储菜系分类信息			

9.4.2 数据表模型

本项目使用 SQLAlchemy 进行数据库操作，将所有的模型放到一个单独的 models 模块中，使程序的结构更加清晰。SQLAlchemy 是一个常用的数据库抽象层和数据库关系映射包（ORM），使用 Flask-SQLAlchemy 扩展来操作它。models.py 模型文件代码如下：

```
from . import db
from datetime import datetime
```

```python
# 用户数据模型
class User(db.Model):
    __tablename__ = "user"
    id = db.Column(db.Integer, primary_key=True)                              # 编号
    openid = db.Column(db.String(50),)                                         # 微信用户 id
    nickname = db.Column(db.String(100))                                       # 微信昵称
    phone = db.Column(db.String(11), unique=True)                              # 手机号
    avatar = db.Column(db.String(200))                                         # 微信头像
    addtime = db.Column(db.DateTime, index=True, default=datetime.now)         # 注册时间

    def __repr__(self):
        return '<User %r>' % self.name

# 美食表
class Food(db.Model):
    __tablename__ = "food"
    id = db.Column(db.Integer, primary_key=True)                               # 编号
    name = db.Column(db.String(100))                                           # 菜品名称
    addtime = db.Column(db.DateTime, index=True, default=datetime.now)         # 添加时间
    cate_id = db.Column(db.Integer, db.ForeignKey('category.id'))              # 所属菜系分类

    def __repr__(self):
        return "<Food %r>" % self.name

# 菜系表
class Category(db.Model):
    __tablename__ = "category"
    id = db.Column(db.Integer, primary_key=True)                               # 编号
    name = db.Column(db.String(255),unique=True)                               # 菜系名称
    order_num = db.Column(db.Integer,default=0)                                # 序号
    addtime = db.Column(db.DateTime, index=True, default=datetime.now)         # 添加时间
    food = db.relationship("Food", backref='category')                         # 关联 food 表外键

# 选择美食记录表
class Record(db.Model):
    __tablename__ = 'record'
    id = db.Column(db.Integer, primary_key=True)                               # 编号
    user_id = db.Column(db.Integer,db.ForeignKey('user.id'))                   # 用户 id
    food = db.Column(db.String(255))                                           # 食物
    number = db.Column(db.Integer)                                             # 下单次数
    addtime = db.Column(db.DateTime, index=True, default=datetime.now)         # 下单时间

    def __repr__(self):
        return "<Record %r>" % Record.id

# 管理员
class Admin(db.Model):
    __tablename__ = "admin"
    id = db.Column(db.Integer, primary_key=True)                               # 编号
    name = db.Column(db.String(100), unique=True)                              # 管理员账号
    pwd = db.Column(db.String(100))                                            # 管理员密码

    def __repr__(self):
        return "<Admin %r>" % self.name

    def check_pwd(self, pwd):
        """
        检测密码是否正确
        :param pwd: 密码
        :return: 返回布尔值
```

```
"""
from werkzeug.security import check_password_hash
return check_password_hash(self.pwd, pwd)
```

9.5 登录页授权模块设计

9.5.1 登录页授权模块概述

打开食趣智选小程序，首先进入小程序的登录页面，如图9.4所示。在登录页，以动画的形式展现小程序的基本信息。微信小程序要求只有经过用户授权后，才能获取该用户的个人信息（包括微信昵称、头像等），所以需要用户进行授权。当用户授权后，通过 API 接口将用户信息存入数据库 user 表中。同时，为了确保小程序的接口安全，本项目使用 Bearer Token 方式授权访问资源。

9.5.2 登录页面设计

食趣智选小程序登录页的相关文件路径是 pages\login\，该路径下有 4 个文件，具体说明如下：
- ☑ login.js：登录逻辑文件。
- ☑ login.json：登录页面配置文件。
- ☑ login.wxml：登录页面结构文件。
- ☑ login.wxss：登录页面样式表。

下面主要介绍 login.js 文件和 login.wxml 文件。

1. login.js 登录逻辑实现

login.js 逻辑文件用于实现小程序授权的功能，当用户单击"授权登录"按钮时，将调用 login()函数获取用户信息。授权成功后，调用 goToIndex()函数进入小程序首页。关键代码如下：

图9.4　小程序登录页面

```
// pages/login.js
var app = getApp();
Page({

  /**
   * 页面的初始数据
   */
  data: {
    remind: '加载中',
    angle: 0,
    userInfo: {},
  },

  /**
   * 生命周期函数--监听页面加载
   */
  onLoad: function (options) {
```

```
        wx.setNavigationBarTitle({
            title: '食趣智选'
        });
    },

    /**
     * 生命周期函数--监听页面初次渲染完成
     */
    onReady: function () {
        var that = this;
        setTimeout(function () {
            that.setData({
                remind: ''
            });
        }, 1000);
        // 实现动画效果
        wx.onAccelerometerChange(function (res) {
            var angle = -(res.x * 30).toFixed(1);
            if (angle > 14) {
                angle = 14;
            }
            else if (angle < -14) {
                angle = -14;
            }
            if (that.data.angle !== angle) {
                that.setData({
                    angle: angle
                });
            }
        });
    },

    // 跳转到首页方法
    goToIndex: function () {
        wx.switchTab({
            url: '/pages/index/index',
        });
    },
    // 登录方法
    login:function( e ){
        var that = this;
        if( !e.detail.userInfo ){
            app.alert( { 'content':'登录失败，请再次点击' } );
            return;
        }
        var data = e.detail.userInfo;
        wx.login({
            success:function( res ){
                if( !res.code ){
                    wx.showToast({
                        title: '提示信息',
                        icon:'登录失败，请再次点击'
                    });
                    return;
                }
                // 发送请求，获取用户信息
                wx.request({
                    url:'http://127.0.0.1:5000/api/user/login' ,        // 请求 URL
                    header:app.getRequestHeader(),                      // 请求 header 信息
                    method:'POST',                                      // 请求方式
                    data: {'code': res.code},                           // 请求数据，传递 code
```

```
                success:function( res ){                     // 请求成功后操作
                    if( res.data.code != 200 ){
                        wx.showToast({
                            title: res.data.msg,
                            icon: 'none'
                        });
                        return;
                    }
                    app.globalData.userInfo = res.data.data.userInfo;   // 写入全局变量
                    // 为页面变量赋值
                    that.setData({
                        userInfo: res.data.data.userInfo,
                    })
                    app.setCache( 'token',res.data.data.token );        // 写入缓存
                    that.goToIndex();                                    // 跳转到首页
                }
            });
        }
    });
}
})
```

页面加载完成后，如果用户单击"授权登录"按钮，则调用 login()函数。由于在 login.wxml 页面中使用了 open-type="getUserInfo"，所以可以通过 e.detail.userInfo 来获取登录用户的基本信息，如昵称、头像等，但不包含 openid 等隐私信息。接下来，同样使用 wx.request()向 "user/login" API 接口发起请求。如果请求成功，则将从接口获取的用户信息赋值给全局变量 app.globalData.userInfo。然后调用自定义函数 app.setCache()将 Token 存入缓存。最后，调用 goToIndex()函数跳转到首页。

2．login.wxml 登录页面实现

在设计登录页时，为了实现更好的用户体验，在加载过程中使用加载图标在页面中旋转，当加载完成后，加载图标消失，显示页面，该功能可通过 wx:if 标签来实现。login.wxml 文件关键代码如下：

```
<view class="container">
  <view class="remind-box" wx:if="{{remind}}">
    <image class="remind-img" src="/images/loading.gif"></image>
  </view>
  <block wx:else>
    <view class="content">
      <view class="hd" style="transform:rotateZ({{angle}}deg);">
        <image class="logo" src="/images/logo.png"></image>
        <image class="wave" src="/images/wave.png" mode="aspectFill"></image>
        <image class="wave wave-bg" src="/images/wave.png" mode="aspectFill"></image>
      </view>
      <view class="bd">
        <button class="confirm-btn"  open-type="getUserInfo" bindgetuserinfo="login"
                wx:if="{{regFlag==false}}">
          授权登录
        </button>
        <text class="copyright">@明日科技 www.mingrisoft.com</text>
      </view>
    </view>
  </block>
</view>
```

9.5.3 登录授权接口实现

在本项目中，使用 Flask 框架开发的 Python Web 后台为小程序提供接口支持。为统一接口路径，均以

"/api"开头,如"/api/users/check_login""/api/users/login"等,这可以使用蓝图来实现。关键代码如下:

```python
db = SQLAlchemy()
def create_app(config_name):
    app = Flask(__name__)
    app.config.from_object(config[config_name])
    config[config_name].init_app(app)
    db.init_app(app)
    # 注册蓝图
    # from app.home import home as home_blueprint
    from app.admin import admin as admin_blueprint
    from app.api import api as api_blueprint
    app.register_blueprint(admin_blueprint,url_prefix="/admin")
    app.register_blueprint(api_blueprint,url_prefix="/api")

    return app
```

接下来,就可以使用@api.route()装饰器来设置接口路径了。当以POST方式访问"/user/login"接口时,将会执行login()函数。在该函数中,我们需要先接收小程序传递过来的code参数。其中,code参数主要用于获取openid。然后,判断user表中是否已经存在该openid。如果存在,表示该用户已经注册过,直接获取用户信息。否则,将用户信息写入user表中。具体代码如下:

```python
from . import api
from flask import request,jsonify
from app.models import User,Category
from app.libs.MemberService import MemberService
from app import db
from .auth import serializer

@api.route('/user/login',methods=['POST'])
def login():
    '''
    授权登录
    '''
    req = request.values                                    # 接收数据
    nickname = req['nickName'] if 'nickName' in req else ''  # 获取昵称
    avatar   = req['avatarUrl'] if 'avatarUrl' in req else '' # 获取头像
    # 判断code是否存在
    code = req['code'] if 'code' in req else ''
    if not code or len( code ) < 1:
        result = {
            "code": 201,
            "msg": "需要微信授权code",
            "data": {}
        }
        return jsonify(result)

    # 根据code,获取openid
    openid = MemberService.getWeChatOpenId( code )
    if openid is None:
        result = {
            "code":201,
            "msg":"调用微信出错",
            "data":{}
        }
        return jsonify(result)

    # 如果用户存在,写入user表中
    user = User.query.filter_by(openid=openid).first()
```

```
    if not user:
        user = User(
            openid   = openid,
            nickname = nickname,
            avatar   = avatar,
        )
        db.session.add(user)
        db.session.commit()
    token = serializer.dumps({'user_id': user.id})         # 生成 Token
    # 返回结果
    result = {
        "code":200,
        "msg":"登录成功",
        "data":
            {"userInfo":
                {
                    "nickName": user.nickname,
                    "avatarUrl": user.avatar,
                },
                "token": token.decode(),                    # byte 转化为 string
            }
    }
    return jsonify(result)
```

上面代码中，通过调用 MemberService.getWeChatOpenId()方法并传递 code 参数来获取用户的 openid。小程序提供了一个获取 openid 的接口 code2Session，请求地址如下：

```
https://api.weixin.qq.com/sns/jscode2session?appid=APPID&secret=SECRET&js_code=JSCODE&grant_type=authorization_code
```

参数说明如下：

- ☑ string appid：小程序 appId。
- ☑ string secret：小程序 appSecret。
- ☑ string js_code：登录时获取的 code。
- ☑ string grant_type：授权类型，此处只需填写 authorization_code。

在 MemberService.getWeChatOpenId()方法中，根据上面的接口请求地址获取 openid，具体代码如下：

```
# -*- coding: utf-8 -*-
import requests,json
from config import Config
class MemberService():
    @staticmethod
    def getWeChatOpenId( code ):
        url = "https://api.weixin.qq.com/sns/jscode2session?appid={0}&secret={1}\
            &js_code={2}&grant_type=authorization_code" \
            .format(Config.AppID, Config.AppSecret, code)
        r = requests.get(url)
        res = json.loads(r.text)
        openid = None
        if 'openid' in res:
            openid = res['openid']
        return openid
```

此外，本项目中使用了 itsdangerous 模块生成 Token。关键代码如下：

```
from .auth import serializer
token = serializer.dumps({'user_id': user.id})             # 生成 Token
```

最后，使用 jsonfy()函数将 result 字典以 json 格式返回给小程序客户端。后面访问接口时，会携带该 Token。

9.6 首页模块设计

9.6.1 首页概述

用户授权登录后，进入小程序首页，效果如图 9.5 所示。在首页中，显示用户头像和昵称，并且可以根据菜系随机选择今天想吃的美食。例如，选择"东北菜"，当单击"开始"按钮后，将快速随机滚动显示东北菜美食。当单击"停止"按钮后，会选中一个美食。如果用户没有选择菜系，则默认为全部菜系，会从所有菜系中筛选美食。

9.6.2 首页页面设计

进入首页后，首先需要加载全部菜系数据和全部美食数据。如果切换菜系，则会重新获取该菜系下的美食。当单击"开始"按钮时，还需要调用 setInterval()和 clearInterval()函数随机滚动美食。当单击"停止"按钮时，会选中一个美食，并弹出确认框。如果用户单击"换一个"按钮，则重新选择。如果单击"好!"按钮，则选中该食物，并记录用户的选择信息。

下面分步介绍以上功能的实现。

1. 初始化数据

进入页面时，需要进行一些初始化设置。首先设置 data 参数，然后在 onload()函数加载页面时，分别调用 getCategory()函数获取菜系分类信息，调用 getFood()函数获取美食信息。在 onShow()函数渲染页面时，使用微信提供的 wx.checkSession()函数判断用户的 session_key 是否过期，如果已经过期，则跳转到登录页。关键代码如下：

图 9.5 小程序首页

```
const app = getApp()                          // 获取应用实例
const timer = null
Page({
  data: {
    userInfo: {},
    categories: [],
    categoryIndex: 0,
    btnText:'开始',
    isProcess:false,
    dishes:[],
    food: "今天吃什么呢？",
  },
  // 加载页面
  onLoad: function () {
    this.getCategory()                        // 获取菜系分类信息
    this.getFood(0)                           // 获取食物信息，默认获取全部美食
  },
  onShow: function (){
    // 判断是否登录
    var that = this
    wx.checkSession({
      success: function () {
```

```
            //session_key 未过期，并且在本生命周期一直有效
            that.setData({
                userInfo: app.globalData.userInfo
            })
            return ;
        },
        fail: function () {
            // session_key 已经失效，需要重新执行登录流程
            wx.navigateTo({
                url: "../login/login"
            })
        }
    })
}
```

2．获取菜系分类信息

调用自定义函数 getCategory()可以获取全部菜系。由于菜系数据通常是固定数据，所以将其写入缓存，先从缓存中获取菜系数据，如果缓存中菜系不存在，再发送请求从"food/category"接口获取数据，这样可以提高获取数据的效率。getCategory()函数代码如下：

```
// 获取菜系分类信息
getCategory: function(){
    var value = app.getCache('categories')           // 从缓存中取值
    if (!value) {                                    // 如果缓存不存在，再从 request 请求获取
        var that = this
        wx.request({
            url: 'http://127.0.0.1:5000/api/food/category',   // 请求 URL
            method: 'POST',                                    // 请求方式为 POST
            header:app.getRequestHeader(),                     // 设置 header 参数，使用 Bearer Token 方式访问资源
            success: function (response) {                     // 请求成功后操作
                app.setCache('categories',response.data.data)  // 写入缓存
                that.setData({
                    categories: response.data.data             // 为 categories 页面变量赋值
                });
            }
        })
    }
    this.setData({
        categories: value                              // 为 categories 页面变量赋值
    });
},
```

上述代码中，使用了自定义的 app.getCache()函数从缓存中获取菜系分类数据，获取到菜系分类数据后，将其赋值给页面变量 categories。然后在视图中以 picker 下拉列表方式展现数据信息。运行效果如图 9.6 所示。

3．切换菜系

首页菜系默认选择"全部"，单击"选择菜系"按钮可以调用 bindCateChange()函数来切换其他菜系。bindCateChange()函数实现代码如下：

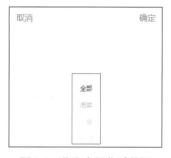

图 9.6　获取全部菜系数据

```
// 菜系切换
bindCateChange: function(e) {
  this.setData({
    categoryIndex: e.detail.value                    // 为 categoryIndex 页面变量赋值
```

```
})
    // 调用 getFood 函数并传递菜系分类 ID 以获取美食
    this.getFood(this.data.categories[e.detail.value].id)
},
```

上述代码中定义了一个 binCateChange()函数,在 index.html 视图文件中,我们将其绑定到 picker 中, index.html 视图文件关键代码如下:

```
<view class="weui-cell weui-cell_select">
    <view class="weui-cell__hd weui-cell_hd_in-select-after">
        <view class="weui-label">选择菜系:</view>
    </view>
    <view class="weui-cell__bd">
        <picker bindchange="bindCateChange" value="{{categoryIndex}}"
            range="{{categories}}" range-key="name">
            <view class="weui-select weui-select_in-select-after">
                {{categories[categoryIndex].name}}
            </view>
        </picker>
    </view>
</view>
```

在上述代码中,使用了小程序的<picker>标签,其相关属性及说明如表 9.3 所示。

表 9.3 <picker>标签的属性及说明

属 性 名	类 型	默 认 值	说 明
range	Array/Object Array	[]	mode 为 selector 或 multiSelector 时,range 有效
range-key	String		当 range 是一个 Object Array 时,通过 range-key 来指定 Object 中 key 的值作为选择器显示内容
value	Number	0	value 的值表示选择了 range 中的第几个(下标从 0 开始)
bindchange	EventHandle		value 改变时触发 change 事件,event.detail = {value: value}

选择菜系的运行效果如图 9.7 所示,单击"确定"按钮后的运行效果如图 9.8 所示。

图 9.7 选择菜系

图 9.8 选中菜系

4. 根据菜系选择美食

在首页中，有两处调用 getFood()函数以获取美食信息，分别是页面加载过程中获取全部美食信息和切换菜系时获取对应菜系的美食信息。getFood()函数代码如下：

```
// 获取美食信息
getFood: function(cateId) {
    var that = this;
    wx.request({
        url: 'http://127.0.0.1:5000/api/food/list',      // 请求接口
        method: 'POST',                                    // 请求方式为 POST
        header:app.getRequestHeader(),                    // 设置 header 参数，使用 Bearer Token 方式访问资源
        data:{                                             // 传递参数
            cateId: cateId
        },
        success: function (response) {                     // 请求成功后操作
            console.log(response.data.data)
            that.setData({                                 // 为 dishes 页面变量赋值
                dishes: response.data.data
            })
        }
    })
},
```

上述代码中，getFood()函数有一个参数 cateId，即菜系 ID。当 ID 值为 0 时，获取全部菜系信息。否则根据菜系 ID 获取对应菜系的美食。获取成功后赋值给页面变量 dishes。dishes 是数组，示例数据格式如下：

```
["水煮鱼","毛血旺","翠花酸菜","麻婆豆腐","东安子鸡","锅包肉","干锅茶树菇",
    "剁椒鱼头","地三鲜","麻辣烫","口水鸡","四川火锅","土豆炖粉条","回锅肉"]
```

5. 随机选择美食

菜系和美食数据准备就绪，接下来就要实现随机筛选美食的功能了。为了达到较好的展示效果，使用 setInterval()和 clearInterval()函数来实现一个快速滚动的功能。关键代码如下：

```
// 开始和暂停按钮
bindClickTap: function () {
    var that = this
    clearInterval(this.data.timer);                        // 取消由 setInterval()设置的 timeout
    if (this.data.isProcess) {                             // 运行结束
        this.setData({
            isProcess: false,
            btnText: "开始！"
        })
        wx.showModal({
            title: '成功！',
            content: '今天就吃' + that.data.food + '！',
            confirmText: "好！",
            cancelText: "换一个",
            success: function (res) {
                if (res.confirm) {
                    that.record(that.data.food)            // 记录数据
                    wx.navigateTo({                        // 跳转页面
                        url: '../choose/choose?keyword='+that.data.food
                    })
                } else if (res.cancel) {
                    console.log('用户点击取消')
                }
            }
        })
    }else{                                                 // 开始运行
```

```
      this.setData({
        isProcess: true,
        btnText: "停！"
      })
      var newDishes = this.data.dishes
      // 按照指定的周期（以毫秒计）来调用函数
      this.data.timer = setInterval(function () {
        var randomIndex = Math.floor((Math.random() * 100 % newDishes.length))   // 生成随机下标
        that.setData({
          food: newDishes[randomIndex],                                            // 获取最终的美食
        })
      }, 10);
    }
  },
```

当单击"开始"按钮时，还需要调用随机滚动美食功能。当单击"停止"按钮时，会选中一个美食，并弹出确认框。运行效果如图9.9所示。

6．记录选中美食信息

用户选中美食后，需要记录用户的选择，为后续展示统计数据做准备。当用户在图9.9所示弹出框中单击"好！"按钮时，调用record()函数记录用户的选择。record()函数需要接受一个参数food，即美食的名称。关键代码如下：

```
// 记录选择的美食
record: function (food){
  wx.request({
    url: 'http://127.0.0.1:5000/api/order/add',
    data: {
      food: food                          // 传递美食名称参数
    },
    method: 'POST',                       // 使用POST方式提交
    header: app.getRequestHeader(),       // 设置header参数
    success: function (response) {        // 请求成功操作
      console.log('记录成功')
    }
  })
}
```

图9.9 选中美食

9.6.3 首页接口实现

在首页中，我们一共调用了3个接口，接口路径和说明如下：
- ☑ "/api/ food/category"：菜系分类接口，用于获取全部菜系信息。
- ☑ "/api/ food/list"：美食接口，用于获取全部美食或根据菜系获取美食。
- ☑ "/api/ order/add"：记录选中美食接口，用于展示用户所选美食信息。

下面分别对上面的3个接口进行讲解。

1．获取菜系接口

菜系分类接口需要从category表中获取数据，并且需要根据order_num字段降序排序，关键代码如下：

```
@api.route('/food/category',methods=['POST'])
@token_auth.login_required
def get_category():
    # 获取菜系信息，并根据order_number降序排序
    category = Category.query.order_by(Category.order_num.desc()).all()
```

```python
data = [{'id':0,'name':'全部'}]
for item in category:
    data.append(
        {
            'id':item.id,
            'name':item.name
        }
    ),
# 返回结果
result = {
    "code":200,
    "msg":"请求成功",
    "data": data
}
return jsonify(result)
```

上述代码中，get_category()函数添加了装饰器@token_auth.login_required，当接收请求时，需要对 Token 进行验证。本项目中，我们使用了 HTTPTokenAuth 模块实现 Token 验证，验证的关键代码如下：

```python
token_auth = HTTPTokenAuth()
serializer = Serializer('mrsoft')

@token_auth.verify_token
def verify_token(token):
    try:
        data = serializer.loads(token)              # 验证 Token
    except:
        return False
    if 'user_id' in data:
        user = User.query.filter_by(id=data['user_id']).first()   # 判断 User 表中 user_id 是否存在
        if user:
            g.user = user                           # 如果存在，赋值给全局变量 g.user
            return True
    return False
```

上述代码中，verify_token()函数接收的参数 Token 是小程序发送请求时在 header 中设置的 Token 值，也就是 login()函数授权登录成功后，返回给小程序的 Token。所以，使用 serializer.loads(token)函数进行解码后，返回的是一个字典，数据格式如下：

{"user_id":8}

2．获取美食接口

美食接口需要从 food 表中获取数据，并且需要根据分类 ID 进行筛选。如果分类 ID 为 0，则表示获取全部美食信息。关键代码如下：

```python
@api.route('/food/list',methods=['POST'])
@token_auth.login_required
def get_food():
    cate_id = int(request.values['cateId'])              # 获取分类 ID 参数
    if cate_id:
        food = Food.query.filter_by(cate_id=cate_id).all()   # 获取菜系信息
    else:
        food = Food.query.all()                          # 获取全部菜系信息
    data = []
    for item in food:
        data.append(item.name),
    random.shuffle(data)                                 # 打乱次序
    # 返回结果
    result = {
```

```
            "code":200,
            "msg":"请求成功",
            "data": data
        }
        return jsonify(result)
```

上述代码中，为了制造随机效果，使用了 random.shuffle()函数将序列的所有元素随机排序。

3．记录选中美食接口

当用户选择好美食后，需要将美食名称和用户 ID 等信息写入 record 表中，并且需要记录该美食的选择次数。关键代码如下：

```
@api.route('/record/add',methods=["POST"])
@token_auth.login_required
def record_add():
    food = request.values['food']                      # 获取美食 ID
    user_id = g.user.id                                # 获取用户 ID
    record = Record.query.filter_by(user_id=user_id,food=food).first()
    try:
        if record:                                     # 如果记录已经存在，则更改选择美食次数
            record.number += 1
            db.session.add(record)
            db.session.commit()
        else :                                         # 如果记录不存在，则将美食次数设置为 1
            record = Record(
                user_id = user_id,
                food = food,
                number = 1
            )
            db.session.add(record)
            db.session.commit()
        result = {
            "code": '200',
            "msg": '记录成功',
        }
    except:
        result = {
            "code": '201',
            "msg": '记录失败',
        }
    return jsonify(result)
```

当用户选择好美食，单击"好！"按钮后，程序会自动记录用户选择的信息，record 表中的数据信息如图 9.10 所示。record 表中 food 字段表示美食名称，而 number 字段表示选择次数。在图 9.10 中，"水煮鱼"选择了两次，而其他的菜则选择了 1 次。

id	user_id	food	number	addtime
11	9	水煮鱼	2	2024-03-12 17:46:06
12	9	干锅茶树菇	1	2024-03-12 17:48:33
13	9	麻婆豆腐	1	2024-03-12 17:48:43
14	9	麻辣烫	1	2024-03-12 18:18:48

图 9.10　record 表中的数据信息

9.7　菜谱模块设计

9.7.1　菜谱模块概述

当用户选择好美食，单击"好！"按钮后，程序进入选择页面。在选择页面，显示今天要吃的美食名

称和吃饭方式，吃饭方式主要有两种：亲自下厨和大吃大喝。如果用户选择"亲自下厨"，则进入菜谱列表页面；如果用户选择"大吃大喝"，表示用户外出就餐，则进入百度地图，查看商家列表。运行效果如图9.11所示。

菜谱模块包含两部分：菜谱列表和菜谱详情，其数据均来源于聚合数据的菜谱大全API接口，网址为https://www.juhe.cn/docs/api/id/46，如图9.12所示。对于注册并认证的用户，该接口可以免费使用1000次。由于菜谱大全接口数据内容较多，我们需要根据实际情况筛选数据，构造自己的接口，为小程序提供服务。

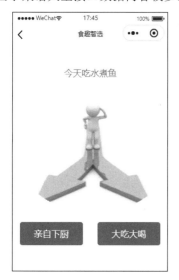

图9.11 菜谱模块页面

图9.12 聚合数据菜谱大全API接口

9.7.2 菜谱列表页面设计

1. cookbook.js 菜谱列表页逻辑实现

cookbook.js逻辑文件用于实现获取菜谱列表信息的功能。调用getCookBook()函数可以获取对应美食的菜谱信息。由于菜谱数据来源于聚合数据菜谱大全接口，所以无法保证每一个美食都有对应的菜谱，也就是在菜谱列表页可能会出现没有数据的情况，针对这种情况，需要调用goToIndex()函数跳转回首页重新选择。关键代码如下：

```
const app = getApp()
Page({
    data:{
        pageStatus: 'loading',        // 加载标识
        food : null,                  // 美食名称
        cookbook : []                 // 菜谱列表
    },
    onLoad: function(option){
        this.setData({
            food: option.food,        // 为页面变量赋值
        })
        this.getCookBook(option.food) // 调用获取菜谱方法
    },
    // 获取菜谱列表
    getCookBook: function(food){
        this.setData({pageStatus: 'loading'})
        var that = this
        wx.request({
            url: 'http://127.0.0.1:5000/api/food/cookbook',  // 请求URL
```

```
            method: 'POST',                              // 请求方式为 POST
            header: app.getRequestHeader(),              // 设置 header 参数，使用 Bearer Token 方式访问资源
            data: {'food':food},                         // 请求成功后操作
            success: function (response) {
                that.setData({
                    cookbook: response.data.data,        // 设置菜谱数据
                    pageStatus: 'done'                   // 更改加载标识
                })
            }
        })
    },
    // 跳转首页方法
    goToIndex: function (){
        wx.switchTab({
            url: "../index/index"
        });
    }
})
```

上述代码中，值得注意的是设置了一个 pageStatus 页面标识。这是因为 wx.request()函数是异步请求，页面加载完成后，可能还没有收到请求数据。那么页面就会出现先提示没有菜谱，然后再加载出菜谱列表的情况。为解决这类问题，我们设置一个 pageStatus 页面标识，页面加载时设置其值为 loading，加载完成后设置为 done。

如果可以正常获取菜谱信息，会获取到一个包含 5 条菜谱记录的数组，分别包含菜谱主图、菜谱 ID、简介以及标题。示例数据如下：

```
[
{albums: "http://juheimg.oss-cn-hangzhou.aliyuncs.com/cookbook/t/0/18_737073.jpg", id: "18",
        imtro: "年前朋友送我一罐专程从四川带回来的娟城牌郫县豆瓣酱。这个牌子是我一直想尝试的，可惜本地没有的卖，
            这…去掉臀尖的第二圈肉，俗称"二刀肉"的，但家常做就别那么严格了，我家一般用五花肉，因为相公喜欢嘛。",
        title: "回锅肉"}
{albums: "http://juheimg.oss-cn-hangzhou.aliyuncs.com/cookbook/t/0/35_628774.jpg", id: "35",
        imtro: "说起川菜中什么菜最家常？闻名的麻婆豆腐，  鱼香肉丝， 水煮鱼。。。这些都不是，而是要提到的"回锅肉"
            …县豆瓣酱，正好用它来做"回锅肉"解解馋。 如果再来碗米饭，是不是更完美了呢？赶紧做饭去啰。。。",
        title: "回锅肉"}
{albums: "http://juheimg.oss-cn-hangzhou.aliyuncs.com/cookbook/t/1/114_434692.jpg", id: "114",
        imtro: "回锅肉是中国川菜中一种烹调猪肉的传统菜式，川西地区还称之为熬锅肉。 四川家家户户都能制作。
            回锅肉的特…公吃了满满两大碗饭，就算是不喜欢肥肉的孩子也说很香呢，可见这个回锅肉确实是大人孩子都爱
            的美味佳肴。", title: "回锅肉"}
{albums: "http://juheimg.oss-cn-hangzhou.aliyuncs.com/cookbook/t/2/1113_227413.jpg", id: "1113",
        imtro: "这是一道经典的川菜。我印象中生活在四川的那几年，食堂里吃的最多的就是回锅肉炒青椒。回锅肉顾名思义，
            是…二次回锅的意思，将五花肉煮熟再切片炒出多余的油脂，配上花椒辣椒等调料，炒出的肉肥而不腻，味道浓香。",
        title: "青椒回锅肉"}
{albums: "http://juheimg.oss-cn-hangzhou.aliyuncs.com/cookbook/t/2/1838_427938.jpg", id: "1838",
        imtro: "回锅肉口味独特，色泽红亮，肥而不腻。四川家家户户都能制作，随便在四川搞个调查，选举"川菜之王"，
            绝对…以压倒性的优势获胜。这道菜一上桌，满室洋溢香辣味道。用它下饭，真是味道上佳！而且制做简单，
            经济实惠", title: "四川金沙回锅肉"}
]
```

2．cookbook.wxml 菜谱列表页面实现

在 cookbook.wxml 页面中，需要判断 pageStatus 变量值是否为 done，如果为 done，则表示 wx.request()请求完成，此时再显示页面。接下来，需要判断是否获取到了菜谱列表数据，如果获取到了，则使用<wx:for>标签遍历数据，否则提示菜谱不存在。具体代码如下：

```
<view class="page">
    <view class="page__hd">
        <view class="page__title" style="text-align:center;padding:20rpx">
            {{food}}全部菜谱
        </view>
```

```
        </view>
<view wx:if="{{pageStatus == 'done'}}">
    <view wx:if="{{cookbook.length>0}}">
        <view class="page__bd">
            <view class="weui-panel weui-panel_access">
                <view class="weui-panel__bd">
                    <view wx:for="{{cookbook}}"  wx:for-item="value">
                        <navigator url="../cookDetail/cookDetail?id={{value.id}}"
                            class="weui-media-box weui-media-box_appmsg" hover-class="weui-cell_active">
                            <view class="weui-media-box__hd weui-media-box__hd_in-appmsg">
                                <image class="weui-media-box__thumb" src="{{value.albums}}" />
                            </view>
                            <view class="weui-media-box__bd weui-media-box__bd_in-appmsg">
                                <view class="weui-media-box__title">{{value.title}}</view>
                                <view class="weui-media-box__desc">{{value.imtro}}</view>
                            </view>
                        </navigator>
                    </view>
                </view>
            </view>
        </view>
    </view>
    <view wx:else>
        <view class="no-cookbook" style="text-align:center">
            <image bindtap="bindViewTap" class="empty" src="../../images/empty.png"
                mode="cover">
            </image>
            <view>暂时还没有{{food}}菜谱哦！</view>
            <button class="confirm-btn"  bindtap="goToIndex">
                换一个
            </button>
        </view>
    </view>
</view>
```

随机选择一个美食，如图9.13所示，单击"亲自下厨"按钮，如果菜谱不存在，则页面效果如图9.14所示。然后单击"换一个"按钮，页面跳转至首页。如果菜谱存在，则运行效果如图9.15所示。

图9.13 选中美食

图9.14 菜谱不存在

图9.15 菜谱列表

9.7.3 菜谱列表接口设计

菜谱数据来源于聚合数据菜谱大全，我们需要注册聚合数据，并实名认证。然后在聚合数据首页搜索"菜谱大全"，搜索到结果后，单击"申请数据"按钮。申请成功后，进入"个人中心"，找到"数据中心"→"我的数据"。聚合数据会为我们分配一个 AppKey（这是保密数据，不要泄露），如图 9.16 所示。

图 9.16 获取聚合数据 AppKey

接下来，我们需要查看该接口的使用说明。单击图 9.16 中菜谱大全对应的"接口"，进入该接口使用说明页面。该接口的请求参数说明如表 9.4 所示，返回参数说明如表 9.5 所示。

表 9.4 菜谱请求参数说明

请求参数	必填	类型	说明
menu	是	string	需要查询的菜谱名
key	是	string	在"个人中心"→"我的数据"，接口名称上方查看
dtype	否	string	返回数据的格式，xml 或 json，默认为 json
pn	否	string	数据返回起始下标
rn	否	string	数据返回条数，最大为 30
albums	否	string 或数组	albums 字段类型，1 为字符串，默认为数组

表 9.5 返回参数说明

返回参数	类型	说明	返回参数	类型	说明
error_code	int	返回码	result	string	返回结果集
reason	string	返回说明	data	string	菜谱详情

接下来，当小程序调用/api/food/cookbook 接口时，需要携带指定的请求参数，请求菜谱大全 API，然后组织数据，返回给小程序。具体代码如下：

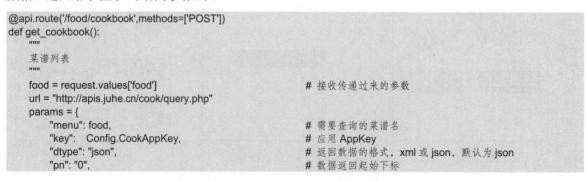

```python
            "rn": "5",
            "albums": "",
    }
    response = requests.get(url=url,params=params)
    data_json = response.json()
    # 获取菜谱异常，返回异常信息
    if (data_json['resultcode'] != '200'):
        result = {
            "code": data_json['resultcode'],
            "msg":  data_json['reason'],
            "data": {}
        }
        return jsonify(result)

    # 获取菜谱正常，返回菜谱信息
    data = []
    for item in data_json['result']['data']:
        data.append(
            {
                'id': item['id'],
                'title':   item['title'],
                'imtro':   item['imtro'],
                'albums': item['albums'][0]
            }
        )
    result = {
        "code": data_json['resultcode'],
        "msg": data_json['reason'],
        "data": data
    }
    return jsonify(result)
```
<!-- 注释 -->
数据返回条数，最大为30
albums 字段类型，1为字符串，默认为数组

上述代码中，使用 Config.CookAppKey 从配置文件 config.py 中获取聚合数据的 AppKey，所以需要在 congfig.py 文件中设置该值。关键代码如下：

```python
class Config:
    SECRET_KEY = 'mrsoft'
    SQLALCHEMY_TRACK_MODIFICATIONS = True
    # 聚合数据菜谱 api
    CookAppKey = '*************'           # 填写自己的 AppKey
```

9.7.4 菜谱详情页面设计

1. cookDail.js 菜谱详情页逻辑实现

cookDail.js 逻辑文件用于实现根据菜谱 ID 获取菜谱详情信息的功能。调用 getCookDetail()函数可以获取对应菜谱的详细信息，包括食材、材料和步骤。在菜谱步骤中，每一步都包含菜谱图片，当单击图片时将会调用 imgYu()函数，可以实现查看大图，并且左右滑动的功能。关键代码如下：

```javascript
const app = getApp()
Page({
  /**
   * 页面的初始数据
   */
  data: {
    id: null,
    info:[],
  },

  /**
```

```javascript
 * 生命周期函数——监听页面加载
 */
onLoad: function (option) {
    this.setData({
        id: option.id,
    })
    this.getCookDetail(option.id)
},
/**
 * 获取菜谱详细信息
 */
getCookDetail: function (id) {
    var that = this
    wx.request({
        url: 'http://127.0.0.1:5000/api/food/cookDetail',
        header: app.getRequestHeader(),
        method: "POST",
        data: {'id': id},
        success: function(response){
            console.log(response.data.data)
            that.setData({
                info: response.data.data
            })
        }
    })
},
/**
 * 图片点击事件
 */
imgYu:function(event){
    var src = event.currentTarget.dataset.src;         // 获取 data-src
    var imgList = event.currentTarget.dataset.list;    // 获取 data-list
    // 图片预览
    wx.previewImage({
        current: src,                                   // 当前显示图片的 http 链接
        urls: imgList                                   // 需要预览的图片 http 链接列表
    })
}
})
```

2. cookDail.wxml 菜谱详情页面实现

菜谱详情页中,需要展示菜谱的主图、食材、材料和步骤。其中数据类型都是数组,需要使用<wx:for>标签进行遍历。具体代码如下:

```xml
<view class="page">
    <view class="page__hd">
        <image src="{{info.albums}}"></image>
    </view>
    <view class="page__hd">
        <view class="weui-article__h1">{{info.title}}做法</view>
    </view>
    <view class="weui-article__p">
        {{info.imtro}}
    </view>
    <view>
        <view class="weui-article__h1">食材</view>
        <view wx:for="{{info.ingredients}}" wx:for-item="ingredients" >
            <view class="weui-cells weui-cells_after-title">
                <view class="weui-cell">
                    <view class="weui-cell__bd">{{ingredients['name']}}</view>
                    <view class="weui-cell__ft">{{ingredients['consumption']}}</view>
                </view>
            </view>
```

```
            </view>
            <view class="weui-article__h1">材料</view>
            <view wx:for="{{info.burden}}" wx:for-item="burden" >
                <view class="weui-cells weui-cells_after-title">
                    <view class="weui-cell">
                        <view class="weui-cell__bd">{{burden['name']}}</view>
                        <view class="weui-cell__ft">{{burden['consumption']}}</view>
                    </view>
                </view>
            </view>
        </view>
        <view class="page__bd">
            <view class="weui-article__h1">
                步骤
            </view>
            <view class="weui-panel weui-panel_access">
                <view class="weui-panel__bd">
                    <view wx:for="{{info.steps}}" wx:for-item="steps" >
                        <view url="" class="weui-media-box weui-media-box_appmsg"
                            hover-class="weui-cell_active">
                            <view class="weui-media-box__hd weui-media-box__hd_in-appmsg">
                                <image class="weui-media-box__thumb" bindtap="imgYu"
                                data-list="{{info.stepPics}}" data-src="{{steps['img']}}" src="{{steps['img']}}" />
                            </view>
                            <view class="weui-media-box__bd weui-media-box__bd_in-appmsg">
                                <view class="weui-media-box__desc">{{steps['step']}}</view>
                            </view>
                        </view>
                    </view>
                </view>
            </view>
        </view>
        <view class="weui-footer">
            <view class="weui-footer__links">
                <navigator class="weui-footer__link">明日科技</navigator>
            </view>
            <view class="weui-footer__text">Copyright © 2008-2016 mingrisoft.com</view>
        </view>
</view>
```

菜谱详情页运行效果如图 9.17 所示。单击菜谱步骤图片，可以预览该步骤图片，运行效果如图 9.18 所示。

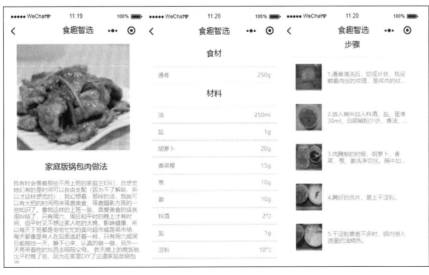

图 9.17　菜谱详情页　　　　图 9.18　美食步骤预览图片

9.7.5 菜谱详情接口设计

菜谱详情数据也来源于聚合数据的菜谱大全接口。此时，接口需要根据菜谱 ID 来获取菜谱详情，请求参数也发生了变化。该接口的请求参数说明如表 9.6 所示。

表 9.6 菜谱详情请求参数说明

请 求 参 数	必 填	类 型	说　　明
id	是	int	菜谱的 ID
key	是	string	在 "个人中心" → "我的数据"，接口名称上方查看
dtype	否	string	返回数据的格式，xml 或 json，默认为 json

接下来，当小程序调用 /api/food/cookDetail 接口时，需要携带指定的请求参数，请求菜谱大全 API，然后组织数据，返回给小程序。具体代码如下：

```python
@api.route('/food/cookDetail',methods=['POST'])
def get_cook_detail():
    """
    菜谱详情
    """
    id = request.values['id']                              # 接收传递过来的参数
    url = "http://apis.juhe.cn/cook/queryid"
    params = {
        "id": id,                                          # 菜谱的 ID
        "key": Config.CookAppKey,                          # 应用 AppKey
        "dtype": "",                                       # 返回数据的格式，xml 或 json，默认为 json
    }
    response = requests.get(url=url,params=params)
    data_json = response.json()
    # 获取菜谱异常，返回异常信息
    if (data_json['resultcode'] != '200'):
        result = {
            "code": data_json['resultcode'],
            "msg":  data_json['reason'],
            "data": {}
        }
        return jsonify(result)

    # 获取菜谱正常，返回菜谱信息
    data = data_json['result']['data'][0]

    # 处理数据
    ingredients = []
    for item in data['ingredients'].split(';'):
        temp = {}
        name,consumption = item.split(',')
        temp['name'] = name
        temp['consumption'] = consumption
        ingredients.append(temp)
    burden = []
    for item in data['burden'].split(';'):
        temp = {}
        name,consumption = item.split(',')
```

```
            temp['name'] = name
            temp['consumption'] = consumption
            burden.append(temp)
        stepPics = []
        for item in data['steps']:
            stepPics.append(item['img'])

        info = {}
        info['title'] = data['title']
        info['albums'] = data['albums'][0]
        info['imtro'] = data['imtro']
        info['ingredients'] = ingredients
        info['burden'] = burden
        info['steps'] = data['steps']
        info['stepPics'] = stepPics
        result = {
            "code": data_json['resultcode'],
            "msg": data_json['reason'],
            "data": info
        }
        return jsonify(result)
```

上述代码中，需要注意的是聚合数据菜谱大全返回的接口中，食材和材料数据都是字符串，示例如下：

"葱,适量;白芝麻,适量;盐,3g;生粉,45g;料酒,30ml;"

我们需要将其转化为如下格式：

```
[
    { name: "葱",consumption: "适量"},
    { name: "白芝麻",consumption: "适量"},
    { name: "盐",consumption: "3g"},
    { name: "生粉",consumption: "45g"},
    { name: "料酒",consumption: "30ml"},
]
```

所以，使用 split()函数根据";"进行拆分，然后再根据","进行拆分。

9.8 小程序端其他模块设计

食趣智选小程序中，还包含百度地图商家地址模块、上传美食模块和数据统计模块，这里分别对它们的设计进行简要说明和展示。

9.8.1 百度地图商家地址模块设计

当用户选择好今天要吃的美食后，进入百度地图，查看商家地址列表。要实现该功能，我们需要使用百度地图微信小程序 JavaScript API。官方网址为 https://lbsyun.baidu.com/index.php?title=wxjsapi。

在使用百度地图微信小程序 JavaScript API 时，我们需要将 bmap-wx.min.js 文件导入 map.js 中，然后调用百度地图微信小程序 JavaScript API 的相应接口即可。商家地址列表运行效果如图 9.19 所示。选择某个商家，单击即可进入该商家的地图，运行效果如图 9.20 所示。

图 9.19　商家地址列表 　　　图 9.20　商家地址详情

百度地图商家地址模块的逻辑代码主要是在 map.js 文件中实现的，其关键代码如下：

```javascript
// pages/map/map.js
var bmap = require('../../libs/bmap-wx.min.js');
Page({
  /**
   * 页面的初始数据
   */
  data: {
    rests: [],
    food: null,
    keyword: null,
    total: 0,
    checked: false,
    pageStatus: 'loading',
  },
  bindViewTap: function (e) {
    var info = this.data.rests[e.currentTarget.id]
    console.log(info)

    wx.openLocation({
      name: info.title,
      address: info.address,
      latitude: info.latitude,
      longitude: info.longitude,
      scale: 28
    })
  },
  /**
   * 生命周期函数——监听页面加载
   */
  onLoad: function (options) {
    this.setData({
      food: options.food,
      query : options.query
    })
    var that = this;
    var BMap = new bmap.BMapWX({
```

```
    ak: '9343f3c2a6ed3c6347fd87f76af69e84'
});
var fail = function (data) {
    console.log(data)
};
var success = function (data) {
    var info = data.wxMarkerData;
    console.log(info)
    that.setData({
        rests: info,
        total: info.length,
        pageStatus: 'done'
    })
}
var query = this.data.keyword
if (query == null || query === '' || query ==='undefined'){
    query = this.data.food
}
// 发起 POI 检索请求
BMap.search({
    "query": query,
    fail: fail,
    success: success
});
}
})
```

9.8.2 上传美食模块设计

在食趣智选小程序中，用户可以自行上传美食。上传时，需要选择菜系，并填写美食名称。上传美食页面运行效果如图 9.21 所示。上传成功后运行效果如图 9.22 所示。如果美食名称已经存在，则提示错误信息，运行效果如图 9.23 所示。

图 9.21　上传美食页面　　　图 9.22　美食上传成功　　　图 9.23　美食已经存在

上传美食模块的逻辑代码主要是在 addFood.js 文件中实现的，其关键代码如下：

```javascript
const app = getApp()
Page({
  data: {
    userInfo: {},
    categories: [],
    categoryIndex: 0,
    food: ''
  },

  onShow: function (){
    // 判断是否登录
    var that = this
    wx.checkSession({
      success: function () {
        // session_key 未过期，并且在本生命周期一直有效
        that.setData({
            categories: app.getCache('categories')
        });
        return ;
      },
      fail: function () {
        // session_key 已经失效，需要重新执行登录流程
        wx.navigateTo({
          url: "../login/login"
        })
      }
    })
  },

  // 菜系切换
  bindCateChange: function(e) {
    this.setData({
        categoryIndex: e.detail.value
    })
  },
  // 提交表单
  formSubmit: function(e) {
    var that = this
    var categories = wx.getStorageSync('categories')
    var categoryIndex = e.detail.value.categoryIndex
    var cate_id = categories[categoryIndex].id
    var food = e.detail.value.food
    if (!food){
        wx.showToast({
            title: '请填写美食名称',
            icon: 'none'
        });
        return false;
    }
    wx.request({
      url: 'http://127.0.0.1:5000/api/food/foodAdd',
      data: {
        cate_id: cate_id,
        food: food
      },
      method: 'POST',
      header: app.getRequestHeader(),
      success: function (response) {
        if (response.data.code == 200){
            var icon = 'success'
```

```
              that.setData({
                  food: ''
              })
          }else {
              var icon = 'none'
          }
          wx.showToast({
              title: response.data.msg,
              icon: icon
          });
      },
      fail: function () {
          wx.showToast({
              title: '网络繁忙，稍后再试',
              icon: 'none'
          });
      },
      complete: function () {
          wx.hideLoading();
      }
    });
  }
})
```

上面代码中调用了/api/food/foodAdd 接口，该接口的功能主要是将通过 POST 请求访问时传递的美食信息添加到 food 数据表中，并将操作结果返回给小程序。具体代码如下：

```
@api.route('/food/foodAdd',methods=['POST'])
def foodAdd():
    name = request.values['food']
    cate_id = request.values['cate_id']
    food = Food.query.filter_by(name=name,cate_id=cate_id).first()
    # 如果已经存在
    if food:
        result = {
            "code": 201,
            "msg": '该美食已经存在'
        }
    else:
        # 如果不存在，写入 food 表
        food = Food(
            name = name,
            cate_id = cate_id
        )
        db.session.add(food)
        db.session.commit()
        result = {
            "code": 200,
            "msg": '添加成功'
        }
    return jsonify(result)
```

9.8.3 数据统计模块设计

在首页中，用户选择好美食并单击"好！"按钮后，程序会将用户的选择写入 record 表中。用户单击小程序底部的"统计"菜单，会进入已选择的美食页面，该页面以图表的形式显示所有的用户选择。运行结果如图 9.24 所示。用户单击"清空数据"按钮，将会清空所有数据，运行效果如图 9.25 所示。

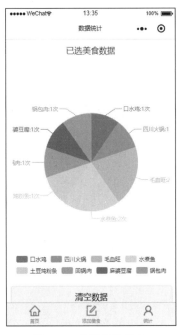

图 9.24 统计已选美食

图 9.25 清空数据成功效果

数据统计模块的逻辑代码主要是在 pie.js 文件中实现的,其关键代码如下:

```javascript
import * as echarts from '../../ec-canvas/echarts';

const app = getApp();

Page({
  data: {
    ec: {
      // 将 lazyLoad 设 true 后,需要手动初始化图表
      lazyLoad: true
    },
    loading: true,
  },
  onShow:function() {
    // 获取组件
    var that = this
    wx.request({
        url: 'http://127.0.0.1:5000/api/record/list',
        method: 'POST',
        header: app.getRequestHeader(),
        success: function (response) {
            that.setData({
                loading: false
            })
            that.getEC(response.data.data)
        }
    })
  },
  getEC:function(data){
    this.ecComponent = this.selectComponent('#mychart-dom-pie');
    if (this.ecComponent){
      var array = data
      var option = {
```

```
            title: {
                text: '已选美食数据',
                left: 'center'
            },
            color: ["#37A2DA", "#32C5E9", "#67E0E3", "#91F2DE", "#FFDB5C",
                    "#FF9F7F", "#0099FF", "#33CCFF", "#33CC99"],
            legend: {
                bottom: 10,
                left: 'center',
                data: array,
                selectedMode: false
            },
            series: [{
                label: {
                    normal: {
                        formatter: '{b}:{c}次',
                        rich: {
                            b: {
                                fontSize: 16,
                                lineHeight: 16
                            },
                            c: {
                                fontSize: 16,
                                lineHeight: 16
                            }
                        }
                    }
                },
                type: 'pie',
                center: ['50%', '50%'],
                radius: [0, '60%'],
                data: array
            }]
        };
        this.init(option);
    }
},

// 单击按钮后初始化图表
init: function (options) {
    this.ecComponent.init((canvas, width, height) => {
        // 获取组件的canvas、width、height后的回调函数
        // 在这里初始化图表
        const chart = echarts.init(canvas, null, {
            width: width,
            height: height
        });
        chart.setOption(options);
        // 将图表实例绑定到this上,可以在其他成员函数（如dispose）中访问
        this.chart = chart;
        // 注意这里一定要返回chart实例,否则会影响事件处理等
        return chart;
    });
},

cleanData: function(){
    wx.showModal({
        title: '提示',
        content: '确定要清空并且重新统计吗？',
        success: function (res) {
```

```
            if (res.confirm) {
                wx.request({
                    url: 'http://127.0.0.1:5000/api/record/clear',
                    method: 'POST',
                    header: app.getRequestHeader(),
                    success: function (response) {
                        wx.navigateTo({
                            url: '../success/success'
                        })
                    }
                })
            }
        })
    }
})
```

上面的代码中，获取美食被选记录时调用了/api/record/list 接口，该接口主要根据用户的 ID 查询其选择过的美食名称及对应的被选择次数，从而为生成数据统计图提供基础数据。具体代码如下：

```
@api.route('/record/list',methods=["POST"])
@token_auth.login_required
def record_list():
    user_id = g.user.id
    record = Record.query.filter_by(user_id=user_id).all()
    if not record:
        result = {
            "code": '200',
            "msg": '暂无数据',
            "data": ''
        }
        return jsonify(result)
    data = []
    for item in record:
        temp = {
            "name": item.food,
            "value": item.number
        }
        data.append(temp)
    result = {
        "code": '200',
        "msg": 'success',
        "data": data
    }
    return jsonify(result)
```

9.9 后台功能模块设计

9.9.1 后台登录模块设计

在后台登录页面中，填写管理员账号和密码，单击"登录"按钮，即可实现管理员登录。如果没有输入账号和密码，单击"登录"按钮时，运行效果如图 9.26 所示。如果输入一个不存在的账号，单击"登录"按钮时，运行效果如图 9.27 所示。如果输入正确的账号和密码，则进入后台控制面板页面，运行效果如图 9.28 所示。

图 9.26　验证是否为空

图 9.27　验证账号是否存在

图 9.28　后台控制面板页面效果

后台登录功能的实现主要是通过自定义的 login()方法实现的。在该方法中，对登录页面中的管理员账号和密码信息进行判断，如果输入正确，则进入后台主页。最后，渲染登录模板页面 login.html。具体代码如下：

```python
@admin.route("/login/", methods=["GET", "POST"])
def login():
    """
    登录功能
    """
    form = LoginForm()                                          # 实例化登录表单
    if form.validate_on_submit():                               # 验证提交表单
        data = form.data                                        # 接收数据
        admin = Admin.query.filter_by(name=data["account"]).first()  # 查找 Admin 表数据
        # 如果密码错误，check_pwd 返回 false，则此时 not check_pwd(data["pwd"])为真
        if not admin.check_pwd(data["pwd"]):
            flash("密码错误!", "err")                            # 闪存错误信息
            return redirect(url_for("admin.login"))             # 跳转到后台登录页
        # 如果密码是正确的，就要定义 session 的会话进行保存
        session["admin"] = data["account"]                      # 存入 session
        session["admin_id"] = admin.id                          # 存入 session
        return redirect(url_for("admin.index"))                 # 返回后台主页
    return render_template("admin/login.html",form=form)
```

登录模板页面 login.html 的主要设计代码如下：

```html
<div class="login-box">
    <div class="login-logo">
        <a href=""><b>食趣智选后台管理</b></a>
    </div>
    <div class="login-box-body">
```

```html
            {% for msg in get_flashed_messages(category_filter=["err"]) %}
                <p class="login-box-msg" style="color: red">{{ msg }}</p>
            {% endfor %}
            {% for msg in get_flashed_messages(category_filter=["ok"]) %}
                <p class="login-box-msg" style="color: green">{{ msg }}</p>
            {% endfor %}
            <form method="post" id="form-data">
                <div class="form-group has-feedback">
                    {#    <input name="user" type="text" class="form-control" placeholder="请输入账号！">#}
                    {{ form.account }}
                    <span class="glyphicon glyphicon-envelope form-control-feedback"></span>
                    {% for err in form.account.errors %}
                        <div class="col-md-12">
                            <p style="color: red">{{ err }}</p>
                        </div>
                    {% endfor %}
                </div>
                <div class="form-group has-feedback">
                    {#    <input name="pwd" type="password" class="form-control" placeholder="请输入密码！">#}
                    {{ form.pwd }}
                    <span class="glyphicon glyphicon-lock form-control-feedback"></span>
                    {% for err in form.pwd.errors %}
                        <div class="col-md-12">
                            <p style="color: red">{{ err }}</p>
                        </div>
                    {% endfor %}
                </div>
                <div class="row">
                    <div class="col-xs-8">
                    </div>
                    <div class="col-xs-4">
                        {#   <a id="btn-sub" type="submit" class="btn btn-primary btn-block btn-flat">登录</a>#}
                        {{ form.csrf_token }}
                        {{ form.submit }}
                    </div>
                </div>
            </form>
        </div>
    </div>
```

9.9.2 菜系管理模块实现

因为添加美食时，需要选择所属菜系，所以需要在"菜系管理"菜单中添加菜系。菜系管理也包括添加菜系、菜系列表、编辑菜系和删除菜系等功能。菜系列表页面运行效果如图9.29所示。

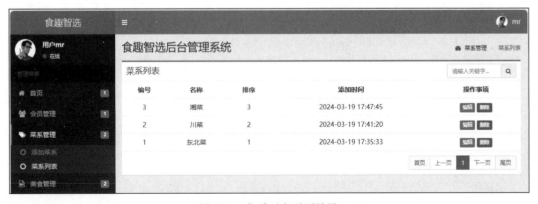

图9.29 菜系列表页面效果

下面分别对菜系管理模块的实现进行介绍。

1. 显示菜系列表

显示菜系列表功能的实现主要是通过自定义的 category_list()方法实现的。该方法中，根据 GET 请求中提交的菜系名称和页码获取菜系信息，然后渲染菜系列表模板页面 category_list.html。在渲染页面时，将获取到的菜系信息传递给模板页面，以便进行数据显示。具体代码如下：

```python
@admin.route("/category/list/", methods=["GET"])
@admin_login
def category_list():
    """
    菜系列表
    """
    name = request.args.get('name',type=str)             # 获取 name 参数值
    page = request.args.get('page', 1, type=int)         # 获取 page 参数值
    if name:                                             # 搜索功能
        page_data = Category.query.filter_by(name=name).order_by(
            Category.addtime.desc()
        ).paginate(page=page, per_page=5)
    else:
        # 查找数据
        page_data = Category.query.order_by(
            Category.addtime.desc()
        ).paginate(page=page, per_page=5)
    return render_template("admin/category_list.html", page_data=page_data)  # 渲染模板
```

菜系列表模板页面 category_list.html 的主要设计代码如下：

```html
<section class="content" id="showcontent">
    <div class="row">
        <div class="col-md-12">
            <div class="box box-primary">
                <div class="box-header">
                    <h3 class="box-title">菜系列表</h3>
                    <div class="box-tools">
                        <form role="form" method="get">
                            <div class="input-group input-group-sm" style="width: 150px;">
                                <input type="text" name="name" class="form-control pull-right"
                                    placeholder="请输入关键字...">

                                <div class="input-group-btn">
                                    <button type="submit" class="btn btn-default"><i class="fa fa-search"></i>
                                    </button>
                                </div>
                            </div>
                        </form>
                    </div>
                </div>
                <div class="box-body table-responsive no-padding">
                    {% for msg in get_flashed_messages(category_filter=["ok"]) %}
                        <div class="alert alert-success alert-dismissible">
                            <button type="button" class="close" data-dismiss="alert" aria-hidden="true">×
                            </button>
                            <h4><i class="icon fa fa-check"></i> 操作成功</h4>
                            {{ msg }}
                        </div>
                    {% endfor %}
                    <table class="table table-hover">
                        <tbody>
                        <tr>
```

```html
                    <th>编号</th>
                    <th>名称</th>
                    <th>排序</th>
                    <th>添加时间</th>
                    <th>操作事项</th>
                </tr>
                {% for v in page_data.items %}
                <tr>
                    <td>{{ v.id }}</td>
                    <td>{{ v.name }}</td>
                    <td>{{ v.order_num }}</td>
                    <td>{{ v.addtime }}</td>
                    <td>
                        <a href="{{ url_for('admin.category_edit', id=v.id ) }}"
                            class="label label-success">编辑</a>
                        <a href="javascript:;" class="label label-danger del" value="{{v.id}}">删除</a>
                    </td>
                </tr>
                {%   endfor %}
                </tbody>
            </table>
        </div>
        <div class="box-footer clearfix">
            {{ pg.page(page_data,'admin.category_list') }}
        </div>
    </div>
  </div>
</div>
</section>
```

2. 删除菜系

删除菜系功能的实现主要是通过自定义的 category_del() 方法实现的。该方法中，主要是根据 GET 请求中传入的 ID 值，从 category 数据表中删除指定的菜系信息。具体代码如下：

```python
@admin.route("/category/del/", methods=["GET"])
@admin_login
def category_del():
    """
    删除菜系
    """
    id = request.args.get('id')
    res = {}
    try:
        category = Category.query.filter_by(id=id).first_or_404()
        food = Food.query.filter_by(cate_id=id).count()
        if food:
            res['status'] = -2
            res['message'] = "菜系<<{0}>>删除失败,请先删除该菜系下的菜品".format(category.name)
        else:
            res['status']  = 1
            res['message'] =  "菜系<<{0}>>删除成功".format(category.name)
            db.session.delete(category)
            db.session.commit()
    except:
        res['status']  = -1
        res['message'] =  "菜系<<{0}>>删除失败".format(category.name)
    return jsonify(res)
```

另外，为了数据安全，在删除菜系信息时，需要弹出确认删除的对话框，该功能是在菜系列表模板页面 category_list.html 中通过 JavaScript 代码实现的，主要代码如下：

```
{% block js %}
 <script>
    $(document).ready(function(){
        $("#g-3").addClass("active");
        $("#g-3-2").addClass("active");
    });
    // 删除操作
    $('.del').click(function(){
        var id = $(this).attr('value');
        layer.confirm('确定删除',function(){
            $.ajax({                                              // 使用 Ajax 异步提交
                url: "{{ url_for('admin.category_del') }}",       // 提交到的 URL
                type: "GET",                                      // 提交方式为 GET
                data:{id:id},                                     // 传递参数
                dataType: "json",                                 // 数据类型为 json
                success: function (res) {                         // 操作成功后执行逻辑
                    if (res.status == 1) {
                        layer.msg(res.message,{icon:1,time:2000},function(){
                            window.location.reload();
                        });
                    } else {
                        layer.msg(res.message,{icon:2,time:2000});  // 提示失败
                    }
                }
            })
        })
    })
</script>
{% endblock %}
```

删除菜系功能的效果如图 9.30 所示。

3. 添加菜系

添加菜系功能的实现主要是通过自定义的 category_add() 方法实现的。该方法中，首先从表单页面中获取提交的菜系信息，然后判断要添加的菜系名称是否已经存在。如果已经存在，则给出提示信息，并返回添加菜系页面；否则向 category 数据表中添加提交的菜系信息，并弹出相应的提示信息。最后渲染添加菜系模板页面 category_add.html，并传递表单参数。具体代码如下：

图 9.30　删除菜系时弹出确认对话框

```
@admin.route('/category/add/',methods=["GET","POST"])
@admin_login
def category_add():
    """
    添加菜系
    """
    form = CategoryForm()
    if form.validate_on_submit():
        data = form.data                                          # 接收数据
        category = Category.query.filter_by(name=data["name"]).count()
        # 说明已经有这个菜系了
        if category == 1:
```

```python
            flash("菜系已存在", "err")
            return redirect(url_for("admin.category_add"))
        category = Category(
            name=data["name"],
            order_num = int(data['order_num'])
        )
        db.session.add(category)
        db.session.commit()
        flash("菜系添加成功", "ok")
        return redirect(url_for("admin.category_add"))
    return render_template("admin/category_add.html",form=form)
```

添加菜系模板页面 category_add.html 的主要设计代码如下：

```html
<section class="content" id="showcontent">
    <div class="row">
        <div class="col-md-12">
            <div class="box box-primary">
                <div class="box-header with-border">
                    <h3 class="box-title">添加菜系</h3>
                </div>
                <form role="form" method="post" action="">
                    <div class="box-body">
                        {% for msg in get_flashed_messages(category_filter=["ok"]) %}
                            <div class="alert alert-success alert-dismissible">
                                <button type="button" class="close" data-dismiss="alert" aria-hidden="true">×
                                </button>
                                <h4><i class="icon fa fa-check"></i> 操作成功</h4>
                                {{ msg }}
                            </div>
                        {% endfor %}
                        {% for msg in get_flashed_messages(category_filter=["err"]) %}
                            <div class="alert alert-danger alert-dismissible">
                                <button type="button" class="close" data-dismiss="alert" aria-hidden="true">×
                                </button>
                                <h4><i class="icon fa fa-ban"></i> 操作失败</h4>
                                {{ msg }}
                            </div>
                        {% endfor %}
                        <div class="form-group">
                            <label>{{ form.name.label }}</label>
                            {{ form.name }}
                            {% for err in form.name.errors %}
                                <div class="col-md-12">
                                    <p style="color: red">{{ err }}</p>
                                </div>
                            {% endfor %}
                        </div>
                        <div class="form-group">
                            <label>{{ form.order_num.label }}</label>
                            {{ form.order_num }}
                            {% for err in form.order_num.errors %}
                                <div class="col-md-12">
                                    <p style="color: red">{{ err }}</p>
                                </div>
                            {% endfor %}
                        </div>
                    </div>
                    <div class="box-footer">
                        {{ form.csrf_token }}
                        {{ form.submit }}
```

```html
                </div>
            </form>
        </div>
    </div>
</section>
```

添加菜系页面的效果如图 9.31 所示。

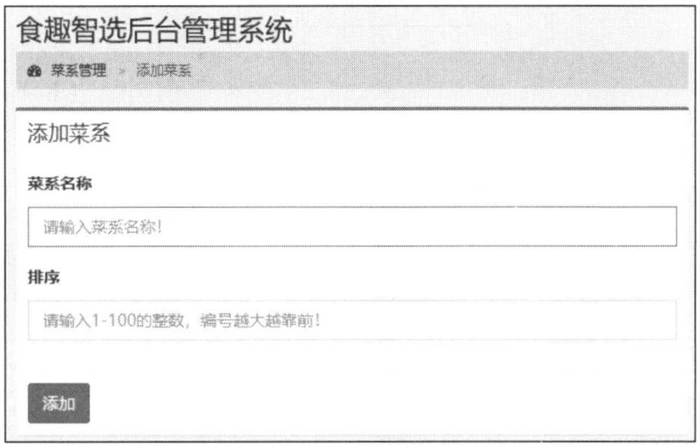

4．编辑菜系

编辑菜系功能的实现主要是通过自定义的 category_edit()方法实现的，该方法有一个参数，表示要编辑的菜系 ID。该方法中，首先根据 ID 参数的值获取要编辑的菜系信息，并显示在页面中。当用户编辑完菜系信息，单击"修改"按钮后，判断要修改的菜系名称是否已经存在。如果已经存在，给出提示信息，并返回编辑菜系页面；否则修改 category 数据表中指定菜系的信息，并弹出相应的提示信息。最后渲染编辑菜系模板页面 category_edit.html，并传递表单参数和 category 模型对象。具体代码如下：

图 9.31 添加菜系页面

```python
@admin.route("/category/edit/<int:id>", methods=["GET", "POST"])
@admin_login
def category_edit(id=None):
    """
    编辑菜系
    """
    form = CategoryForm()
    form.submit.label.text = "修改"
    category = Category.query.get_or_404(id)
    if request.method == "GET":
        form.name.data = category.name
        form.order_num.data = category.order_num
    if form.validate_on_submit():
        data = form.data
        category_count = Category.query.filter_by(name=data["name"]).count()
        if category.name != data["name"] and category_count == 1:
            flash("菜系已存在", "err")
            return redirect(url_for("admin.category_edit", id=category.id))
        category.name = data["name"]
        category.is_recommended = int(data["order_num"])
        db.session.add(category)
        db.session.commit()
        flash("菜系修改成功", "ok")
        return redirect(url_for("admin.category_edit", id=category.id))
    return render_template("admin/category_edit.html", form=form, category=category)
```

编辑菜系模板页面 category_edit.html 的主要设计代码如下：

```html
<section class="content" id="showcontent">
    <div class="row">
        <div class="col-md-12">
            <div class="box box-primary">
                <div class="box-header with-border">
                    <h3 class="box-title">修改菜系</h3>
                </div>
                <form role="form" method="post">
                    <div class="box-body">
```

```html
                    {% for msg in get_flashed_messages(category_filter=["ok"]) %}
                        <div class="alert alert-success alert-dismissible">
                            <button type="button" class="close" data-dismiss="alert" aria-hidden="true">×
                            </button>
                            <h4><i class="icon fa fa-check"></i> 操作成功</h4>
                            {{ msg }}
                        </div>
                    {% endfor %}
                    {% for msg in get_flashed_messages(category_filter=["err"]) %}
                        <div class="alert alert-danger alert-dismissible">
                            <button type="button" class="close" data-dismiss="alert" aria-hidden="true">×
                            </button>
                            <h4><i class="icon fa fa-ban"></i> 操作失败</h4>
                            {{ msg }}
                        </div>
                    {% endfor %}
                    <div class="form-group">
                        <label for="input_name">{{ form.name.label }}</label>
                        {{ form.name(value=category.name) }}
                        {% for err in form.name.errors %}
                            <div class="col-md-12">
                                <p style="color: red">{{ err }}</p>
                            </div>
                        {% endfor %}
                    </div>
                    <div class="form-group">
                        <label for="input_is_recommended">
                        {{ form.order_num.label}}</label>
                        <div class="radio">
                            {{ form.order_num(value=category.order_num) }}
                        </div>
                    </div>
                </div>
                <div class="box-footer">
                    {{ form.csrf_token }}
                    {{ form.submit }}
                </div>
            </form>
        </div>
    </div>
</section>
```

编辑菜系页面的效果如图 9.32 所示。

图 9.32 编辑菜系页面

9.9.3 美食管理模块实现

美食管理模块主要包括显示美食列表、添加美食、编辑美食和删除美食等功能，其实现过程与菜系管理模块类似，这里不再详细介绍。

> **说明**
> 以下列出实现美食管理模块主要用到的方法和渲染模板页面，以方便读者查看源码。
> 美食列表功能：food_list()方法、food_list.html 页面。
> 添加美食：food_add()方法、food_add.html 页面。
> 编辑美食：food_edit()方法、food_edit.html 页面。
> 删除美食：food_del()方法、food_list.html 页面。

下面主要展示该模块的运行效果，美食列表页面运行效果如图 9.33 所示。

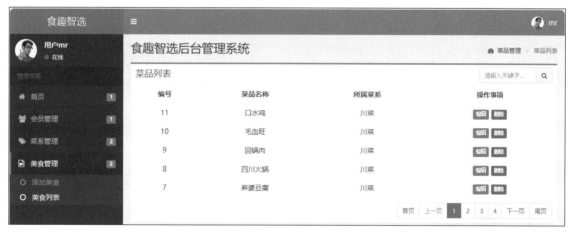

图 9.33 美食列表页面

添加美食页面的效果如图 9.34 所示。
编辑美食页面的效果如图 9.35 所示。

图 9.34 添加美食页面 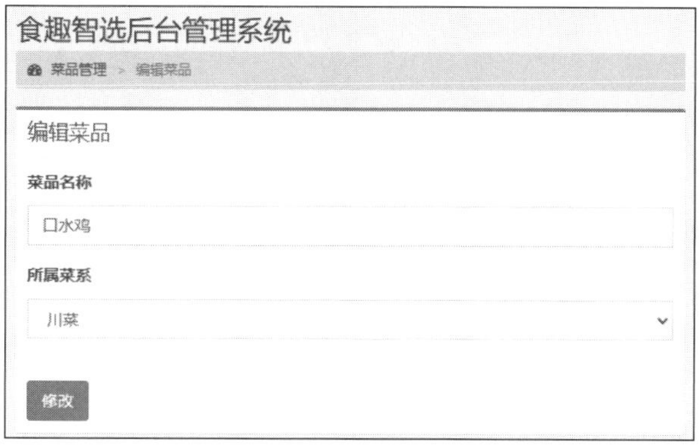　　　　图 9.35 编辑美食页面

删除美食功能的效果如图 9.36 所示。

图 9.36　删除美食时弹出确认对话框

9.9.4　会员管理功能实现

作为后台管理员，需要知道前台哪些用户注册了网站，这就需要会员管理功能。会员管理功能包括显示会员列表和查看指定会员详细信息等功能。显示会员列表页面如图 9.37 所示。

图 9.37　会员列表页面

如果要查看指定会员的信息，可以单击会员列表页面中指定会员后面的"查看"按钮，效果如图 9.38 所示。

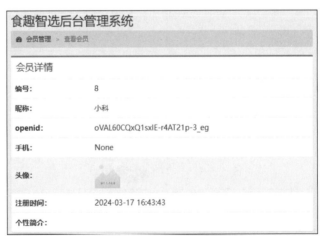

图 9.38　查看会员详细信息

> **说明**
> 以下列出实现会员管理模块主要用到的方法和渲染模板页面,以方便读者查看源码。
> 显示会员列表:user_list()方法、user_list.html 页面。
> 查看会员详细信息:user_view()方法、user_view.html 页面。

9.10 项目运行

通过前述步骤,设计并完成了食趣智选小程序项目的开发。下面运行该项目,以检验我们的开发成果。运行该项目的步骤如下。

(1)打开 config.py 文件,修改其中的 AppID 和 AppSecret,具体修改信息如下:

```
class Config:
    # 小程序配置信息
    AppID = '**********'            # 填写注册微信小程序的 AppID
    AppSecret = '**********'        # 填写注册微信小程序的 AppSecret
```

(2)打开 Recipe\app__init__.py 文件,根据自己的数据库账号和密码修改如下代码:

```
class DevelopmentConfig(Config):
    SQLALCHEMY_DATABASE_URI = 'mysql+pymysql://root:root@127.0.0.1:3306/eat'
    DEBUG = True
```

(3)打开"命令提示符"窗口,进入 Recipe 项目文件夹所在目录,输入如下命令创建 venv 虚拟环境:

```
virtualenv venv
```

(4)在"命令提示符"窗口中输入如下命令启动 venv 虚拟环境:

```
venv\Scripts\activate
```

(5)在"命令提示符"窗口中输入如下命令安装 Flask 依赖包:

```
pip install -r  requirements.txt
```

(6)在"命令提示符"窗口中输入如下命令创建数据表:

```
flask  db  init              # 创建迁移仓库,首次使用
flask  db  migrate           # 创建迁移脚本
flask  db  upgrade           # 把迁移应用到数据库中
```

(7)新增的数据表中数据为空,所以需要导入数据。将 Recipe \eat.sql 文件导入数据库中。

(8)在 PyCharm 的左侧项目结构中展开食趣智选小程序的项目文件夹,在其中选中 app.py 文件,单击鼠标右键,在弹出的快捷菜单中选择 Run 'app'命令,如图 9.39 所示。

(9)如果在 PyCharm 底部出现如图 9.40 所示的提示,则说明程序运行成功。

(10)在浏览器地址栏中访问网址 http://127.0.0.1:5000/admin,即可进入后台登录页,在其中输入管理员账号和密码后,即可进入后台对菜系、美食、会员等信息进行管理,效果如图 9.41 所示。

(11)打开微信开发者工具,选择打开食趣智选的小程序端项目 Mina,在微信开发者工具的工具栏中单击"真机调试"按钮,在弹出的窗口中选中"启动 Android 端自动真机调试"单选按钮,然后单击"编译并自动调试"按钮,如图 9.42 所示。

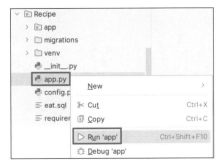

图 9.39　选择 Run 'app'命令

图 9.40　程序运行成功提示

图 9.41　食趣智选项目后台页

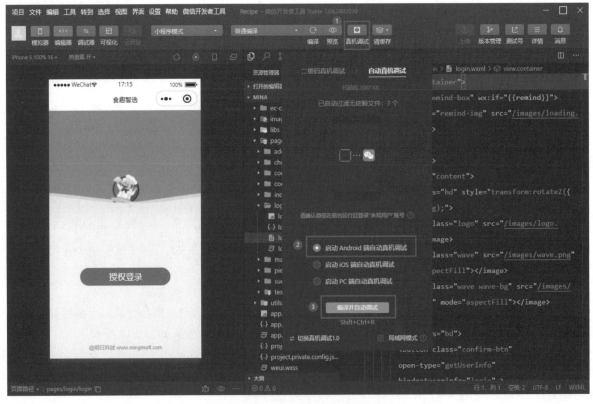

图 9.42　选择小程序项目

小程序启动成功后,即可进入小程序登录页,微信授权登录后即可使用其中的功能,运行效果如图 9.43 所示。

图 9.43　小程序运行效果

本章主要介绍如何使用 Flask 框架结合微信小程序开发一个食趣智选的小程序项目。在本项目中,我们重点讲解了两方面的内容:其一是小程序的基本使用,包括小程序的常用组件以及常用 API;其二是如何使用 Flask 为小程序提供接口,包括创建蓝图、实现 Token 认证、调用聚合数据接口等。通过本章内容的学习,读者会更深入地掌握小程序的开发技巧,并对 Flask 的使用得心应手。

9.11　源码下载

虽然本章详细地讲解了如何编码实现食趣智选小程序的主要功能,但给出的代码都是代码片段,而非源码。为了方便读者学习,本书提供了完整的项目源码,扫描右侧二维码即可下载。

源码下载

第 10 章
乐购甄选在线商城

——Flask 框架 + SQLAlchemy + MySQL

网络购物已经不再是什么新鲜事物，当今无论是企业，还是个人，都可以很方便地在网上交易商品，批发零售。比如在淘宝上开网店、在微信上开微店、在抖音上开抖店等。本章使用 Python Web 框架 Flask 开发一个综合的在线商城项目——乐购甄选在线商城。

本项目的核心功能及实现技术如下：

项目微视频

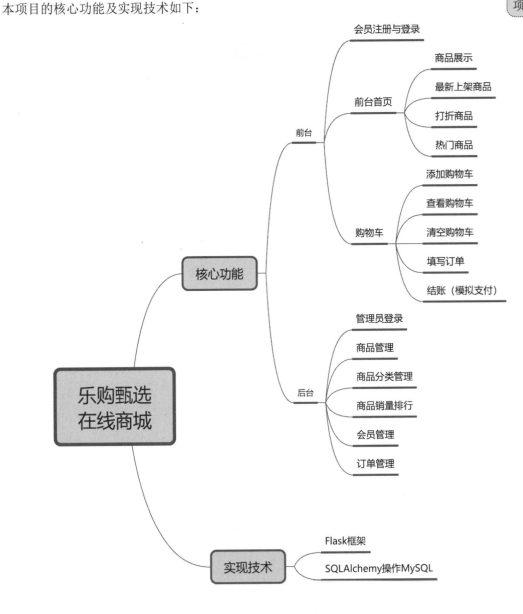

10.1 开发背景

随着电子商务的快速发展，越来越多的消费者选择在线购物，这为企业提供了巨大的市场机遇。乐购甄选在线商城旨在为消费者提供一个便捷、安全、丰富的在线购物平台，商城将集合各类优质商品，以满足用户的多样化需求。

Flask 框架是一种轻量级的 Python Web 框架，它具有灵活性强、扩展库丰富、易学易用以及出色的性能与安全性等优点，是在线商城开发的理想选择。通过使用 Flask 框架，开发者可以更加高效、便捷地构建出功能丰富、性能稳定、安全可靠的在线购物平台。

本项目的实现目标如下：
- ☑ 用户能够方便地实现会员注册与登录。
- ☑ 用户能够方便地浏览和搜索商品，了解商品的详细信息。
- ☑ 用户能够方便地对自己的购物车进行管理。
- ☑ 用户能够安全地进行在线支付，并随时查看订单状态。
- ☑ 用户能够管理自己的个人信息和购物记录。
- ☑ 商城管理员能够方便地管理商品信息，包括添加、编辑和删除商品等。
- ☑ 商城管理员能够方便地对商品的分类进行管理，包括添加、删除、查看等。
- ☑ 商城管理员能够方便地查看商品销量排行榜。
- ☑ 商城管理员能够方便地查看用户会员注册信息并管理用户会员。
- ☑ 商城管理员能够方便地查看所有的用户订单。
- ☑ 商城需要保证数据安全，防止信息泄露和非法访问。

10.2 系统设计

10.2.1 开发环境

本项目的开发及运行环境如下：
- ☑ 操作系统：推荐 Windows 10、Windows 11 及以上。
- ☑ 开发工具：PyCharm 2024（向下兼容）。
- ☑ 开发语言：Python 3.12。
- ☑ 数据库：MySQL 8.0+PyMySQL 驱动。
- ☑ Python Web 框架：Flask 3.0。

10.2.2 业务流程

乐购甄选在线商城分为前台和后台两个部分。其中，前台首页默认显示商品列表，用户可以单击查看指定商品的详细信息，当用户登录后，可以选择购买商品，并且可以对自己的购物车进行管理；而后台主要是对商城中的商品信息、商品分类信息进行添加、删除、修改等管理操作，并且可以查看商城的注册会员信息、订单信息以及相关商品的销量排行。本项目的业务流程如图 10.1 所示。

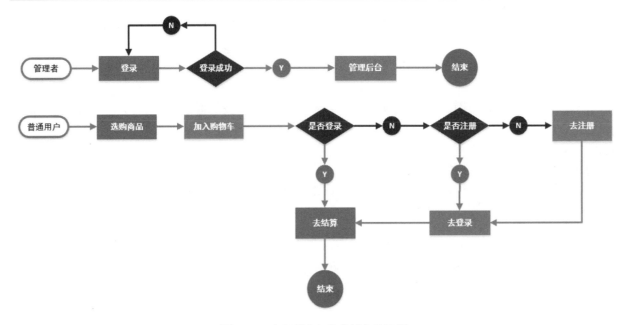

图 10.1 乐购甄选在线商城业务流程

10.2.3 功能结构

本项目的功能结构已经在章首页中给出，其实现的具体功能如下：

☑ 前台：
- 会员注册与登录功能。
- 首页广告幻灯片展示功能。
- 首页商品展示功能，包括展示最新上架商品、打折商品和热门商品等。
- 查看商品详情功能，可以用于展示商品的详细信息。
- 购物车功能，用户可以将商品添加至购物车。
- 查看购物车，用户可以查看购物车中的所有商品，并且可以更改购买商品的数量、清空购物车等。
- 订单处理功能，用户可以填写地址信息，用于接收商品；提交订单后，显示支付宝收款码；完成订单后，可以查看订单详情。

☑ 后台：
- 管理员登录与注销功能。
- 商品管理功能，包括新增商品、编辑商品、删除商品和查看商品销售排行榜等。
- 商品分类管理功能，包括商品大分类、子分类的添加、删除、查看等。
- 会员管理功能，包括查看会员信息等。
- 订单管理功能，包括查看订单信息等。

10.3 技术准备

实现乐购甄选在线商城项目时，主要使用了 Flask 框架技术、SQLAlchemy 操作 MySQL 数据库技术。

基于此，这里将本项目所用的核心技术点及其具体作用简述如下：

- ☑ Flask 框架的使用：Flask 是一个轻量级 Python Web 框架，它把 Werkzeug 和 Jinja 黏合在一起，能够很容易地被扩展。例如，本项目中在 __init__.py 初始化文件中创建 Flask 实例对象，并注册蓝图，代码如下：

```
from flask import Flask

def create_app():
    app = Flask(__name__)
    # 注册蓝图
    from Shop.app.home import home as home_blueprint
    from Shop.app.admin import admin as admin_blueprint
    app.register_blueprint(home_blueprint)
    app.register_blueprint(admin_blueprint,url_prefix="/admin")

    return app
```

然后在 app.py 项目启动文件中使用 run() 方法来运行程序，代码如下：

```
from Shop.app import create_app

app = create_app()
app.run()
```

- ☑ 使用 SQLAlchemy 操作 MySQL 数据库：SQLAlchemy 是一个流行的 Python SQL 工具包和对象关系映射器（ORM），它采用简单的 Python 类来表示数据库表，并允许使用 Python 代码来创建、查询和更新数据库。使用 SQLAlchemy 操作 MySQL 数据库涉及以下关键步骤：安装必要的库（SQLAlchemy 和 MySQL 驱动库）、配置数据库连接、定义模型、创建表、创建会话、添加数据、执行查询以及更新和删除数据。例如，本项目中在 __init__.py 初始化文件中通过 SQLAlchemy 对象的 init_app() 方法配置 MySQL 数据库连接，关键代码如下：

```
db = SQLAlchemy()
def create_app():
    app = Flask(__name__)
    app.config['SQLALCHEMY_DATABASE_URI']='mysql+pymysql://root:root@127.0.0.1:3306/shop'
    app.config['SQLALCHEMY_TRACK_MODIFICATIONS'] = True
    app.config['SECRET_KEY'] = 'mr'
    db.init_app(app)
```

有关 Flask 框架的详细使用方法，在《Python 从入门到精通（第 3 版）》中有详细的讲解，对该知识不太熟悉的读者可以参考该书对应的内容。关于使用 SQLAlchemy 操作 MySQL 数据库的相关知识，可以参考本书第 9 章的第 9.3.2 节内容。

10.4 数据库设计

10.4.1 数据库概要说明

本项目采用 MySQL 数据库，数据库名称为 shop，其中包含 8 张数据表，数据表名称及作用如表 10.1 所示。

表 10.1 数据库表名称及说明

表 名	含 义	作 用	表 名	含 义	作 用
admin	管理员表	用于存储管理员信息	orders	订单表	用于存储订单信息
user	用户表	用于存储用户的信息	orders_detail	订单明细表	用于存储订单明细信息
goods	商品表	用于存储商品信息	supercat	商品大分类表	用于存储商品大分类信息
cart	购物车表	用于存储购物车信息	subcat	商品子分类表	用于存储商品子分类信息

10.4.2 数据表结构

admin 管理员表的表结构如表 10.2 所示。

表 10.2 admin 管理员表的表结构

字 段	类 型	长 度	是 否 为 空	含 义
id	int	默认	否	主键，编号
manager	varchar	100	是	管理员账号
password	varchar	100	是	管理员密码

user 用户表的表结构如表 10.3 所示。

表 10.3 user 用户表的表结构

字 段	类 型	长 度	是 否 为 空	含 义
id	int	默认	否	主键，编号
username	varchar	100	是	用户名
email	varchar	100	是	邮箱
phone	varchar	11	是	手机号
addtime	datetime	默认	是	注册时间
password	text	默认	是	密码
consumption	decimal	10	是	消费额

goods 商品表的表结构如表 10.4 所示。

表 10.4 goods 商品表的表结构

字 段	类 型	长 度	是 否 为 空	含 义
id	int	默认	否	主键，编号
name	varchar	255	是	商品名称
original_price	decimal	10	是	原价
current_price	decimal	10	是	现价
picture	varchar	255	是	商品图片
introduction	text	默认	是	商品简介
is_sale	tinyint	默认	是	是否特价
is_new	tinyint	默认	是	是否新品
addtime	datetime	默认	是	添加时间
views_count	int	默认	是	浏览次数
subcat_id	int	默认	是	所属子分类
supercat_id	int	默认	是	所属大分类

cart 购物车表的表结构如表 10.5 所示。

表 10.5 cart 购物车表的表结构

字 段	类 型	长 度	是否为空	含 义
id	int	默认	否	主键，编号
goods_id	int	默认	是	所属商品
user_id	int	默认	是	所属用户
number	int	默认	是	购买数量
addtime	datetime	默认	是	添加时间

orders 订单表的表结构如表 10.6 所示。

表 10.6 orders 订单表的表结构

字 段	类 型	长 度	是否为空	含 义
id	int	默认	否	主键，编号
user_id	int	默认	是	所属用户
recevie_name	varchar	255	是	收款人姓名
recevie_address	varchar	255	是	收款人地址
recevie_tel	varchar	255	是	收款人电话
remark	varchar	255	是	备注信息
addtime	datetime	默认	是	添加时间

orders_detail 订单明细表的表结构如表 10.7 所示。

表 10.7 orders_detail 订单明细表的表结构

字 段	类 型	长 度	是否为空	含 义
id	int	默认	否	主键，编号
goods_id	int	默认	是	所属商品
order_id	int	默认	是	所属订单
number	int	默认	是	购买数量

supercat 商品大分类表的表结构如表 10.8 所示。

表 10.8 supercat 商品大分类表的表结构

字 段	类 型	长 度	是否为空	含 义
id	int	默认	否	主键，编号
cat_name	varchar	100	是	大分类名称
addtime	datetime	默认	是	添加时间

subcat 商品子分类表的表结构如表 10.9 所示。

表 10.9 subcat 商品子分类表的表结构

字 段	类 型	长 度	是否为空	含 义
id	int	默认	否	主键，编号
cat_name	varchar	100	是	子分类名称
addtime	datetime	默认	是	添加时间
super_cat_id	int	默认	是	所属大分类

10.4.3 数据表模型

本项目中使用 SQLAlchemy 进行数据库操作，将所有的模型放到一个单独的 models 模块中，使程序的结构更加明晰，models 模块中的数据模型对应 MySQL 的每个数据表。关键代码如下：

```python
from . import db
from datetime import datetime

# 会员数据模型
class User(db.Model):
    __tablename__ = "user"
    id = db.Column(db.Integer, primary_key=True)                          # 编号
    username = db.Column(db.String(100))                                   # 用户名
    password = db.Column(db.String(100))                                   # 密码
    email = db.Column(db.String(100), unique=True)                         # 邮箱
    phone = db.Column(db.String(11), unique=True)                          # 手机号
    consumption = db.Column(db.DECIMAL(10, 2), default=0)                  # 消费额
    addtime = db.Column(db.DateTime, index=True, default=datetime.now)     # 注册时间
    orders = db.relationship('Orders', backref='user')                     # 订单外键关系关联

    def __repr__(self):
        return '<User %r>' % self.name

    def check_password(self, password):
        """
        检测密码是否正确
        :param password: 密码
        :return: 返回布尔值
        """
        from werkzeug.security import check_password_hash
        return check_password_hash(self.password, password)

# 管理员
class Admin(db.Model):
    __tablename__ = "admin"
    id = db.Column(db.Integer, primary_key=True)                          # 编号
    manager = db.Column(db.String(100), unique=True)                       # 管理员账号
    password = db.Column(db.String(100))                                   # 管理员密码

    def __repr__(self):
        return "<Admin %r>" % self.manager

    def check_password(self, password):
        """
        检测密码是否正确
        :param password: 密码
        :return: 返回布尔值
        """
        from werkzeug.security import check_password_hash
        return check_password_hash(self.password, password)

# 大分类
class SuperCat(db.Model):
    __tablename__ = "supercat"
    id = db.Column(db.Integer, primary_key=True)                          # 编号
    cat_name = db.Column(db.String(100))                                   # 大分类名称
    addtime = db.Column(db.DateTime, index=True, default=datetime.now)     # 添加时间
```

```python
        subcat = db.relationship("SubCat", backref='supercat')        # 外键关系关联
        goods = db.relationship("Goods", backref='supercat')          # 外键关系关联

        def __repr__(self):
            return "<SuperCat %r>" % self.cat_name

# 子分类
class SubCat(db.Model):
    __tablename__ = "subcat"
    id = db.Column(db.Integer, primary_key=True)                      # 编号
    cat_name = db.Column(db.String(100))                              # 子分类名称
    addtime = db.Column(db.DateTime, index=True, default=datetime.now) # 添加时间
    super_cat_id = db.Column(db.Integer, db.ForeignKey('supercat.id')) # 所属大分类
    goods = db.relationship("Goods", backref='subcat')                # 外键关系关联

    def __repr__(self):
        return "<SubCat %r>" % self.cat_name

# 商品
class Goods(db.Model):
    __tablename__ = "goods"
    id = db.Column(db.Integer, primary_key=True)                      # 编号
    name = db.Column(db.String(255))                                  # 名称
    original_price = db.Column(db.DECIMAL(10,2))                      # 原价
    current_price  = db.Column(db.DECIMAL(10,2))                      # 现价
    picture = db.Column(db.String(255))                               # 图片
    introduction = db.Column(db.Text)                                 # 商品简介
    views_count = db.Column(db.Integer,default=0)                     # 浏览次数
    is_sale  = db.Column(db.Boolean(), default=0)                     # 是否特价
    is_new = db.Column(db.Boolean(), default=0)                       # 是否新品

    # 设置外键
    supercat_id = db.Column(db.Integer, db.ForeignKey('supercat.id')) # 所属大分类
    subcat_id = db.Column(db.Integer, db.ForeignKey('subcat.id'))     # 所属小分类
    addtime = db.Column(db.DateTime, index=True, default=datetime.now) # 添加时间
    cart = db.relationship("Cart", backref='goods')                   # 订单外键关系关联
    orders_detail = db.relationship("OrdersDetail", backref='goods')  # 订单外键关系关联

    def __repr__(self):
        return "<Goods %r>" % self.name

# 购物车
class Cart(db.Model):
    __tablename__ = 'cart'
    id = db.Column(db.Integer, primary_key=True)                      # 编号
    goods_id = db.Column(db.Integer, db.ForeignKey('goods.id'))       # 所属商品
    user_id = db.Column(db.Integer)                                   # 所属用户
    number = db.Column(db.Integer, default=0)                         # 购买数量
    addtime = db.Column(db.DateTime, index=True, default=datetime.now) # 添加时间
    def __repr__(self):
        return "<Cart %r>" % self.id

# 订单
class Orders(db.Model):
    __tablename__ = 'orders'
    id = db.Column(db.Integer, primary_key=True)                      # 编号
    user_id = db.Column(db.Integer, db.ForeignKey('user.id'))         # 所属用户
    recevie_name = db.Column(db.String(255))                          # 收款人姓名
    recevie_address = db.Column(db.String(255))                       # 收款人地址
    recevie_tel = db.Column(db.String(255))                           # 收款人电话
    remark = db.Column(db.String(255))                                # 备注信息
```

```python
    addtime = db.Column(db.DateTime, index=True, default=datetime.now)    # 添加时间
    orders_detail = db.relationship("OrdersDetail", backref='orders')     # 外键关系关联
    def __repr__(self):
        return "<Orders %r>" % self.id

class OrdersDetail(db.Model):
    __tablename__ = 'orders_detail'
    id = db.Column(db.Integer, primary_key=True)                          # 编号
    goods_id = db.Column(db.Integer, db.ForeignKey('goods.id'))           # 所属商品
    order_id = db.Column(db.Integer, db.ForeignKey('orders.id'))          # 所属订单
    number = db.Column(db.Integer, default=0)                             # 购买数量
```

10.4.4 数据表关系

本项目的数据表之间存在着多个数据关系，如一个大分类（supercat 表）对应着多个小分类（subcat 表），而每个大分类和小分类下又对应着多个商品（goods 表）。一个购物车（cart 表）对应着多个商品（goods 表），一个订单（orders 表）又对应着多个订单明细（orders_detail 表）。我们使用 ER 图来直观地展现数据表之间的关系，如图 10.2 所示。

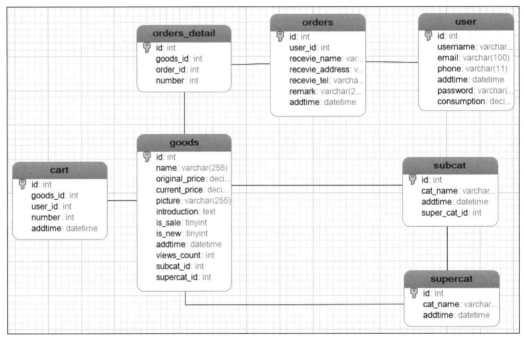

图 10.2　主要表关系

10.5　会员注册模块设计

10.5.1　会员注册模块概述

会员注册模块主要用于实现新用户注册成为网站的会员功能。在会员注册页面中，用户需要填写会员信息，然后单击"同意协议并注册"按钮，程序将自动验证输入的账户是否唯一。如果唯一，就把填写的会员信息保存到数据库；否则给出提示，需要修改至唯一后，方可完成注册。另外，程序还将验证输入的

信息是否合法，如不能输入中文的账户名称等。会员注册页面运行效果如图 10.3 所示。

图 10.3　会员注册页面

10.5.2　会员注册页面

在会员注册页面的表单中，用户需要填写用户名、密码、确认密码、联系电话和邮箱信息。对于用户提交的信息，网站后台必须进行验证。验证内容包括用户名和密码是否为空，密码和确认密码是否一致，电话和邮箱格式是否正确等。在本项目中，使用 Flak-WTF 来创建表单。

1. 创建注册页面表单

在 app\home\forms.py 文件中，创建 RegiserForm 类继承 FlaskForm 类。在 RegiserForm 类中，定义注册页面表单中的每个字段类型和验证规则以及字段的相关属性等信息。例如，定义 username 表示用户名，该字段类型是字符串型，所以需要从 wtforms 导入 StringField。对于用户名，我们设置规则为不能为空，长度在 3 至 50 之间。所以，将 validators 设置为一个列表，包含 DataRequired()和 Length()两个函数。而由于 Flask-WTF 并没有提供验证邮箱和手机号的功能，所以需要自定义 vilidata_email()和 validate_phone()这两个方法来实现。具体代码如下：

```python
from flask_wtf import FlaskForm
from wtforms import StringField, PasswordField, SubmitField, TextAreaField
from wtforms.validators import DataRequired, Email, Regexp, EqualTo, ValidationError,Length

class RegisterForm(FlaskForm):
    """
    用户注册表单
    """
    username = StringField(
        label="账户：",
        validators=[
            DataRequired("用户名不能为空！"),
            Length(min=3, max=50, message="用户名长度必须在 3 到 50 位之间")
        ],
        description="用户名",
        render_kw={
            "type"          : "text",
```

```python
            "placeholder": "请输入用户名！",
            "class":"validate-username",
            "size" : 38,
        }
    )
    phone = StringField(
        label="联系电话：",
        validators=[
            DataRequired("手机号不能为空！"),
            Regexp("1[34578][0-9]{9}", message="手机号码格式不正确")
        ],
        description="手机号",
        render_kw={
            "type": "text",
            "placeholder": "请输入联系电话！",
            "size": 38,
        }
    )
    email = StringField(
        label = "邮箱：",
        validators=[
            DataRequired("邮箱不能为空！"),
            Email("邮箱格式不正确！")
        ],
        description="邮箱",
        render_kw={
            "type": "email",
            "placeholder": "请输入邮箱！",
            "size": 38,
        }
    )
    password = PasswordField(
        label="密码：",
        validators=[
            DataRequired("密码不能为空！")
        ],
        description="密码",
        render_kw={
            "placeholder": "请输入密码！",
            "size": 38,
        }
    )
    repassword = PasswordField(
        label= "确认密码：",
        validators=[
            DataRequired("请输入确认密码！"),
            EqualTo('password', message="两次密码不一致！")
        ],
        description="确认密码",
        render_kw={
            "placeholder": "请输入确认密码！",
            "size": 38,
        }
    )
    submit = SubmitField(
        '同意协议并注册',
        render_kw={
            "class": "btn btn-primary login",
        }
    )

    def validate_email(self, field):
        """
```

```
        检测注册邮箱是否已经存在
        :param field: 字段名
        """
        email = field.data
        user = User.query.filter_by(email=email).count()
        if user == 1:
            raise ValidationError("邮箱已经存在！")
    def validate_phone(self, field):
        """
        检测手机号是否已经存在
        :param field: 字段名
        """
        phone = field.data
        user = User.query.filter_by(phone=phone).count()
        if user == 1:
            raise ValidationError("手机号已经存在！")
```

> **说明**
>
> 自定义验证方法的格式为"validate_+字段名",如自定义的验证手机号的函数为"validate_phone"。

2.显示注册页面

本项目中,所有模板文件均存储在 app/templates/路径下。如果是前台模板文件,则存放于 app/templates/home/路径下。在该路径下,创建 regiter.html 作为前台注册页面模板。接下来,需要使用@home.route()装饰器定义路由,并且使用 render_template()函数来渲染模板。关键代码如下:

```
@home.route("/login/", methods=["GET", "POST"])
def login():
    """
    登录
    """
    form = LoginForm()                                          # 实例化 LoginForm 类
    # 省略部分代码

    return render_template("home/login.html",form=form)         # 渲染登录页面模板
```

上面代码中,实例化 LoginForm 类并赋值 form 变量,最后在 render_template()函数中传递该参数。我们已经使用了 Flask-Form 来设置表单字段,那么在模板文件中,就直接可以使用 form 变量来设置表单中的字段,如用户名字段(username)就可以使用 form.username 来代替。关键代码如下:

```html
<form  action="" method="post" class="form-horizontal">
    <fieldset>
        <div class="form-group">
            <div class="col-sm-4 control-label">
                {{form.username.label}}
            </div>
            <div class="col-sm-8">
                <!-- 账户文本框 -->
                {{form.username}}
                {% for err in form.username.errors %}
                    <span class="error">{{ err }}</span>
                {% endfor %}
            </div>
        </div>
        <div class="form-group">
            <div class="col-sm-4 control-label">
                {{form.password.label}}
            </div>
```

```html
            <div class="col-sm-8">
                <!-- 密码文本框 -->
                {{form.password}}
                {% for err in form.password.errors %}
                <span class="error">{{ err }}</span>
                {% endfor %}
            </div>
        </div>
        <div class="form-group">
            <div class="col-sm-4 control-label">
                {{form.repassword.label}}
            </div>
            <div class="col-sm-8">
                <!-- 确认密码文本框 -->
                {{form.repassword}}
                {% for err in form.repassword.errors %}
                <span class="error">{{ err }}</span>
                {% endfor %}
            </div>
        </div>
        <div class="form-group">
            <div class="col-sm-4 control-label">
                {{form.phone.label}}
            </div>
            <div class="col-sm-8" style="clear: none;">
                <!-- 输入联系电话的文本框 -->
                {{form.phone}}
                {% for err in form.phone.errors %}
                <span class="error">{{ err }}</span>
                {% endfor %}
            </div>
        </div>
        <div class="form-group">
            <div class="col-sm-4 control-label">
                {{form.email.label}}
            </div>
            <div class="col-sm-8" style="clear: none;">
                <!-- 输入邮箱的文本框 -->
                {{form.email}}
                {% for err in form.email.errors %}
                <span class="error">{{ err }}</span>
                {% endfor %}
            </div>
        </div>
        <div class="form-group">
            <div style="float: right; padding-right: 216px;">
                乐购甄选在线商城<a href="#" style="color: #0885B1;">《使用条款》</a>
            </div>
        </div>
        <div class="form-group">
            <div class="col-sm-offset-4 col-sm-8">
                {{ form.csrf_token }}
                {{ form.submit }}
            </div>
        </div>
        <div class="form-group" style="margin: 20px;">
            <label>已有账号！<a
                href="{{url_for('home.login')}}">去登录</a>
            </label>
        </div>
    </fieldset>
</form>
```

> **说明**
> 表单中使用{{form.csrf_token}}来设置一个隐藏域字段csrf_token，该字段用于防止CSRF攻击。

渲染模板后，运行程序，当访问网址http://127.0.0.1:5000/register时，即可访问会员注册页面。

10.5.3 验证并保存注册信息

当用户填写完注册信息并单击"同意协议并注册"按钮后，程序将以POST方式提交表单。提交路径是form表单的action属性值。在register.html文件中，如果将action设置为空字符串，则表示提交到当前URL。

在register()方法中，使用form.validate_on_submit()来验证表单信息，如果验证失败，则在页面返回相应的错误信息。验证全部通过后，将用户注册信息写入user表中。具体代码如下：

```python
@home.route("/register/", methods=["GET", "POST"])
def register():
    """
    注册功能
    """
    if "user_id" in session:
        return redirect(url_for("home.index"))
    form = RegisterForm()                                    # 导入注册表单
    if form.validate_on_submit():                            # 提交注册表单
        data = form.data                                     # 接收表单数据
        # 为 User 类属性赋值
        user = User(
            username = data["username"],                     # 用户名
            email = data["email"],                           # 邮箱
            password = generate_password_hash(data["password"]),  # 对密码加密
            phone = data['phone']
        )
        db.session.add(user)                                 # 添加数据
        db.session.commit()                                  # 提交数据
        return redirect(url_for("home.login"))               # 登录成功，跳转到首页
    return render_template("home/register.html", form=form)  # 渲染模板
```

在注册页面输入注册信息，当密码和确认密码不一致时，提示如图10.4所示的错误信息。当联系电话格式错误时，提示如图10.5所示错误信息。当验证通过后，则将注册用户信息保存到user表中，并且跳转到登录页面。

图10.4　密码不一致

图10.5　手机号码格式错误

10.6　会员登录模块设计

10.6.1　会员登录模块概述

会员登录模块主要用于实现网站的会员登录和退出功能。在该页面中，填写会员账户、密码和验证码

（如果验证码看不清楚，可以单击验证码图片刷新验证码），单击"登录"按钮，即可实现会员登录。如果没有输入账户、密码或者验证码，都将给予提示。另外，验证码输入错误也将给予提示。登录页面效果如图 10.6 所示。

图 10.6　会员登录页面

10.6.2　创建会员登录页面

在会员登录页面，需要用户填写用户名、密码和验证码。用户名和密码的表单字段与注册页面相同，这里不再赘述，我们重点介绍与验证码相关的内容。

1. 生成验证码

登录页面的验证码是一个图片验证码，也就是在一张图片上显示数字 0～9、小写字母 a～z、大写字母 A～Z 的随机组合。可以使用 String 模块的 ascii_letters()和 digits()方法，其中 ascii_letters()方法用来生成所有字母，从 a～z 和 A～Z。digits()方法用来生成所有数字 0～9。最后使用 PIL（图像处理标准库）来生成验证码图片。实现代码如下：

```python
import random
import string
from PIL import Image, ImageFont, ImageDraw
from io import BytesIO

def rndColor():
    '''随机颜色'''
    return (random.randint(32, 127), random.randint(32, 127), random.randint(32, 127))

def gene_text():
    '''生成4位验证码'''
    return ''.join(random.sample(string.ascii_letters+string.digits, 4))

def draw_lines(draw, num, width, height):
    '''划线'''
    for num in range(num):
        x1 = random.randint(0, width / 2)
        y1 = random.randint(0, height / 2)
        x2 = random.randint(0, width)
        y2 = random.randint(height / 2, height)
        draw.line(((x1, y1), (x2, y2)), fill='black', width=1)

def get_verify_code():
```

```python
'''生成验证码图片'''
code = gene_text()
# 图片大小 120×50
width, height = 120, 50
# 新图片对象
im = Image.new('RGB',(width, height),'white')
# 字体
font = ImageFont.truetype('app/static/fonts/arial.ttf', 40)
# draw 对象
draw = ImageDraw.Draw(im)
# 绘制字符串
for item in range(4):
    draw.text((5+random.randint(-3,3)+23*item, 5+random.randint(-3,3)),
              text=code[item], fill=rndColor(),font=font )
return im, code
```

2. 显示验证码

接下来，显示验证码。首先定义路由/code，在该路由下调用 get_verify_code()方法来生成验证码，并生成一个 jpeg 格式的图片；然后需要将图片显示在路由下，这里为了节省内存空间，返回一张 gif 图片。具体代码如下：

```python
@home.route('/code')
def get_code():
    image, code = get_verify_code()
    # 图片以二进制形式写入
    buf = BytesIO()
    image.save(buf, 'jpeg')
    buf_str = buf.getvalue()
    # 把 buf_str 作为 response 返回前端，并设置首部字段
    response = make_response(buf_str)
    response.headers['Content-Type'] = 'image/gif'
    # 将验证码字符串储存在 session 中
    session['image'] = code
    return response
```

访问 http://127.0.0.1:5000/code，运行效果如图 10.7 所示。

图 10.7　生成验证码

最后，需要将验证码显示在登录页面上。这里，可以把模板文件中表示验证码图片的<img>标签的 src 属性设置为{{url_for('home.get_code')}}。此外，当单击验证码图片时，需要更新验证码图片，该功能可以通过 JavaScript 的 onclick 单击事件来实现。当单击图片时，设置使用 Math.random()来重新生成一个随机数。注意这里生成的随机数，其作用是为了重定向图片验证码链接，而不是验证码。关键代码如下：

```html
<div class="col-sm-8" style="clear: none;">
    <!-- 验证码文本框 -->
    {{form.verify_code}}
        <!-- 显示验证码 -->
        <img class="img_checkcode" src="{{url_for('home.get_code')}}" width="116"
            height="43" onclick="this.src='{{url_for('home.get_code')}}'+'?'+ Math.random()">
</div>
```

在登录页面中，当单击验证码图片后，将会更新验证码，运行效果如图 10.8 所示。

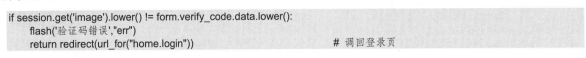

图 10.8　更新验证码效果

3．检测验证码

在登录页面单击"登录"按钮后，程序会对用户输入的字段进行验证。那么对于验证码图片，该如何验证呢？其实，这里通过一种简单的方式将验证图片的功能进行了简化，在使用 get_code() 方法生成验证码时，加入如下代码：

```
session['image'] = code
```

上述代码将验证码的内容写入 session，因此只需要将用户输入的验证码和 session['image'] 进行对比即可。由于验证码内容包括英文大小写字母，所以在对比之前，全部将其转化为英文小写字母，然后再对比。关键代码如下：

```
if session.get('image').lower() != form.verify_code.data.lower():
    flash('验证码错误',"err")
    return redirect(url_for("home.login"))                              # 调回登录页
```

在登录页面填写登录信息时，如果验证码错误，则提示错误信息，运行效果如图 10.9 所示。

图 10.9　验证码错误运行效果

10.6.3　保存会员登录状态

当用户填写登录信息后，除了要判断验证码是否正确，还需要验证用户名是否存在，以及用户名和密码是否匹配等内容。如果验证全部通过，则需要将 user_id 和 user_name 写入 session 中，为后面判断用户是否登录做准备。此外，还需要在用户访问/login 路由时，判断用户是否已经登录，如果用户之前已经登录过，则不需要再次登录，而是直接跳转到商城首页。具体代码如下：

```python
@home.route("/login/", methods=["GET", "POST"])
def login():
    """
    登录
    """
    if "user_id" in session:                                    # 如果已经登录，则直接跳转到首页
        return redirect(url_for("home.index"))
    form = LoginForm()                                          # 实例化 LoginForm 类
    if form.validate_on_submit():                               # 如果提交
        data = form.data                                        # 接收表单数据
        # 判断用户名和密码是否匹配
        user = User.query.filter_by(username=data["username"]).first() # 获取用户信息
        if not user :
            flash("用户名不存在！ ", "err")                       # 输出错误信息
            return render_template("home/login.html", form=form) # 返回登录页
        # 调用 check_password()方法，检测用户名和密码是否匹配
        if not user.check_password(data["password"]):
            flash("密码错误！ ", "err")                           # 输出错误信息
            return render_template("home/login.html", form=form) # 返回登录页
        if session.get('image').lower() != form.verify_code.data.lower():
            flash('验证码错误',"err")
            return render_template("home/login.html", form=form) # 返回登录页
        session["user_id"] = user.id                            # 将 user_id 写入 session, 后面判断用户是否登录
        session["username"] = user.username                     # 将 username 写入 session, 后面判断用户是否登录
        return redirect(url_for("home.index"))                  # 登录成功，跳转到首页
    return render_template("home/login.html",form=form)         # 渲染登录页面模板
```

10.6.4 会员退出功能

退出功能的实现比较简单，只要清空登录时保存在 session 中的 user_id 和 username 即可。使用 session.pop()函数来实现该功能。具体代码如下：

```python
@home.route("/logout/")
def logout():
    """
    退出登录
    """
    # 重定向到 home 模块下的登录
    session.pop("user_id", None)
    session.pop("username", None)
    return redirect(url_for('home.login'))
```

当用户单击"退出"按钮时，执行 logout()方法，并且跳转到登录页。

10.7 首页模块设计

10.7.1 首页模块概述

当用户访问乐购甄选在线商城时，首先进入的便是前台首页。前台首页设计的美观程度将直接影响用户的购买欲望。在乐购甄选在线商城的前台首页中，用户不但可以查看最新上架、打折商品等信息，还可以及时了解大家喜爱的热门商品，以及商城推出的最新活动或者广告。乐购甄选在线商城前台首页的运行

结果如图 10.10 所示。

图 10.10 乐购甄选在线商城前台首页

乐购甄选在线商城前台首页中主要有 3 个部分需要添加动态代码，分别是热门商品、最新上架和打折商品，它们需要从数据库中读取 goods（商品表）中的数据，并通过循环显示在页面上。

10.7.2 实现显示最新上架商品功能

最新上架商品数据来源于 goods（商品表）中 is_new 字段为 1 的记录。由于数据可能会比较多，所以在商城首页中，根据商品的 addtime（添加时间）降序排序，筛选出 12 条记录。然后在模板中遍历数据并显示。本项目中使用 Flask-SQLAlchemy 来操作数据库，查询最新上架商品的关键代码如下：

```python
@home.route("/")
def index():
    """
    首页
    """
    # 获取12个新品
    new_goods = Goods.query.filter_by(is_new=1).order_by(
                    Goods.addtime.desc()
                    ).limit(12).all()
    return render_template('home/index.html',new_goods=new_goods)      # 渲染模板
```

接下来渲染模板（index.html），关键代码如下：

```html
<div class="row">
    <!-- 循环显示最新上架商品：添加 12 条商品信息-->
    {% for item in new_goods %}
    <div class="product-grid col-lg-2 col-md-3 col-sm-6 col-xs-12">
        <div class="product-thumb transition">
            <div class="actions">
                <div class="image">
                    <a href="{{url_for('home.goods_detail',id=item.id)}}">
                        <img src="{{url_for('static',filename='images/goods/'+item.picture)}}" >
                    </a>
                </div>
                <div class="button-group">
                    <div class="cart">
                        <button class="btn btn-primary btn-primary" type="button"
                            data-toggle="tooltip"
                            onclick='javascript:window.location.href=
                                    "/cart_add/?goods_id={{item.id}}&number=1";'
                            style="display: none; width: 33.3333%;"
                            data-original-title="加入到购物车">
                            <i class="fa fa-shopping-cart"></i></i>
                        </button>
                    </div>
                </div>
            </div>
            <div class="caption">
                <div class="name" style="height: 40px">
                    <a href="{{url_for('home.goods_detail',id=item.id)}}">
                        {{item.name}}
                    </a>
                </div>
                <p class="price">
                    价格：{{item.current_price}}元
                </p>
            </div>
        </div>
    </div>
    {% endfor %}
```

```
    <!-- 循环显示最新上架商品：添加 12 条商品信息 -->
</div>
```

商城首页最新上架商品运行效果如图 10.11 所示。

图 10.11　最新上架商品

10.7.3　实现显示打折商品功能

打折商品数据来源于 goods（商品表）中 is_sale 字段为 1 的记录，由于数据可能比较多，所以在商城首页中根据商品的 addtime（添加时间）降序排序，筛选出 12 条记录。然后在模板中遍历数据并显示。查询打折商品的关键代码如下：

```
@home.route("/")
def index():
    """
    首页
    """
    # 获取 12 个打折商品
    sale_goods = Goods.query.filter_by(is_sale=1).order_by(
                        Goods.addtime.desc()
                        ).limit(12).all()
    return render_template('home/index.html',sale_goods=sale_goods)        # 渲染模板
```

接下来渲染模板（index.html），关键代码如下：

```
<div class="row">
    <!-- 循环显示打折商品：添加 12 条商品信息-->
    {% for item in sale_goods %}
    <div class="product-grid col-lg-2 col-md-3 col-sm-6 col-xs-12">
        <div class="product-thumb transition">
            <div class="actions">
                <div class="image">
                    <a href="{{url_for('home.goods_detail',id=item.id)}}">
                        <img src="{{url_for('static',filename='images/goods/'+item.picture)}}"
                            alt="{{item.name}}" class="img-responsive">
                    </a>
```

```
            </div>
            <div class="button-group">
                <div class="cart">
                    <button class="btn btn-primary btn-primary" type="button"
                        data-toggle="tooltip"
                        onclick='javascript:window.location.href=
                            "/cart_add/?goods_id={{item.id}}&number=1"; '
                        style="display: none; width: 33.3333%;"
                        data-original-title="加入到购物车">
                        <i class="fa fa-shopping-cart"></i>
                    </button>
                </div>
            </div>
        </div>
        <div class="caption">
            <div class="name" style="height: 40px">
                <a href="{{url_for('home.goods_detail',id=item.id)}}" style="width: 95%">
                    {{item.name}}</a>
            </div>
            <div class="name" style="margin-top: 10px">
                <span style="color: #0885B1">分类：</span>{{item.subcat.cat_name}}
            </div>
            <span class="price"> 现价：{{item.current_price}} 元
            </span><br> <span class="oldprice">原价：{{item.original_price}}元
            </span>
        </div>
    </div>
</div>
{% endfor %}
<!-- 循环显示打折商品：添加 12 条商品信息-->
</div>
```

商城首页打折商品运行效果如图 10.12 所示。

图 10.12　打折商品

10.7.4 实现显示热门商品功能

热门商品数据来源于 goods（商品表）中 view_count 字段值较高的记录。由于页面布局限制，我们只根据 view_count 字段降序筛选两条记录。然后在模板中遍历数据并显示。查询热门商品的关键代码如下：

```python
@home.route("/")
def index():
    """
    首页
    """
    # 获取两个热门商品
    hot_goods = Goods.query.order_by(Goods.views_count.desc()).limit(2).all()

    return render_template('home/index.html', hot_goods=hot_goods)        # 渲染模板
```

接下来渲染模板（index.html），关键代码如下：

```html
<div class="box_oc">
    <!-- 循环显示热门商品：添加两条商品信息-->
    {% for item in hot_goods %}
    <div class="box-product product-grid">
        <div>
            <div class="image">
                <a href="{{url_for('home.goods_detail',id=item.id)}}">
                    <img src="{{url_for('static',filename='images/goods/'+item.picture)}}" >
                </a>
            </div>
            <div class="name">
                <a href="{{url_for('home.goods_detail',id=item.id)}}">{{item.name}}</a>
            </div>
            <!-- 商品价格 -->
            <div class="price">
                <span class="price-new">价格：{{item.current_price}} 元</span>
            </div>
            <!-- 商品价格 -->
        </div>
    </div>
    {% endfor %}
    <!-- 循环显示热门商品：添加两条商品信息-->
</div>
```

商城首页热门商品运行效果如图 10.13 所示。

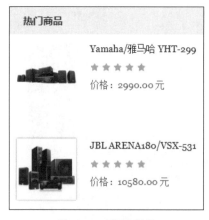

图 10.13 热门商品

10.8 购物车模块

10.8.1 购物车模块概述

乐购甄选在线商城中，在首页单击某个商品即可进入商品详细信息页面，如图10.14所示。在该页面中，单击"添加到购物车"按钮，即可将相应商品添加到购物车，然后填写物流信息，如图10.15所示。单击"结账"按钮，将弹出如图10.16所示的支付对话框。最后单击"支付"按钮，将模拟提交支付并生成订单。

图 10.14　商品详细信息页面

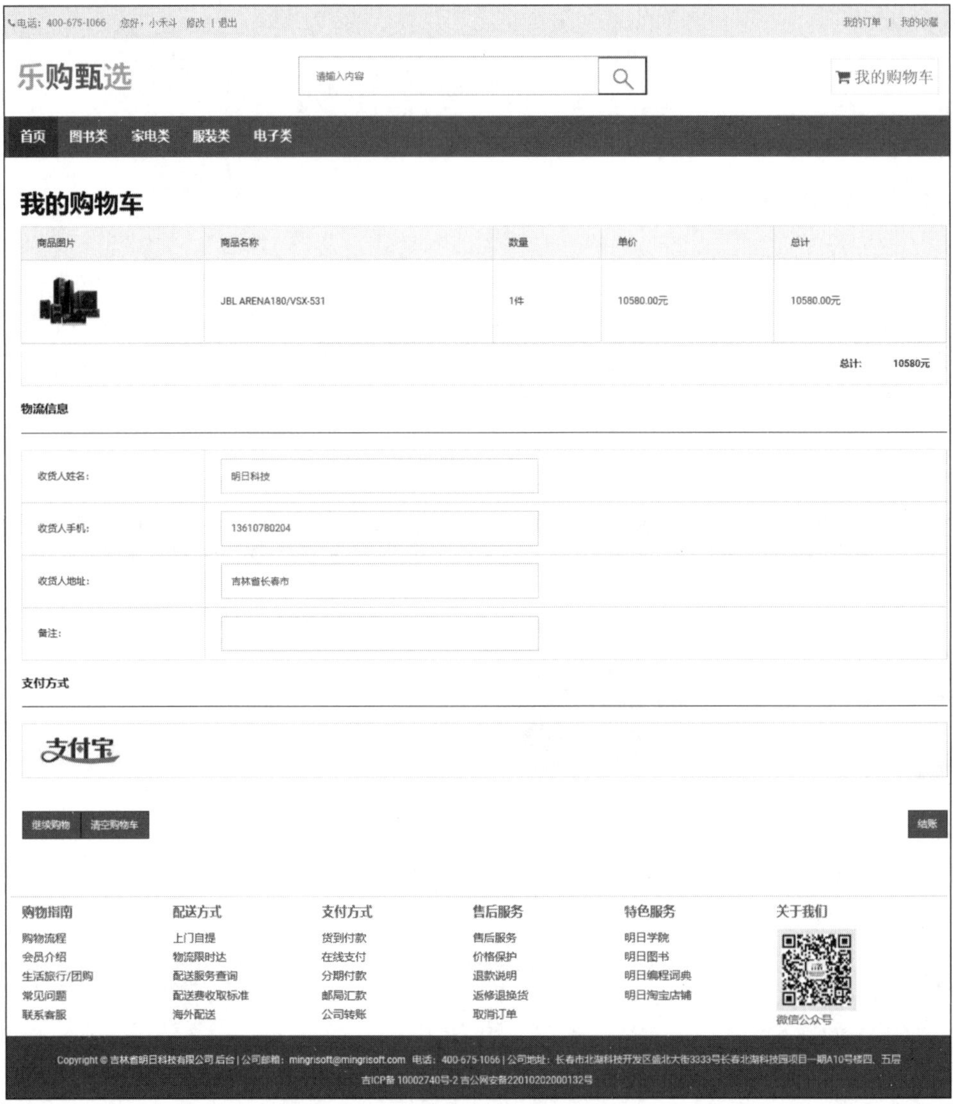

图 10.15　查看购物车页面

图 10.16　支付对话框

10.8.2 实现显示商品详细信息功能

在首页单击任何商品名称或者商品图片时，都将打开该商品的详细信息页面。在该页面中，除显示商品的信息外，还需要显示页面左侧的热门商品和页面底部的推荐商品。商品详细信息页面的实现关键点如下：

- ☑ 对于商品的详细信息，需要根据商品 ID，使用 get_or_404(id)方法来获取。
- ☑ 对于页面左侧的热门商品，需要获取该商品的同一个子类别下的商品。例如，如果正在访问的商品子类别是音箱，那么页面左侧的热门商品就是音箱相关的产品，并且根据浏览量从高到低排序，筛选出 5 条记录。
- ☑ 对于页面底部的推荐商品，与热门商品类似。只是根据商品添加时间从高到低排序，筛选出 5 条记录。
- ☑ 此外，由于要统计商品的浏览量，所以每当进入商品详情页时，需要更新 goods（商品）表中该商品的 view_count（浏览量）字段，将其值加 1。

实现商品详细信息页面主要功能的关键代码如下：

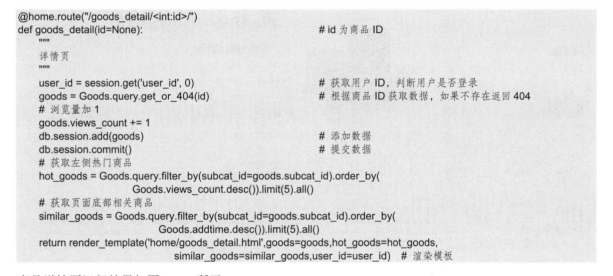

商品详情页运行结果如图 10.17 所示。

10.8.3 实现添加购物车功能

在乐购甄选在线商城中，有两种添加购物车的方法：在商品详情页添加购物车和在商品列表页添加购物车。它们之间的区别在于，在商品详情页中添加购物车时，可以选择购买商品的数量（大于或等于 1）；在商品列表页中添加购物车时，默认购买数量为 1。

基于以上分析，可以通过设置<a>标签的方式来添加购物车。下面分别介绍这两种情况。

1. 商品详情页添加购物车功能

在商品详情页中，填写购买商品数量后，单击"添加到购物车"按钮时，首先判断用户是否登录。如果没有登录，则页面跳转到登录页；如果已经登录，则执行加入购物车操作。这里需要注意的是，需要判断用户填写的购买数量，如果数量小于 1，则提示错误信息。商品详情页模板（goods_detail.html）中实现添加购物车功能的关键代码如下：

```html
<button type="button" onclick="addCart()" class="btn btn-primary btn-primary">
    <i class="fa fa-shopping-cart"></i> 添加到购物车</button>

<script type="text/javascript">
function addCart() {
    var user_id = {{ user_id }};              // 获取当前用户的 id
    var goods_id = {{ goods.id }}             // 获取商品的 id
    if( !user_id){
        window.location.href = "/login/";     // 如果没有登录，则跳转到登录页
        return ;
    }
    var number = $('#shuliang').val();        // 获取输入的商品数量
    // 验证输入的数量是否合法
    if (number < 1) {                         // 如果输入的数量不合法
        alert('数量不能小于1！');
        return;
    }
    window.location.href = '/cart_add?goods_id='+goods_id+"&number="+number
    }
</script>
```

图 10.17　商品详情页

2．商品列表页添加购物车功能

在商品列表页，当单击购物车图标时，执行添加购物车操作，并将添加的商品数量默认设置为1。在商品列表页（首页）模板（index.html）中实现添加购物车功能的关键代码如下：

```
<button class="btn btn-primary btn-primary" type="button"
    data-toggle="tooltip"
```

```
onclick='javascript:window.location.href="/cart_add/?goods_id={{item.id}}&number=1"; '
style="display: none; width: 33.3333%;"
data-original-title="加入到购物车">
<i class="fa fa-shopping-cart"></i>
</button>
```

在以上两种情况下，添加购物车都执行链接/cart_add/并传递 goods_id 和 number 两个参数，而且分别将它们写入 cart（购物车表）中，关键代码如下：

```
@home.route("/cart_add/")
@user_login
def cart_add():
    """
    添加购物车
    """
    cart = Cart(
        goods_id = request.args.get('goods_id'),
        number = request.args.get('number'),
        user_id=session.get('user_id', 0)          # 获取用户ID，判断用户是否登录
    )
    db.session.add(cart)                            # 添加数据
    db.session.commit()                             # 提交数据
    return redirect(url_for('home.shopping_cart'))
```

10.8.4　实现查看购物车功能

在实现添加到购物车时，将商品添加到购物车后，需要把页面跳转到查看购物车页面，用于显示已经添加到购物车中的商品。购物车中的商品数据来源于 cart（购物车表）和 goods（商品表）。由于 cart 表的 goods_id 字段与 goods 表的 id 字段关联，所以可以直接查找 cart 表中 user_id 为当前用户 ID 的记录。具体代码如下：

```
@home.route("/shopping_cart/")
@user_login
def shopping_cart():
    user_id = session.get('user_id',0)
    cart = Cart.query.filter_by(user_id = int(user_id)).order_by(Cart.addtime.desc()).all()
    if cart:
        return render_template('home/shopping_cart.html',cart=cart)
    else:
        return render_template('home/empty_cart.html')
```

上面代码中，判断用户购物车中是否有商品，如果没有，则渲染 empty_cart.html 模板，否则渲染购物车列表页模板 shopping_cart.html，该模板中主要显示购物车商品列表，及用于输入收货信息的表单，关键代码如下：

```html
<div id="mr-content" class="mr-content col-xs-12">
    <div id="mrshop" class="mrshop common-home">
        <div class="container_oc">
            <div class="row">
                <div   class="col-sm-12">
                    <h1>我的购物车</h1>
                    <!-- 显示购物车中的商品 -->
                    <div class="table-responsive cart-info">
                        <table class="table table-bordered">
                            <thead>
                                <tr>
                                    <td class="text-center image">商品图片</td>
                                    <td class="text-left name">商品名称</td>
                                    <td class="text-left quantity">数量</td>
```

```html
                                <td class="text-right price">单价</td>
                                <td class="text-right">总计</td>
                            </tr>
                        </thead>
                        <tbody>
                            <!-- 遍历购物车中的商品并显示 -->
                            {% for item in cart %}
                            <tr>
                                <td class="text-center image" width="20%">
                                    <a href="{{url_for('home.goods_detail',id=item.goods.id)}}">
                                        <img width="80px"
                                            src="{{url_for('static',filename='images/goods/'+item.goods.picture)}}"> </a>
                                </td>
                                <td class="text-left name">
                                    <a href="{{url_for('home.goods_detail',id=item.goods.id)}}">
                                        {{item.goods.name}}</a>
                                </td>
                                <td class="text-left quantity">{{item.number}}件</td>
                                <td class="text-right price">{{item.goods.current_price}}元</td>
                                <td class="text-right total" value="{{item.goods.current_price * item.number}}">
                                    {{item.goods.current_price * item.number}}元
                                </td>
                            </tr>
                            {% endfor %}
                            <!-- 遍历购物车中的商品并显示 -->
                        </tbody>
                    </table>
                </div>
                <!-- 显示购物车中的商品 -->
                <!-- 显示总计金额 -->
                <div class="row cart-total">
                    <div class="col-sm-4 col-sm-offset-8">
                        <table class="table table-bordered">
                            <tbody>
                                <tr >
                                    <span>
                                        <strong>总计:</strong>
                                        <p id="total_price"></p>
                                    </span>
                                </tr>
                            </tbody>
                        </table>
                    </div>
                </div>
                <!-- 显示总计金额 -->
            </div>
        </div>
        <!-- 填写物流信息 -->
        <div class="row">
            <div id="content_oc" class="col-sm-12">
                <h1>物流信息</h1>
                <!-- 填写物流信息的表单 -->
                <form action="{{url_for('home.cart_order')}}" method="post" id="myform">
                    <div class="table-responsive cart-info">
                        <table class="table table-bordered">
                            <tbody>
                                <tr>
                                    <td class="text-right" width="20%">收货人姓名：</td>
                                    <td class="text-left quantity">
                                        <div class="input-group btn-block" style="max-width: 400px;">
                                            <input type="text" id="recevieName" name="recevie_name"
                                                size="10" class="form-control"
```

```html
                                </div>
                            </td>
                        </tr>
                        <tr>
                            <td class="text-right">收货人手机：</td>
                            <td class="text-left quantity">
                                <div class="input-group btn-block" style="max-width: 400px;">
                                    <input type="text" id="tel" name="recevie_tel"
                                        size="10" class="form-control">
                                </div>
                            </td>
                        </tr>
                        <tr>
                            <td class="text-right">收货人地址：</td>
                            <td class="text-left quantity">
                                <div class="input-group btn-block" style="max-width: 400px;">
                                    <input type="text" id="address" name="recevie_address"
                                        size="1" class="form-control">
                                </div>
                            </td>
                        </tr>
                        <tr>
                            <td class="text-right">备注：</td>
                            <td class="text-left quantity">
                                <div class="input-group btn-block" style="max-width: 400px;">
                                    <input type="text" name="remark" size="1" class="form-control">
                                </div>
                            </td>
                        </tr>
                    </tbody>
                </table>
            </div>
        </form>
        <!-- 填写物流信息的表单 -->
    </div>
</div>
<!-- 填写物流信息 -->
<br />
<!-- 显示支付方式 -->
<div class="row">
    <div id="content_oc" class="col-sm-12">
        <h1>支付方式</h1>
        <div class="table-responsive cart-info">
            <table class="table table-bordered">
                <tbody>
                    <tr>
                        <td class="text-left">
                            <img src="{{url_for('static',filename='home/images/zhifubao.png')}}" /></td>
                    </tr>
                </tbody>
            </table>
        </div>
        <br /> <br />
        <div class="buttons">
            <div class="pull-left">
                <a href="{{url_for('home.index')}}" class="btn btn-primary btn-default">继续购物</a>
            </div>
            <div class="pull-left">
                <a href="{{url_for('home.cart_clear')}}" class="btn btn-primary btn-default">清空购物车</a>
            </div>
            <div class="pull-right">
                <a href="javascript:zhifu();" class="tigger btn btn-primary btn-primary">结账</a>
```

```
                        </div>
                    </div>
                </div>
                <!-- 显示支付方式 -->
            </div>
        </div>
    </div>
```

购物车页面有商品时的效果如图 10.18 所示，购物车页面没有商品时的效果如图 10.19 所示。

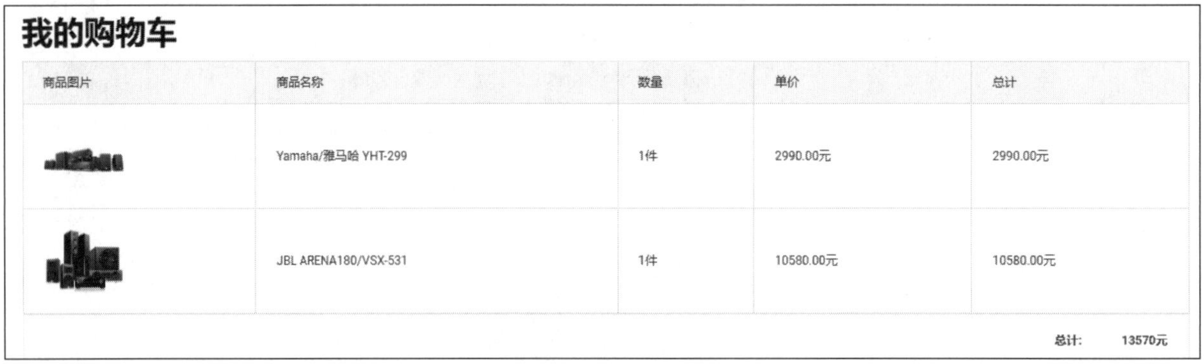

图 10.18 购物车页面

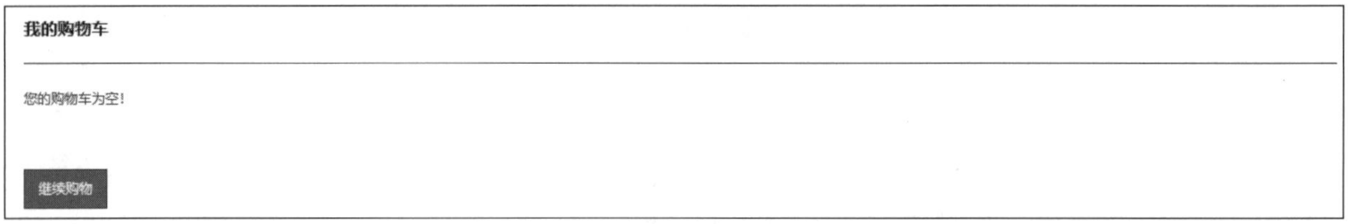

图 10.19 清空购物车页面

10.8.5 实现保存订单功能

商品加入购物车后，需要填写物流信息，包括"收货人姓名""收货人手机"和"收货人地址"等。然后单击"结账"按钮，弹出支付二维码。这里由于调用支付宝接口，需要注册支付宝企业账户，并且完成实名认证，所以在本项目中只是模拟一下支付功能。模拟弹出支付二维码的功能是通过 jBox 插件实现的，jBox 插件是一款 JavaScript 多功能对话框插件，它适用于创建各种模态窗口、提示、通知等形式，还可以自定义提示框中的内容，这里主要使用 jBox 插件的 open()函数打开一个对话框，并显示支付二维码，关键代码如下：

```
<!-- 使用 jBox 插件实现一个支付对话框 -->
<script type="text/javascript" src="{{url_for('static',filename='home/js/jBox/jquery-1.4.2.min.js')}}"></script>
<script type="text/javascript" src="{{url_for('static',filename='home/js/jBox/jquery.jBox-2.3.min.js')}}"></script>
<link type="text/css" rel="stylesheet" href="{{url_for('static',filename='home/js/jBox/Skins2/Pink/jbox.css')}}" />
<script type="text/javascript">
    // 获取总额
    $(document).ready(function(){
        var total_price = 0
        $('.total').each(function(){
            total_price += parseFloat($(this).attr('value'))
        })
        $('#total_price').text(total_price+"元")
    });
    function zhifu() {
        // 验证收货人姓名
```

```javascript
            if ($('#recevieName').val() === "") {
                alert('收货人姓名不能为空！');
                return;
            }
            // 验证收货人手机
            if ($('#tel').val() === "") {
                alert('收货人手机不能为空！');
                return;
            }
            // 验证手机号是否合法
            if (isNaN($('#tel').val())) {
                alert("手机号请输入数字");
                return;
            }
            // 验证收货人地址
            if ($('#address').val() === "") {
                alert('收货人地址不能为空！');
                return;
            }
            // 设置对话框中要显示的内容
            var html = '<div class="popup_cont">'
                + '<div style="width: 256px; height: 250px; text-align: center; margin:70px >'
                + '<image src="/static/home/images/qr.png" width="256" height="256" />'
                + '<p style="color:red;padding-tope:30px">该页面仅为测试页面，并未实现支付功能</p></div>'
                + '</div>';
            var content = {
                state1 : {
                    content : html,
                    buttons : {
                        '取消' : 0,
                        '支付' : 1
                    },
                    buttonsFocus : 0,
                    submit : function(v, h, f) {
                        if (v == 0) {                                           // 取消按钮的响应事件
                            return true;                                        // 关闭窗口
                        }
                        if (v == 1) {                                           // 支付按钮的响应事件
                            document.getElementById('myform').submit();         // 提交表单
                            return true;
                        }
                        return false;
                    }
                }
            };
            $.jBox.open(content, '支付', 400, 450);                              // 打开支付窗口
        }
</script>
<!-- 使用 jBox 插件实现一个支付对话框 -->
```

当单击弹窗右下角的"支付"按钮时，默认支付完成，此时需要保存订单。对于保存订单功能，需要结合 orders 表和 orders_detail 表来实现，它们之间是一对多的关系。例如，在一个订单中，可以有多个订单明细。orders 表用于记录收货人的姓名、电话和地址等信息，而 orders_detail 表用于记录该订单中的商品信息。所以，在添加订单时，需要同时将其添加到 orders 表和 orders_detail 表中。实现代码如下：

```python
@home.route("/cart_order/",methods=['GET','POST'])
@user_login
def cart_order():
    if request.method == 'POST':
        user_id = session.get('user_id',0)                                      # 获取用户 id
        # 添加订单
```

```python
        orders = Orders(
            user_id = user_id,
            recevie_name = request.form.get('recevie_name'),
            recevie_tel = request.form.get('recevie_tel'),
            recevie_address = request.form.get('recevie_address'),
            remark = request.form.get('remark')
        )
        db.session.add(orders)                                              # 添加数据
        db.session.commit()                                                 # 提交数据
        # 添加订单详情
        cart = Cart.query.filter_by(user_id=user_id).all()
        object = []
        for item in cart :
            object.append(
                OrdersDetail(
                    order_id=orders.id,
                    goods_id=item.goods_id,
                    number = item.number,)
            )
        db.session.add_all(object)
        # 更改购物车状态
        Cart.query.filter_by(user_id=user_id).update({'user_id': 0})
        db.session.commit()
    return redirect(url_for('home.index'))
```

上面代码中,在操作 orders_detail 表时,由于有多个数据,所以使用了 add_all()方法来批量添加。另外,需要注意的是,当添加完订单后,购物车就已经清空了,此时需要修改 cart(购物车)表的 order_id 字段,将其值更改为 0。这样,查看购物车时,购物车将没有数据。

10.8.6　实现查看订单功能

订单支付完成后,可以单击"我的订单"按钮来查看订单信息。订单数据信息来源于 orders 表和 orders_detail 表。查看订单功能关键的实现代码如下:

```python
@home.route("/order_list/",methods=['GET','POST'])
@user_login
def order_list():
    """
    我的订单
    """
    user_id = session.get('user_id',0)
    orders = OrdersDetail.query.join(Orders).filter(Orders.user_id==user_id).order_by(
        Orders.addtime.desc()).all()
    return render_template('home/order_list.html',orders=orders)
```

接下来渲染模板(order_list.html),关键设计代码如下:

```html
<div id="mr-content" class="mr-content col-xs-12">
    <div id="mrshop" class="mrshop common-home">
        <div class="container_oc">
            <div class="row">
                <div id="content_oc" class="col-sm-12">
                    <h1>我的订单</h1>
                    <div class="table-responsive cart-info">
                        <table class="table table-bordered">
                            <thead>
                                <tr>
                                    <td class="text-center image">订单号</td>
                                    <td class="text-center name">产品名称</td>
                                    <td class="text-center name">购买数量</td>
```

```html
                    <td class="text-center name">单价</td>
                    <td class="text-center name">消费金额</td>
                    <td class="text-center quantity">收货人姓名</td>
                    <td class="text-center price">收货人手机</td>
                    <td class="text-center total">下单日期</td>
                </tr>
            </thead>
            <tbody>
                {% for item in orders%}
                <tr>
                    <td class="text-center image" width="10%">{{item.orders.id}}</td>
                    <td class="text-center name">{{item.goods.name}}</td>
                    <td class="text-center quantity">{{item.number}}件</td>
                    <td class="text-center quantity">{{item.goods.current_price}}元</td>
                    <td class="text-center quantity">
                        {{item.number*item.goods.current_price}}元</td>
                    <td class="text-center quantity">{{item.orders.recevie_name}}</td>
                    <td class="text-center quantity">{{item.orders.recevie_tel}}</td>
                    <td class="text-center quantity">{{item.orders.addtime}}</td>
                </tr>
                {% endfor %}
            </tbody>
        </table>
    </div>
</div>
<br /><br />
<div class="row">
    <div class="col-sm-12">
        <br />
        <br />
        <div class="buttons">
            <div class="pull-right">
                <a href="{{url_for('home.index')}}" class="tigger btn btn-primary btn-primary">继续购物</a>
            </div>
        </div>
    </div>
</div>
</div>
</div>
```

查看订单页面运行效果如图 10.20 所示。

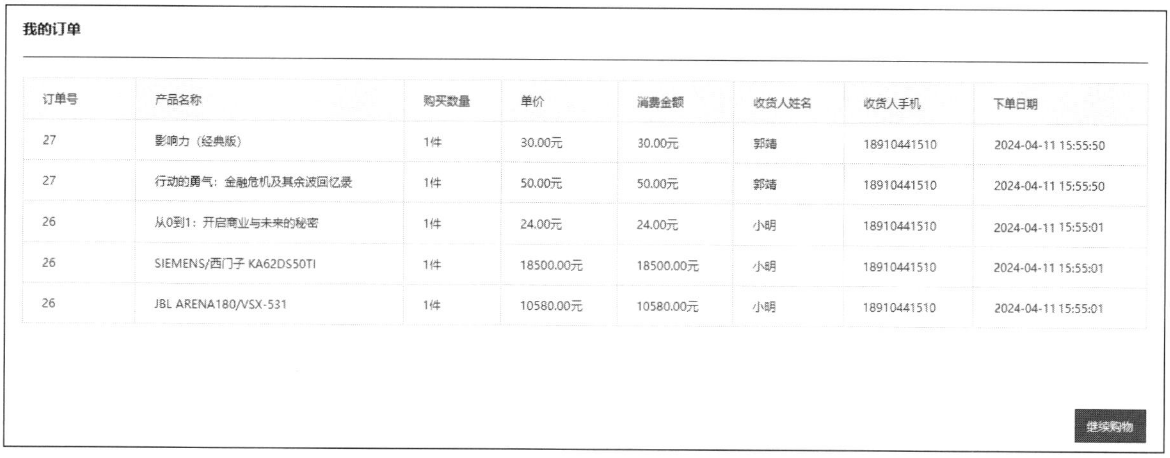

订单号	产品名称	购买数量	单价	消费金额	收货人姓名	收货人手机	下单日期
27	影响力（经典版）	1件	30.00元	30.00元	郭靖	18910441510	2024-04-11 15:55:50
27	行动的勇气：金融危机及其余波回忆录	1件	50.00元	50.00元	郭靖	18910441510	2024-04-11 15:55:50
26	从0到1：开启商业与未来的秘密	1件	24.00元	24.00元	小明	18910441510	2024-04-11 15:55:01
26	SIEMENS/西门子 KA62DS50TI	1件	18500.00元	18500.00元	小明	18910441510	2024-04-11 15:55:01
26	JBL ARENA180/VSX-531	1件	10580.00元	10580.00元	小明	18910441510	2024-04-11 15:55:01

图 10.20　查看订单页面

10.9 后台功能模块设计

10.9.1 后台登录模块设计

在网站前台首页的底部提供了后台管理员入口，通过该入口可以进入后台登录页面。在该页面，管理人员通过输入正确的用户名和密码即可登录网站后台。当用户没有输入用户名或密码时，系统都将进行判断并给予提示信息，否则进入管理员登录处理页验证用户信息。后台登录页面运行效果如图 10.21 所示。

后台登录功能主要是通过自定义的 login()方法实现的。在该方法中，对登录页面中的管理员账号和密码信息进行判断，如果输入正确，则进入后台主页。最后渲染登录模板页面 login.html。关键代码如下：

图 10.21 后台登录页面

```
@admin.route("/login/", methods=["GET","POST"])
def login():
    """
    登录功能
    """
    # 判断是否已经登录
    if "admin" in session:
        return redirect(url_for("admin.index"))
    form = LoginForm()                                              # 实例化登录表单
    if form.validate_on_submit():                                   # 验证提交表单
        data = form.data                                            # 接收数据
        admin = Admin.query.filter_by(manager=data["manager"]).first()  # 查找 Admin 表数据
        if not admin.check_password(data["password"]):
            flash("密码错误!", "err")                                # 闪存错误信息
            return redirect(url_for("admin.login"))                 # 跳转到后台登录页
        # 如果是正确的，就要定义 session 的会话进行保存
        session["admin"] = data["manager"]                          # 存入 session
        session["admin_id"] = admin.id                              # 存入 session
        return redirect(url_for("admin.index"))                     # 返回后台主页
    return render_template("admin/login.html",form=form)
```

后台登录模板页面 login.html 的主要设计代码如下：

```
<form   method="post" action="{{url_for('admin.login')}}" >
    <table width="448" height="345"  border="0" align="center"
        style="margin-top:170px;background:url('/static/admin/images/managerlogin_dialog.png') no-repeat"
        cellpadding="0" cellspacing="0">
        <tr>
            <td height="60" colspan="2" align="center"> </td>
        </tr>
        <tr>
            <td width="55" height="280" align="center" valign="top"> </td>
            <td width="436" align="left" valign="top">
                <table style="margin-top:30px" width="88%" height="240"  border="0" cellpadding="0" cellspacing="0">
                    <tr>
                        <td width="99%" height="74" align="center">
```

```html
                {{ form.manager }}
                {% for err in form.manager.errors %}
                    <p style="color: red;float:left">{{ err }}</p>
                {% endfor %}
          </td>
      </tr>
      <tr>
          <td height="30" align="center">
             <span class="word_white">
             {{ form.password }}
             </span></td>
      </tr>
      <tr>
          <td height="57" align="center">
             {{ form.csrf_token }}
             {{ form.submit }}
             <input   type="reset" class="login_reset" value="重置">
      </tr>
      {% for msg in get_flashed_messages(category_filter=["err"]) %}
              <p class="login-box-msg" style="color: red">{{ msg }}</p>
      {% endfor %}
      {% for msg in get_flashed_messages(category_filter=["ok"]) %}
              <p class="login-box-msg" style="color: green">{{ msg }}</p>
      {% endfor %}
      <tr>
          <td height="35" align="right">
             <a href="/"><img src="{{url_for('static',filename='admin/images/back.png')}}"> 返回商城主页</a></td>
      </tr>
    </table>
   </td>
  </tr>
 </table>
</form>
```

10.9.2　商品管理模块设计

乐购甄选在线商城的商品管理模块主要实现对商品信息的管理，包括分页显示商品信息、添加商品信息、修改商品信息、删除商品信息等功能。下面分别进行介绍。

1．分页显示商品信息

商品管理模块的首页是分页显示商品信息页，主要用于将商品信息表中的商品信息以列表的方式显示，并为之添加"修改"和"删除"功能，方便用户对商品信息进行修改和删除。商品管理模块首页的运行效果如图 10.22 所示。

分页显示商品信息是后台首页中的默认功能，该功能主要是通过自定义的 index()方法来实现的。该方法中，根据 GET 请求中提交的页码和类型获取商品信息，并且分页显示；然后，渲染后台首页模板页面 index.html，在渲染页面时，将获取的商品信息传递给模板页面，以便进行数据显示。关键代码如下：

```python
@admin.route("/")
@admin_login
def index():
    page = request.args.get('page', 1, type=int)  # 获取 page 参数值
    page_data = Goods.query.order_by(
        Goods.addtime.desc()
    ).paginate(page=page, per_page=10)
    return render_template("admin/index.html",page_data=page_data)
```

图 10.22　商品管理模块首页

后台首页模板页面 index.html 的主要设计代码如下：

```html
<table width="100%" height="60"  border="1" cellpadding="0" cellspacing="0"
    bordercolor="#FFFFFF" bordercolordark="#FFFFFF" bordercolorlight="#E6E6E6">
  <tr bgcolor="#eeeeee">
    <td width="40%" height="24" align="center">商品名称</td>
    <td width="22%" align="center">价格</td>
    <td width="11%" align="center">是否新品</td>
    <td width="11%" align="center">是否特价</td>
    <td width="8%" align="center">修改</td>
    <td width="8%" align="center">删除</td>
  </tr>
{% for v in page_data.items %}
    <tr style="padding:5px;">
      <td height="20" align="center">
        <a href="{{url_for('admin.goods_detail',goods_id=v.id)}}">{{ v.name }}</a>
      </td>
      <td align="center" >{{ v.current_price }}</td>
      <td align="center">{% if v.is_new %} 是 {% else %} 否 {% endif%}</td>
      <td align="center">{% if v.is_sale %} 是 {% else %} 否 {% endif%}</td>
      <td align="center">
        <a href="{{url_for('admin.goods_edit',id=v.id)}}">
          <img src="{{url_for('static',filename='admin/images/modify.gif')}}" width="19" height="19">
        </a>
      </td>
      <td align="center">
        <a href="{{url_for('admin.goods_del_confirm',goods_id=v.id)}}">
          <img src="{{url_for('static',filename='admin/images/del.gif')}}" width="20" height="20">
        </a>
      </td>
    </tr>
  {% endfor %}
</table>
{% if page_data %}
  <tbody>
```

```html
    <tr>
      <td height="30" align="right">当前页数：[{{page_data.page}}/{{page_data.pages}}] 
        <a href="{{ url_for('admin.index',page=1) }}">第一页</a>
        {% if page_data.has_prev %}
          <a href="{{ url_for('admin.index',page=page_data.prev_num) }}">上一页</a>
        {% endif %}
        {% if page_data.has_next %}
          <a href="{{ url_for('admin.index',page=page_data.next_num) }}">下一页</a>
        {% endif %}
        <a href="{{ url_for('admin.index',page=page_data.pages) }}">最后一页 </a>
      </td>
    </tr>
  </tbody>
{% endif %}
```

另外，在商品列表中单击"删除"按钮时，会调整确认删除商品页面，该页面中首先需要确认是否删除商品，如果确认删除，则调用 goods_del() 方法删除 goods 商品表中指定 ID 的商品，关键代码如下：

```python
@admin.route("/goods/del_confirm/")
@admin_login
def goods_del_confirm():
    '''确认删除商品'''
    goods_id = request.args.get('goods_id')
    goods = Goods.query.filter_by(id=goods_id).first_or_404()
    return render_template('admin/goods_del_confirm.html',goods=goods)

@admin.route("/goods/del/<int:id>/", methods=["GET"])
@admin_login
def goods_del(id=None):
    """
    删除商品
    """
    goods = Goods.query.get_or_404(id)         # 根据商品 ID 查找数据
    db.session.delete(goods)                    # 删除数据
    db.session.commit()                         # 提交数据
    return redirect(url_for('admin.index', page=1))  # 渲染模板
```

确认删除商品页面 goods_del_confirm.html 的主要设计代码如下：

```html
<form action="{{url_for('admin.goods_del',id=goods.id)}}" method="get" name="form1">
  <table width="94%"  border="0" align="right" cellpadding="-2" cellspacing="-2" bordercolordark="#FFFFFF">
    <tr>
      <td width="14%" height="27"> 商品名称：</td>
      <td height="27" colspan="3"> 
        <input name="ID" type="hidden" id="ID" value="24">
        {{goods.name}}  
      </td>
    </tr>
    <tr>
      <td height="27"> 所属大类：</td>
      <td width="31%" height="27"> {{goods.supercat.cat_name}}</td>
      <td width="13%" height="27">  所属小类：</td>
      <td width="42%" height="27"> {{goods.subcat.cat_name}}</td>
    </tr>
    <tr>
      <td height="16"> 图片文件：</td>
      <td height="27" colspan="3"> {{goods.picture}}</td>
    </tr>
    <tr>
      <td height="27" align="center">定      价：</td>
      <td height="27"> {{goods.original_price}}(元)</td>
      <td height="27" align="center">现    价：</td>
```

```html
            <td height="27"> {{goods.current_price}}(元)</td>
        </tr>
        <tr>
            <td height="45"> 是否新品：</td>
            <td> 
                {% if goods.is_new%}
                    不是新品
                {% else %}
                    是新品
                {% endif %}
            </td>
            <td> 是否特价：</td>
            <td>
                {% if goods.is_sale%}
                    不是特价商品
                {% else %}
                    是特价商品
                {% endif %}
            </td>
        </tr>
        <tr>
            <td height="103"> 商品简介：</td>
            <td colspan="3"><span class="style5">  </span>
              {{ goods.introduction }}
        </tr>
        <tr>
            <td height="38" colspan="4" align="center">
                <input name="Submit" type="submit" class="btn_bg_long1" value="确定删除">
                 
                <input  name="Submit3" type="button" class="btn_bg_short" value="返 回" onClick="javascript:history.back()">
            </td>
        </tr>
    </table>
</form>
```

2．添加商品信息

在商品管理首页中单击"添加商品信息"即可进入添加商品信息页面。添加商品信息页面主要用于向数据库中添加新的商品信息。添加商品信息页面的运行效果如图10.23所示。

图 10.23　添加商品信息页面

添加商品信息功能主要是通过自定义的 goods_add()方法来实现的。在该方法中，首先从表单页面中获取提交的商品信息，然后对表单进行验证。如果验证成功，则向 goods 数据表中添加提交的商品信息，并返回商品列表页（即后台首页）。最后渲染添加商品模板页面 goods_add.html，并传递表单参数。关键代码如下：

```python
@admin.route("/goods/add/", methods=["GET", "POST"])
@admin_login
def goods_add():
    """
    添加商品
    """
    form = GoodsForm()                                                          # 实例化 form 表单
    supercat_list = [(v.id, v.cat_name) for v in SuperCat.query.all()]          # 获取所属大类列表
    form.supercat_id.choices = supercat_list                                    # 显示所属大类
    # 显示大类所包含的子类
    form.subcat_id.choices = [(v.id, v.cat_name) for v in SubCat.query.filter_by(super_cat_id=supercat_list[0][0]).all()]
    form.current_price.data = form.data['original_price']                       # 为 current_pirce 赋值
    if form.validate_on_submit():                                               # 添加商品情况
        data = form.data
        goods = Goods(
            name = data["name"],
            supercat_id = int(data['supercat_id']),
            subcat_id = int(data['subcat_id']),
            picture= data["picture"],
            original_price = Decimal(data["original_price"]).quantize(Decimal('0.00')),  # 转化为包含 2 位小数的形式
            current_price = Decimal(data["original_price"]).quantize(Decimal('0.00')),   # 转化为包含 2 位小数的形式
            is_new = int(data["is_new"]),
            is_sale = int(data["is_sale"]),
            introduction=data["introduction"],
        )
        db.session.add(goods)                                                   # 添加数据
        db.session.commit()                                                     # 提交数据
        return redirect(url_for('admin.index'))                                 # 页面跳转
    return render_template("admin/goods_add.html", form=form)                   # 渲染模板
```

添加商品模板页面 goods_add.html 的主要设计代码如下：

```html
<script>
$(document).ready(function(){
    $('#supercat_id').change(function(){
        super_id = $(this).children('option:selected').val()
        selSubCat(super_id);
    })
});
function selSubCat(val){
    $.get("{{ url_for('admin.select_sub_cat')}}",
        {super_id:val},
        function(result){
            html_doc = ''
            if(result.status == 1){
                $.each(result.data,function(idx,obj){
                    html_doc += '<option value='+obj.id+'>'+obj.cat_name+'</option>'
                });
            }else{
                html_doc += '<option value=0>前选择子类</option>'
            }
            $("#subcat_id").html(html_doc);                                     // 显示获取的小分类
    });
}
</script>
<table width="1280" height="288" border="0" align="center" cellpadding="0" cellspacing="0" bgcolor="#FFFFFF">
    <!-- 省略部分代码 -->
        <form action="" method="post">
            <table width="94%" border="0" align="center" cellpadding="0" cellspacing="0" bordercolordark="#FFFFFF">
```

```html
<tr>
    <td width="14%" height="27"> 商品名称：</td>
    <td height="27" colspan="3"> 
        {{ form.name }}
        {% for err in form.name.errors %}
            <span style="float:left;padding-top:10px;color:red">{{ err }}</span>
        {% endfor %}
    </td>
</tr>
<tr>
    <td height="27"> 所属大类：</td>
    <td width="31%" height="27"> 
        {{ form.supercat_id }}
    </td>
    <td width="13%" height="27">  所属小类：</td>
    <td width="42%" height="27" id="subType">
        {{ form.subcat_id }}
    </td>
</tr>
<tr>
    <td height="41"> 图片文件：</td>
    <td height="41"> 
        {{ form.picture }}
    </td>
    <td height="41"> 定      价：</td>
    <td height="41">
        <span style="float:left;">
            {{form.original_price}}
        </span>
        <span style="float:left;padding-top:10px;"> (元)</span>
        {% for err in form.original_price.errors %}
            <span style="float:left;padding-top:10px;color:red">{{ err }}</span>
        {% endfor %}
    </td>
</tr>
<tr>
    <td height="45"> 是否新品：</td>
    <td> {{form.is_new}} </td>
    <td> 是否特价：</td>
    <td> {{form.is_sale}} </td>
</tr>
<tr>
    <td height="103"> 商品简介：</td>
    <td colspan="3">
        <span class="style5">  </span>
        {{ form.introduction }}
    </td>
</tr>
<tr>
    <td height="38" colspan="4" align="center">
        {{ form.csrf_token }}
        {{ form.submit }}
    </td>
</tr>
        </table>
    </form>
</td>
```

3. 修改商品信息

在商品管理首页中单击想要修改的商品信息后面的修改图标，即可进入修改商品信息页面。修改商品信息页面主要用于修改指定商品的基本信息。修改商品信息页面的运行效果如图10.24所示。

图 10.24 修改商品信息页面

修改商品信息功能主要是通过自定义的 goods_edit()方法来实现的，该方法有一个参数，表示要编辑的商品 ID。该方法中，首先根据 ID 参数的值获取要编辑的商品信息，并显示在页面中。当用户编辑完商品信息，单击"保存"按钮时，将对表单信息进行验证。如果验证成功，则修改 goods 数据表中指定商品的信息。最后渲染修改商品模板页面 goods_edit.html，并传递表单参数。关键代码如下：

```
@admin.route("/goods/edit/<int:id>", methods=["GET", "POST"])
@admin_login
def goods_edit(id=None):
    """
    编辑商品
    """
    goods = Goods.query.get_or_404(id)
    form = GoodsForm()                           # 实例化 form 表单
    form.supercat_id.choices = [(v.id, v.cat_name) for v in SuperCat.query.all()]   # 获取所属大类
    # 获取所属子类
    form.subcat_id.choices = [(v.id, v.cat_name) for v in SubCat.query.filter_by(super_cat_id=goods.supercat_id).all()]

    if request.method == "GET":                  # GET 请求，即在商品列表页中单击"修改"按钮时跳转到该页面
        form.name.data = goods.name
        form.picture.data = goods.picture
        form.current_price.data = goods.current_price
        form.original_price.data = goods.original_price
        form.supercat_id.data = goods.supercat_id
        form.subcat_id.data = goods.subcat_id
        form.is_new.data = goods.is_new
        form.is_sale.data = goods.is_sale
        form.introduction.data = goods.introduction
    elif form.validate_on_submit():              # 提交操作，即修改指定的商品信息
        goods.name = form.data["name"]
        goods.supercat_id = int(form.data['supercat_id'])
        goods.subcat_id = int(form.data['subcat_id'])
        goods.picture= form.data["picture"]
        goods.original_price = Decimal(form.data["original_price"]).quantize(Decimal('0.00'))
        goods.current_price = Decimal(form.data["current_price"]).quantize(Decimal('0.00'))
        goods.is_new = int(form.data["is_new"])
        goods.is_sale = int(form.data["is_sale"])
        goods.introduction=form.data["introduction"]
        db.session.add(goods)                    # 添加数据
```

```
                db.session.commit()                              # 提交数据
                return redirect(url_for('admin.index'))          # 页面跳转

        return render_template("admin/goods_edit.html", form=form)   # 渲染模板
```

修改商品模板页面 goods_edit.html 的设计代码与添加商品模板页面类似，这里不再赘述。

> **说明**
> 在乐购甄选在线商城的后台，除了对商品信息进行管理，还可以对商品大分类和子分类进行管理，它们的实现过程与商品管理模块类似，这里不再赘述，以下列出实现商品大分类和子分类管理模块主要用到的方法和渲染模板页面，以方便读者查看源码：
> 显示大分类列表：supercat_list()方法、supercat.html 页面。
> 添加大分类：supercat_add()方法、supercat_add.html 页面。
> 删除大分类：supercat_del()方法。
> 显示子分类列表：subcat_list()方法、subcat.html 页面。
> 添加子分类：subcat_add()方法、subcat_add.html 页面。
> 删除子分类：subcat_del()方法。

10.9.3 销量排行榜模块设计

单击后台导航栏中的"销量排行榜"即可进入销量排行榜页面。在该页面中，将以表格的形式对销量排在前十名的商品信息进行显示。为方便管理员及时了解各种商品的销量情况，从而根据该结果做出相应的促销活动。销量排行榜页面的运行效果如图 10.25 所示。

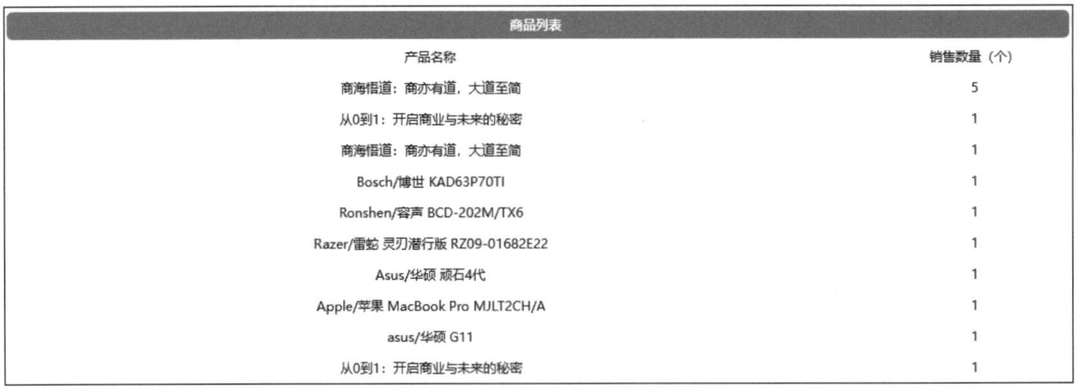

商品列表	
产品名称	销售数量（个）
商海悟道：商亦有道，大道至简	5
从0到1：开启商业与未来的秘密	1
商海悟道：商亦有道，大道至简	1
Bosch/博世 KAD63P70TI	1
Ronshen/容声 BCD-202M/TX6	1
Razer/雷蛇 灵刃潜行版 RZ09-01682E22	1
Asus/华硕 顽石4代	1
Apple/苹果 MacBook Pro MJLT2CH/A	1
asus/华硕 G11	1
从0到1：开启商业与未来的秘密	1

图 10.25　销量排行榜页面

商品销量排行榜功能的实现比较简单，主要是按照商品的销量（goods 表中的 number 字段）进行降序排序，关键代码如下：

```
@admin.route('/topgoods/', methods=['GET'])
@admin_login
def topgoods():
    """
    销量排行榜(前 10 位)
    """
    orders = OrdersDetail.query.order_by(OrdersDetail.number.desc()).limit(10).all()
    return render_template("admin/topgoods.html", data=orders)
```

商品销量排行榜模板页面 topgoods.html 的主要设计代码如下：

```
<table width="96%" height="48"   border="1" cellpadding="10" cellspacing="0"
    bordercolor="#FFFFFF" bordercolordark="#CCCCCC" bordercolorlight="#FFFFFF">
  <tr align="center">
    <td width="80%">产品名称</td>
    <td width="20%">销售数量（个）</td>
  </tr>
  {% for v in data %}
  <tr align="center">
      <td >{{v.goods.name}}</td>
      <td >{{v.number}}</td>
    </tr>
  {% endfor %}
</table>
```

10.9.4 会员管理模块设计

单击后台导航栏中的“会员管理”，即可进入会员信息管理首页。对于会员信息的管理，主要是查看会员的基本信息。会员管理页面的运行效果如图 10.26 所示。

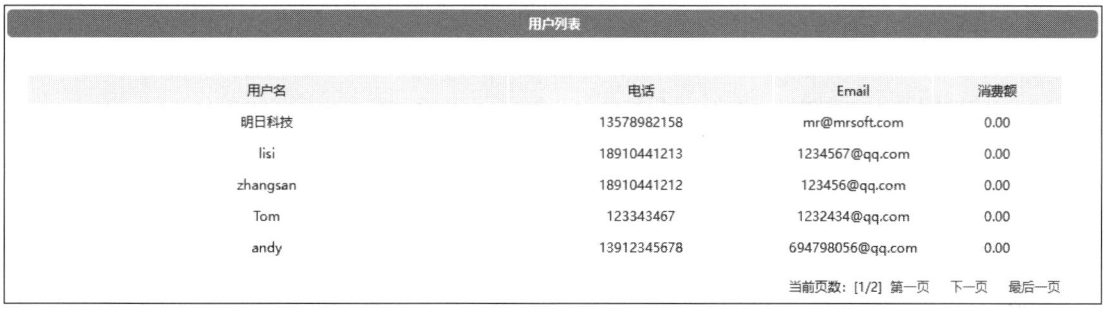
用户列表

用户名	电话	Email	消费额
明日科技	13578982158	mr@mrsoft.com	0.00
lisi	18910441213	1234567@qq.com	0.00
zhangsan	18910441212	123456@qq.com	0.00
Tom	123343467	1232434@qq.com	0.00
andy	13912345678	694798056@qq.com	0.00

当前页数：[1/2] 第一页 下一页 最后一页

图 10.26　会员管理页面

查看会员基本信息功能主要是通过自定义的 user_list()方法来实现的。在该方法中，主要是分页显示所有注册该网站的会员基本信息，每页显示 5 条记录。另外，可以根据姓名或者邮箱查询会员信息。关键代码如下：

```
@admin.route("/user/list/", methods=["GET"])
@admin_login
def user_list():
    """
    会员列表
    """
    page = request.args.get('page', 1, type=int)                    # 获取 page 参数值
    keyword = request.args.get('keyword', '', type=str)
    if keyword:
        # 根据姓名或者邮箱查询
        filters = or_(User.username == keyword, User.email == keyword)
        page_data = User.query.filter(filters).order_by(
            User.addtime.desc()
        ).paginate(page=page, per_page=5)
    else:
        page_data = User.query.order_by(
            User.addtime.desc()
        ).paginate(page=page, per_page=5)

    return render_template("admin/user_list.html", page_data=page_data)
```

查看会员基本信息模板页面 user_list.html 的主要设计代码如下：

```html
<table width="100%" height="60"  border="1" cellpadding="0" cellspacing="0"
    bordercolor="#FFFFFF" bordercolordark="#FFFFFF" bordercolorlight="#E6E6E6">
  <tr bgcolor="#eeeeee">
    <td width="40%" height="24" align="center">用户名</td>
    <td width="22%" align="center">电话</td>
    <td width="11%" align="center">Email</td>
    <td width="11%" align="center">消费额</td>
  </tr>
  {% if page_data.items %}
    {% for v in page_data.items %}
      <tr style="padding:5px;">
        <td height="20" align="center">{{ v.username }}</td>
        <td align="center" >{{ v.phone }}</td>
        <td align="center">{{ v.email }}</td>
        <td align="center">{{ v.consumption }}</td>
      </tr>
    {% endfor %}
    {% else %}
      没有查找的信息
    {% endif %}
</table>
{% if page_data %}
  <tbody>
    <tr>
      <td height="30" align="right">当前页数：[{{page_data.page}}/{{page_data.pages}}] 
        <a href="{{ url_for('admin.user_list',page=1) }}">第一页</a>
        {% if page_data.has_prev %}
          <a href="{{ url_for('admin.user_list',page=page_data.prev_num) }}">上一页</a>
        {% endif %}
        {% if page_data.has_next %}
          <a href="{{ url_for('admin.user_list',page=page_data.next_num) }}">下一页</a>
        {% endif %}
        <a href="{{ url_for('admin.user_list',page=page_data.pages) }}">最后一页  </a>
      </td>
    </tr>
  </tbody>
{% endif %}
```

10.9.5 订单管理模块设计

单击后台导航栏中的"订单管理"即可进入订单信息管理首页。对于订单的管理，主要是显示订单列表，以及按照订单号查询指定的订单。订单管理模块首页运行效果如图10.27所示。

订单号	收货人	电话	地址	下单日期
27	郭靖	18910441510	北京回龙观	2024-11-02 15:55:50
26	小明	18910441510	吉林长春	2024-11-02 15:55:01
25	李四	18910441510	长春	2024-11-01 09:52:41
24	张三	18910441510	长春	2024-11-01 09:06:16
23	侧室	18910441510	123	2024-10-31 18:52:50
22	测试3	18910441510	手动阀	2024-10-31 18:52:26
21	测试	18910441510	这是谁	2024-10-31 18:50:36

当前页数：[1/1] 第一页 最后一页

图 10.27 订单管理页面

订单管理功能主要是通过自定义的 orders_list()方法来实现的。该方法中,主要是分页显示所有网站订单信息,每页显示 10 条记录。另外,可以根据订单号查询订单信息。关键代码如下:

```python
@admin.route("/orders/list/", methods=["GET"])
@admin_login
def orders_list():
    """
    订单列表页面
    """
    keywords = request.args.get('keywords','',type=str)
    page = request.args.get('page', 1, type=int)        # 获取 page 参数值
    if keywords :
        page_data = Orders.query.filter_by(id=keywords).order_by(
            Orders.addtime.desc()
        ).paginate(page=page, per_page=10)
    else :
        page_data = Orders.query.order_by(
            Orders.addtime.desc()
        ).paginate(page=page, per_page=10)
    return render_template("admin/orders_list.html", page_data=page_data)
```

订单管理模板页面 orders_list.html 的主要设计代码如下:

```html
<table width="1280" height="288" border="0" align="center" cellpadding="0" cellspacing="0" bgcolor="#FFFFFF">
  <tr>
    <td align="center" valign="top">
        <table width="100%"  border="0" cellpadding="0" cellspacing="0">
        <!-- 省略部分代码 -->
        <tr>
            <td align="right"> </td>
            <td height="10" colspan="3">
                <form action="" method="get" >
                    <input type="text" placeholder="根据订单号查询" name="keywords" id="orderId" />
                    <input type="submit" value="查询" />
                </form>
            </td>
            <td> </td>
        </tr>
        <!-- 省略部分代码 -->
        <table   width="96%"   height="48"   border="1"   cellpadding="0"   cellspacing="0"   bordercolor="#FFFFFF" bordercolordark="#CCCCCC" bordercolorlight="#FFFFFF">
            <tr align="center">
                <td width="8%" height="30">订单号</td>
                <td width="10%">收货人</td>
                <td width="15%">电话</td>
                <td width="15%">地址</td>
                <td width="26%">下单日期</td>
            </tr>
            {% for v in page_data.items %}
            <tr align="center">
                <td height="24">
                    <a href="{{ url_for('admin.orders_detail',order_id=v.id)}}">{{ v.id }}</a>
                </td>
                <td>{{ v.recevie_name}}</td>
                <td>{{ v.recevie_tel}}</td>
                <td>{{ v.recevie_address}}</td>
                <td>{{ v.addtime}}</td>
            </tr>
            {% endfor %}
```

```html
        </table>
        <table width="100%"  border="0" cellspacing="0" cellpadding="0">
            <tr>
                <td height="30" align="right">当前页数：[{{page_data.page}}/{{page_data.pages}}] 
                    <a href="{{ url_for('admin.orders_list',page=1) }}">第一页</a>
                    {% if page_data.has_prev %}
                        <a href="{{ url_for('admin.orders_list',page=page_data.prev_num) }}">上一页</a>
                    {% endif %}
                    {% if page_data.has_next %}
                        <a href="{{ url_for('admin.orders_list',page=page_data.next_num) }}">下一页</a>
                    {% endif %}
                    <a href="{{ url_for('admin.orders_list',page=page_data.pages) }}">最后一页 </a>
                </td>
            </tr>
        </table>
    </td>
  </tr>
</table>
```

10.10 项目运行

通过前述步骤，设计并完成了"乐购甄选在线商城"项目的开发。下面运行该项目，以检验我们的开发成果。运行"乐购甄选在线商城"项目的步骤如下。

（1）打开 Shop\app__init__.py 文件，根据自己的数据库账号和密码修改如下代码：

```python
def create_app():
    app = Flask(__name__)
    app.config['SQLALCHEMY_DATABASE_URI']='mysql+pymysql://root:root@127.0.0.1:3306/shop'
    app.config['SQLALCHEMY_TRACK_MODIFICATIONS'] = True
    app.config['SECRET_KEY'] = 'mr'
    db.init_app(app)
```

（2）打开"命令提示符"窗口，进入 Shop 项目文件夹所在目录，在"命令提示符"窗口中输入如下命令创建 venv 虚拟环境：

```
virtualenv venv
```

（3）在"命令提示符"窗口中输入如下命令启动 venv 虚拟环境：

```
venv\Scripts\activate
```

（4）在"命令提示符"窗口中使用如下命令安装 Flask 依赖包：

```
pip install -r  requirements.txt
```

（5）在"命令提示符"窗口中使用如下命令创建数据表：

```
flask  db  init            # 创建迁移仓库，首次使用
flask  db  migrate         # 创建迁移脚本
flask  db  upgrade         # 把迁移应用到数据库中
```

（6）因为新增的数据表中数据为空，所以需要导入数据。将 Shop\shop.sql 文件导入数据库中。

（7）在 PyCharm 的左侧项目结构中展开"乐购甄选在线商城"的项目文件夹 Shop，在其中选中 app.py 文件，单击鼠标右键，在弹出的快捷菜单中选择 Run 'app'命令，如图 10.28 所示。

图 10.28　选择 Run 'app'命令

（8）如果在 PyCharm 底部出现如图 10.29 所示的提示，说明程序运行成功。

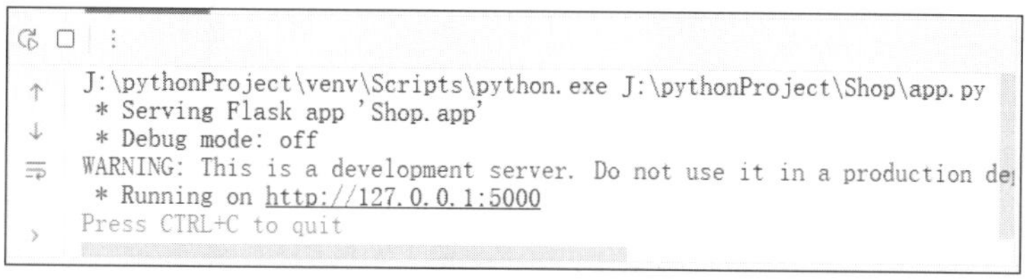

图 10.29　程序运行成功提示

（9）在浏览器中访问网址 http://127.0.0.1:5000/，即可进入乐购甄选在线商城的前台首页，效果如图 10.30 所示。

图 10.30　乐购甄选在线商城前台首页

（10）在浏览器中访问网址 http://127.0.0.1:5000/admin，即可进入后台登录页，在其中输入管理员账号和密码后,即可进入后台对商品、商品分类、会员、订单等信息进行管理,效果如图 10.31 所示。

图 10.31　乐购甄选在线商城后台页

本章主要介绍如何使用 Flask 框架开发乐购甄选在线商城项目。在本项目中,重点讲解了商城前后台功能的实现,包括登录注册、查看商品、推荐商品、加入购物车、提交订单,以及后台管理等功能。在实现这些功能时,我们使用了 Flask 的流行模块,包括使用 Flask-SQLAlchemy 来操作数据库,使用 Flask-WTF 创建表单,模板的渲染展示等。

10.11　源码下载

虽然本章详细地讲解了如何编码实现"乐购甄选在线商城"的各个功能,但给出的代码都是代码片段,而非源码。为了方便读者学习,本书提供了完整的项目源码,扫描右侧二维码即可下载。

第 11 章 智慧校园考试系统

——Django 框架 ＋MySQL＋Redis＋ 文件上传技术 ＋xlrd 模块

智慧校园指的是以互联网为基础的智慧化的校园工作、学习、生活一体化环境，这个一体化环境以各种应用服务系统为载体，将教学、科研、管理和校园生活进行充分融合。在智慧校园体系中，考试系统是一个不可或缺的重要环节。使用考试系统，通过简单配置，即可创建出一份精美的考卷，考生可以在计算机上进行考试或者练习。本章将使用 Python Web 框架 Django，结合 MySQL 数据库、Redis 数据库等技术，开发一个智慧校园考试系统。

项目微视频

本项目的核心功能及实现技术如下：

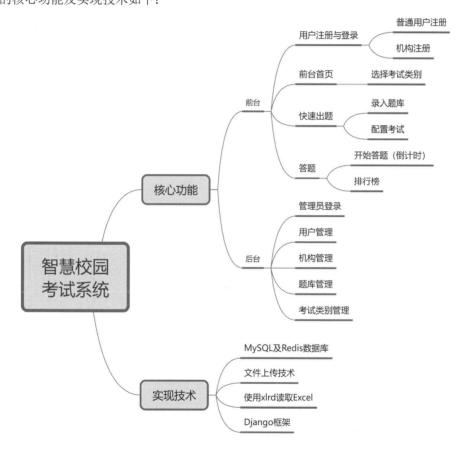

11.1 开发背景

随着信息技术的快速发展，智慧校园已成为高校信息化建设的重要方向。考试作为教学活动的重要组成部分，传统的纸质考试方式已无法满足现代教育的需求。因此，开发一款智慧校园考试系统，实现考试流程的自动化、信息化和智能化，对于提高考试效率、减轻教师负担、提升学生体验具有重要意义。本项目使用 Django 框架，结合 MySQL 数据库、Redis 数据库等技术进行开发，主要基于以下考虑：

- ☑ Django 框架采用模型（model）、视图（view）和控制器（controller）的架构模式，使得代码结构清晰，易于维护和扩展，同时提供了大量的内置功能和工具，可以极大地加快开发速度，减少重复工作。
- ☑ MySQL 是一个成熟且稳定的数据库管理系统，适用于大规模的数据存储和查询，同时支持事务处理，可以保证数据的一致性和完整性。
- ☑ Redis 是一个内存数据库，读写速度非常快，适合用于缓存和实时数据处理。另外，其支持数据持久化，即使服务器重启，数据也不会丢失。而且，Redis 支持多种数据类型，如字符串、列表、哈希等，可以方便存储和操作考试相关的各种数据。

本项目的主要实现目标如下：

- ☑ 通过自动化和智能化的考试流程，减少人工操作，提高考试组织、实施的效率。
- ☑ 通过技术手段防止作弊行为，确保考试的公平性和公正性。
- ☑ 提供友好的用户界面和便捷的操作方式，以降低用户使用门槛，提升用户体验。
- ☑ 通过收集和分析考试数据，为教学管理提供有力支持。

11.2 系统设计

11.2.1 开发环境

本项目的开发及运行环境如下：

- ☑ 操作系统：推荐 Windows 10、Windows 11 及以上。
- ☑ 开发工具：PyCharm 2024（向下兼容）。
- ☑ 开发语言：Python 3.12。
- ☑ 数据库：MySQL 8.0 + PyMySQL 驱动、Redis。
- ☑ Python Web 框架：Django 5.0。

11.2.2 业务流程

在启动项目后，首先需要判断用户是否登录，如果没有登录，可以浏览首页中列出的各类考试。登录时有 3 种身份，分别是用户、机构和管理员。其中，用户身份需要进行注册，登录后可以答题；机构同样需要注册，登录后可以录入题库和配置考试；管理员身份需要通过系统后台入口进行登录，登录后，可以对本系统的用户、机构、题库、考试类别等信息进行管理。

本项目的业务流程如图 11.1 所示。

11.2.3 功能结构

本项目的功能结构已经在章首页中给出。作为在线考试方面的热门应用，本项目实现的具体功能如下：

- ☑ 用户管理功能：包括用户注册、登录和退出等功能。
- ☑ 邮件激活功能：用户注册完成后，需要登录邮箱激活。
- ☑ 分类功能：用户选择某类考试进行答题。

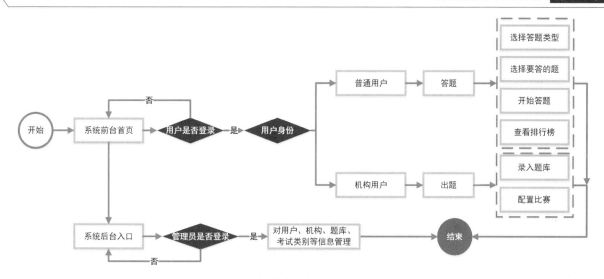

图 11.1　智慧校园考试系统业务流程

☑　机构注册功能：允许机构用户进行注册，注册成功后可自主出题。
☑　快速出题功能：机构用户可下载题库模板，根据模板创建题目，上传题库。
☑　配置考试功能：机构用户可以配置考试信息，如设置考试题目、时间等内容。
☑　答题功能：用户参与考试后，可以选择上一题和下一题。
☑　评分功能：用户答完所有题目后，显示用户考试结果。
☑　排行榜功能：用户可以通过排行榜，查看考试成绩。
☑　后台管理功能：管理员对系统、用户、机构、题库等信息进行管理。

11.3　技术准备

11.3.1　数据存储技术

本项目中的数据存储主要使用了 MySQL 数据库及 Redis 数据库，其中操作 MySQL 数据库时使用了 PyMySQL 模块，关于该知识在《Python 从入门到精通（第 3 版）》中有详细的讲解，对该知识不太熟悉的读者可以参考该书对应的内容。有关 Redis 数据库的相关操作，可以参见本书第 6 章的 6.3.2 节和 6.3.3 节。

下面对实现本项目时用到的其他主要技术点进行必要介绍，如 Django 框架、文件上传技术、使用 xlrd 模块读取 Excel 等，以确保读者可以顺利完成本项目。

11.3.2　Django 框架的基本使用

Django 是基于 Python 的开源 Web 框架，它拥有高度定制的 ORM、大量的 API、简单灵活的视图、优雅的 URL、适于快速开发的模板、强大的管理后台，这些使得它在 Python Web 开发领域占据不可动摇的地位。下面介绍 Django 框架的基本使用方法。

1. 安装 Django Web 框架

安装 Django Web 框架非常简单，直接使用以下命令即可：

```
pip install django
```

2. 创建并运行 Django 项目

创建及运行 Django 项目的步骤如下。

（1）在虚拟环境下创建一个名为 django_demo 的项目，命令如下：

`django-admin startproject django_demo`

（2）使用 Pycharm 打开 django_demo 项目，查看目录结构，如图 11.2 所示。

图 11.2　Django 项目目录结构

Django 项目中的文件及说明如表 11.1 所示。

表 11.1　Django 项目中的文件及说明

文件	说明
manage.py	Django 程序执行的入口
db.sqlite3	sqlite 的数据库文件，Django 默认使用这种小型数据库存取数据，非必须
templates	Django 生成的 HTML 模板文件夹，我们也可以在每个 app 中使用模板文件夹
demo	Django 生成的和项目同名的配置文件夹
settings.py	Django 总的配置文件，可以配置 App、数据库、中间件、模板等诸多选项
urls.py	Django 默认的路由配置文件，可以在其中 include 其他路径下的 urls.py
wsgi.py	Django 实现的 WSGI 接口的文件，用来处理 Web 请求

（3）在虚拟环境中执行如下命令运行项目：

`python manage.py runserver`

运行结果如图 11.3 所示。

图 11.3　启动项目

（4）从图 11.3 中可以看到，开发服务器已经开始监听 8000 端口的请求了，这时在浏览器中访问 http://127.0.0.1:8000，即可看到一个 Django 页面，如图 11.4 所示。

（5）使用命令创建后台应用，首先按 Ctrl+C 快捷键关闭服务器，然后通过如下命令执行数据库的迁移操作，以生成数据表：

`python manage.py migrate`

（6）执行如下命令创建超级管理员用户（这里需要输入用户名、密码、邮箱等内容）：

`python manage.py createsuperuser`

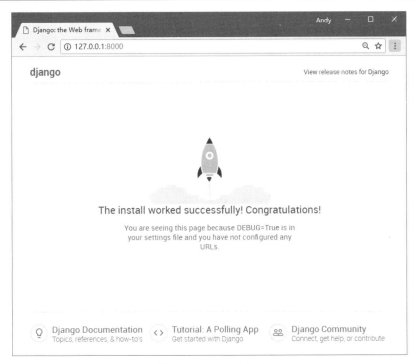

图 11.4　Django 页面

（7）按照步骤（3）重新启动服务器，在浏览器中访问 http://127.0.0.1:8000/admin，即可进入后台登录页面，如图 11.5 所示。输入前面创建的用户名和密码，单击 log in 按钮，即可进入后台的管理页面，如图 11.6 所示。

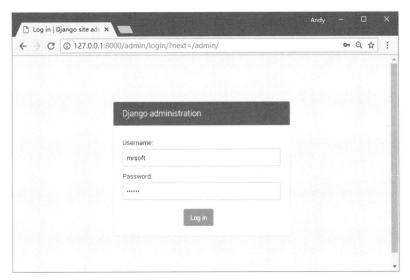

图 11.5　后台登录页面

3．创建一个 App

在 Django 项目中，推荐使用 App 来完成不同模块的任务。创建一个 App 非常简单，命令如下：

```
python manage.py startapp app1
```

运行完成后，django_demo 目录下会多出一个名称为 app1 的目录，如图 11.7 所示。

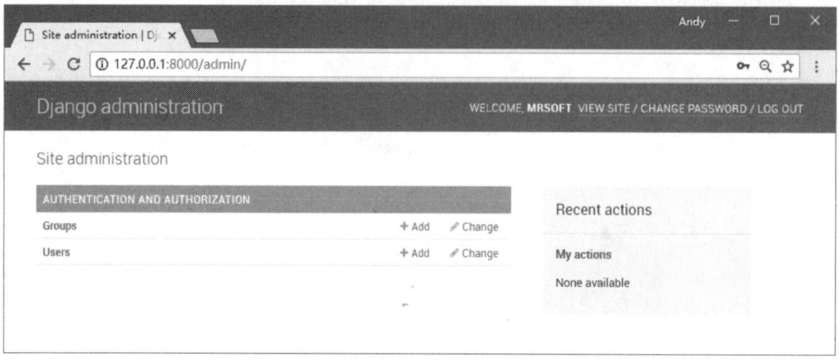

图 11.6 Django 项目后台管理页面

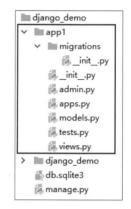

图 11.7 Django 项目的 App 目录结构

Django 项目中 App 目录的文件及说明如表 11.2 所示。

表 11.2 Django 项目中 App 目录的文件及说明

文 件	说 明	文 件	说 明
migrations	执行数据库迁移生成的脚本	models.py	创建数据库数据模型对象的文件
admin.py	配置 Django 管理后台的文件	tests.py	用来编写测试脚本的文件
apps.py	单独配置添加的每个 app 的文件	views.py	用来编写视图控制器的文件

接下来需要激活名为 app1 的 App，否则 app1 内的文件都不会生效。激活方式非常简单，在 django_demo/settings.py 配置文件中，找到 INSTALLED_APPS 列表，添加 app1，效果如图 11.8 所示。

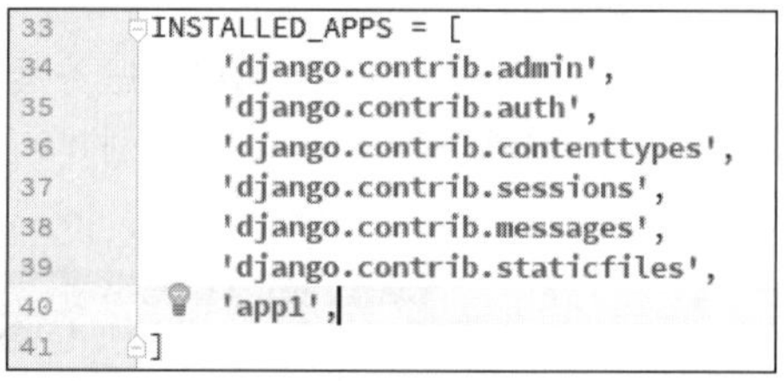

4. 定义数据模型（models）

在 app1 的 models.py 中定义一个 Person 数据模型，代码如下：

图 11.8 将创建的 App 名称添加到 settings.py 配置文件中

```
from django.db import models

# Create your models here.
class Person(models.Model):
    """
    编写 Person 模型类，数据模型应该继承于 models.Model 或其子类
    """
    # 第一个字段使用 models.CharField 类型
    first_name = models.CharField(max_length=30)
    # 第二个字段使用 models.CharField 类型
    last_name = models.CharField(max_length=30)
```

上面的数据模型类在数据库中会创建如下数据表：

```
CREATE TABLE myapp_person (
    "id" serial NOT NULL PRIMARY KEY,
    "first_name" varchar(30) NOT NULL,
    "last_name" varchar(30) NOT NULL
);
```

另外，对于一些公有的字段，为了简化代码，可以使用如下的实现方式：

```
from django.db import models
```

```python
class CreateUpdate(models.Model):                    # 创建抽象数据模型，同样要继承于 models.Model
    # 创建时间，使用 models.DateTimeField
    created_at = models.DateTimeField(auto_now_add=True)
    # 修改时间，使用 models.DateTimeField
    updated_at = models.DateTimeField(auto_now=True)
    class Meta:                                      # 元数据，除了字段以外的所有属性
        # 设置 model 为抽象类。指定该表不应该在数据库中创建
        abstract = True
```

上述代码创建了一个抽象数据模型，其中主要是定义创建时间和修改时间的模型，创建完成后，其他需要用到创建时间和修改时间的数据模型都可以继承该类，例如：

```python
class Person(CreateUpdate):                          # 继承 CreateUpdate 基类
    """
    编写 Person 模型类，数据模型应该继承于 models.Model 或其子类
    """
    # 第一个字段使用 models.CharField 类型
    first_name = models.CharField(max_length=30)
    # 第二个字段使用 models.CharField 类型
    last_name = models.CharField(max_length=30)

class Order(CreateUpdate):                           # 继承 CreateUpdate 基类
    """
    编写 Order 模型类，数据模型应该继承于 models.Model 或其子类
    """
    order_id = models.CharField(max_length=30, db_index=True)
    order_desc = models.CharField(max_length=120)
```

上面创建表时使用了两个字段类型：CharField 和 DateTimeField，它们分别表示字符串值类型和日期时间类型。此外，django.db.models 还提供了很多常见的字段类型，如表 11.3 所示。

表 11.3　Django 数据模型中常见的字段类型

字段类型	说　　明
AutoField	一个 id 自增的字段，但创建表过程 Django 会自动添加一个自增的主键字段
BinaryField	一个保存二进制源数据的字段
BooleanField	一个布尔值的字段，应该指明默认值，管理后台中默认呈现为 CheckBox 形式
NullBooleanField	可以为 None 值的布尔值字段
CharField	字符串值字段，必须指明参数 max_length 值，管理后台中默认呈现为 TextInput 形式
TextField	文本域字段，对于大量文本应该使用 TextField。管理后台中默认呈现为 Textarea 形式
DateField	日期字段，代表 Python 中 datetime.date 的实例。管理后台默认呈现 TextInput 形式
DateTimeField	日期时间字段，代表 Python 中 datetime.datetime 的实例。管理后台默认呈现 TextInput 形式
EmailField	邮件字段，是 CharField 的实现，用于检查该字段值是否符合邮件地址格式
FileField	上传文件字段，管理后台默认呈现 ClearableFileInput 形式
ImageField	图片上传字段，是 FileField 的实现。管理后台默认呈现 ClearableFileInput 形式
IntegerField	整数值字段，在管理后台默认呈现 NumberInput 或者 TextInput 形式
FloatField	浮点数值字段，在管理后台默认呈现 NumberInput 或者 TextInput 形式
SlugField	只保存字母、数字、下画线和连接符，用于生成 url 的短标签
UUIDField	保存一般统一标识符的字段，代表 Python 中 UUID 的实例，建议提供默认值 default
ForeignKey	外键关系字段，需提供外键的模型参数和 on_delete 参数（指定当该模型实例被删除时，是否删除关联模型），如果要外键的模型出现在当前模型的后面，需要在第一个参数中使用单引号 'Manufacture'
ManyToManyField	多对多关系字段，与 ForeignKey 类似
OneToOneField	一对一关系字段，常用于扩展其他模型

5. 数据库迁移

创建完数据模型后，需要进行数据库迁移，操作步骤如下。

（1）如果不使用 Django 默认自带的 sqlite 数据库，而是使用当下流行的 MySQL 数据库，则需要在 django_demo/settings.py 配置文件中进行一些修改。将如下代码：

```
DATABASES = {
    'default': {
        'ENGINE': 'django.db.backends.sqlite3',
        'NAME': os.path.join(BASE_DIR, 'db.sqlite3'),
    }
}
```

修改为：

```
DATABASES = {
    'default': {
        'ENGINE': 'django.db.backends.mysql',
        'NAME': 'demo',                          # 数据库名称
        'USER': 'root',                          # 数据库用户名
        'PASSWORD': 'root'                       # 数据库密码
    }
}
```

> **说明**
> 这里需要安装 MySQL 数据库驱动（如 PyMySQL），并且需要在 MySQL 中创建相应的数据库。

（2）在 Django 项目中找到 django_demo__init__.py 文件，在行首添加如下代码：

```
import pymysql
pymysql.install_as_MySQLdb()                     # 为了将 pymysql 发挥最大数据库操作性能
```

（3）在终端命令窗口中执行以下命令创建数据表：

```
python manage.py makemigrations                  # 生成迁移文件
python manage.py migrate                         # 迁移数据库，创建新表
```

以上操作完成后，即可在数据库中查看这两张数据表。Django 会默认按照 App 名称+下画线+模型类名称小写的形式创建数据表。对于上面两个模型，Django 创建了如下表：

- ☑ Person 类对应 app1_person 表。
- ☑ Order 类对应 app1_order 表。

在数据库管理软件中可以查看新创建的数据表，效果如图 11.9 所示。

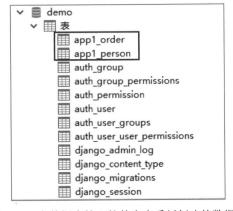

图 11.9　在数据库管理软件中查看新创建的数据表

6. Django 中的数据库操作命令

- ☑ 导入数据模型。命令如下：

```
# 导入 Person 和 Order 两个类
from app1.models import Person, Order
```

- ☑ 创建数据。添加数据有两种方法，分别如下：
  - ➢ 方法 1：

```
p = Person.objects.create(first_name="andy", last_name="feng")
```

➢ 方法2：

```
p=Person(first_name="andy", last_name="冯")
p.save()                                # 必须调用 save()才能写入数据库
```

☑ 查询数据：
    ➢ 查询所有数据，命令如下：

```
Person.objects.all()
```

输出结果如下：

```
<QuerySet [<Person: Person object (1)>, <Person: Person object (2)>]>
```

    ➢ 查询单个数据，命令如下：

```
Person.objects.get(id =1)               # 括号内需要加入确定的条件，因为 get 方法只返回一个确定值
```

输出结果如下：

```
<Person: Person object (1)>
```

    ➢ 查询指定条件的数据，命令如下：

```
Person.objects.filter(first_name__exact="andy")     # 指定 first_name 字段值必须为 andy
```

输出结果如下：

```
<QuerySet [<Person: Person object (1)>, <Person: Person object (2)>]>

Person.objects.filter(id__gt=1)         # 查找所有 id 值大于 1 的
Person.objects.filter(id__lt=100)       # 查找所有 id 值小于 100 的
# 排除所有创建时间大于现在时间的，exclude 的用法是排除，和 filter 正好相反
Person.objects.exclude(created_at__gt=datetime.datetime.now(tz=datetime.timezone.utc))
# 过滤出所有 first_name 字段值包含 h 的，然后将之前的查询结果按照 id 进行排序
Person.objects.filter(first_name__contains="h").order_by("id")
Person.objects.exclude(first_name__icontains="a")   # 查询所有 first_name 值不包含 a 的记录
```

☑ 修改数据。修改之前需要查询到对应的数据或者数据集，代码如下：

```
p = Person.objects.get(id=1)
```

然后按照需求进行修改，例如：

```
p.first_name = "jack"
p.last_name = "ma"
p.save()
```

也可以使用 get_or_create()方法，如果数据存在就修改，不存在就创建，代码如下：

```
p, is_created = Person.objects.get_or_create(
    first_name="jackie",
    defaults={"last_name": "chan"}
)
```

    get_or_create()方法返回一个元组、一个数据对象和一个布尔值，defaults 参数是一个字典。当获取数据时，defaults 参数里面的值不会被传入，也就是获取的对象只存在 defaults 之外的关键字参数的值。

☑ 删除数据。删除数据同样需要先查找到对应的数据，然后进行删除，代码如下：

```
Person.objects.get(id=1).delete()
```

运行结果如下：

```
(1,({'app1.Person':1}))
```

7. 路由（urls）

　　Django 的路由系统作用是使 views 中处理数据的函数与请求的 URL 建立映射关系，使请求到来后，根据 urls.py 里的关系条目，去查找与请求对应的处理方法，从而返回给客户端 HTTP 页面数据。执行流程如图 11.10 所示。

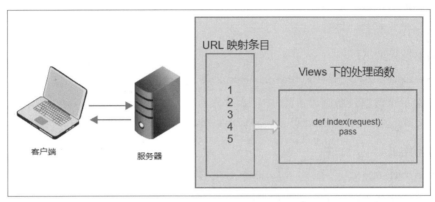

图 11.10　URL 映射流程

Django 项目中的 URL 规则定义放在 project 的 urls.py 目录下，内容默认如下：

```
from django.conf.urls import url
from django.contrib import admin

urlpatterns = [
    url(r'^admin/', admin.site.urls),
]
```

　　url() 函数可以传递 4 个参数。其中，两个是必须的：regex 和 view；两个是可选的：kwargs 和 name。下面介绍每个参数的含义：

- ☑　regex：regex 是正则表达式的通用缩写，它是一种匹配字符串或 URL 地址的语法。Django 根据用户请求的 URL 地址，在 urls.py 文件中对 urlpatterns 列表中的每一项条目从头开始进行逐一对比，一旦遇到匹配项，立即执行该条目映射的视图函数或二级路由，其后的条目将不再继续匹配。因此，URL 路由的编写顺序至关重要。

> **说明**
> 　　regex 不会去匹配 GET 或 POST 参数或域名，例如，对于 https://www.example.com/myapp/，regex 只尝试匹配 myapp/。对于 https://www.example.com/myapp/?page=3,regex 也只尝试匹配 myapp/。

- ☑　view：当正则表达式匹配到某个条目时，自动将封装的 HttpRequest 对象作为第一个参数，将正则表达式"捕获"的值作为第二个参数，传递给该条目指定的视图。如果是简单捕获，那么捕获值将作为一个位置参数进行传递；如果是命名捕获，那么将作为关键字参数进行传递。
- ☑　kwargs：任意数量的关键字参数都可以作为一个字典传递给目标视图。
- ☑　name：对 URL 进行命名，可以在 Django 的任意处，尤其是模板内显式地引用它。相当于给 URL 取了个全局变量名。只需要修改这个全局变量的值，在整个 Django 中任何引用它的地方也将同样获得改变。

下面通过一个示例讲解 Django 路由的 URL 匹配方式，步骤如下。

（1）在项目 URL 配置文件 django_demo/urls.py 中添加如下代码：

```python
urlpatterns = [
    path('admin/',admin.site.urls),
    path('app1/', include('app1.urls'))                    # 引入 app1 模块下的一组路由
]
```

（2）在 app1 目录下创建 urls.py 文件，定义路由规则，代码如下：

```python
from django.urls import path,re_path
from app1 import views as views

urlpatterns = [
    path('index',views.index),                                              # 精确匹配
    path('article/<int:id>', views.article),                                # 匹配一个参数
    path('articles/<int:year>/<int:month>/<slug:slug>/', views.article_detail),  # 匹配两个参数和一个 slug
    re_path('articles/(?P<year>[0-9]{4})/', views.year_archive),            # 正则匹配 4 个字符的年份
]
```

在上述代码中，列举了比较常见的几种 URL 匹配模式。其中，<类型:变量名>是格式转换模式。例如，<int:id>将用户 URL 中的 id 参数自动转化为整型数据，否则默认为字符串型数据。

（3）在 app1/views.py 文件中编写视图函数，代码如下：

```python
from django.shortcuts import render
from django.http import HttpResponse


def index(request):
    return HttpResponse("Hello World")

def article(request,id):
    content = "This article's id is {}".format(id)
    return HttpResponse(content)

def article_detail(request,year,month,slug):
    content = 'the year is %s , the month is %s , the slug is %s.'.format(year,month,slug)
    return HttpResponse(content)

def year_archive(request,year):
    return HttpResponse(year)
```

完成以上步骤后，即可根据路由信息，在浏览器中访问相应 URL 查看运行效果。例如，使用浏览器访问网址 http://127.0.0.1:8000/app1/articles/2024/04/python。

8．表单（forms）

在 app1 文件夹下创建一个 forms.py 文件，添加如下代码：

```python
from django import forms
class PersonForm(forms.Form):
    first_name = forms.CharField(label='你的名字', max_length=20)
    last_name = forms.CharField(label='你的姓氏', max_length=20)
```

上面代码定义了一个 PersonForm 表单类，两个字段类型为 forms.CharField，其对应 models.CharField，first_name 指字段的 label 为"你的名字"，并且指定该字段最大长度为 20 个字符。max_length 参数可以指定 forms.CharField 的验证长度。

PersonForm 类将呈现为下面的 html 代码：

```html
<label for="你的名字">你的名字: </label>
<input id="first_name" type="text" name="first_name" maxlength="20" required />
<label for="你的姓氏">你的姓氏: </label>
<input id="last_name" type="text" name="last_name" maxlength="20" required />
```

表单类forms.Form有一个is_valid()方法，可以在views.py中验证提交的表单是否符合规则。

对于提交的内容，在views.py文件中编写如下代码进行POST或GET访问：

```python
from django.shortcuts import render
from django.http import HttpResponse, HttpResponseRedirect
from app1.forms import PersonForm

def get_name(request):
    # 判断请求方法是否为POST
    if request.method == 'POST':
        # 将请求数据填充到PersonForm实例中
        form = PersonForm(request.POST)
        # 判断form是否为有效表单
        if form.is_valid():
            # 使用form.cleaned_data获取请求的数据
            first_name = form.cleaned_data['first_name']
            last_name = form.cleaned_data['last_name']
            # 响应拼接后的字符串
            return HttpResponse(first_name + " " + last_name)
        else:
            return HttpResponseRedirect('/error/')
    # 请求方法为GET
    else:
        return render(request, 'name.html', {'form': PersonForm()})
```

那么，在HTML文件中如何使用这个返回的表单呢？代码如下：

```html
<form action="/app1/get_name" method="post"> {% csrf_token %}
    {{ form }}
    <button type="submit">提交</button>
</form>
```

上面的代码中，{{form}}是Django模板的语法，用来获取页面返回的数据。该数据是一个PersonForm实例，Django按照返回的数据渲染表单，但这里渲染的表单只是表单的字段，所以需要在HTML文件中手动添加<form></form>标签，并指出需要提交的路由/app1/get_name和请求的方法post。另外，form标签中需要加上Django的防止跨站请求伪造模板标签{% csrf_token %}，这样可以避免在提交form表单时，出现跨站请求伪造攻击的情况。

最后，添加URL到我们创建的app1/urls.py中，代码如下：

```python
path('get_name', app1_views.get_name)
```

此时访问页面http://127.0.0.1:8000/app1/get_name，效果如图11.11所示。

图11.11　在Django项目中创建表单

9. 视图（views）

Django中的视图类型有两种，分别是FBV（function-based view）基于函数的视图和CBV（class-based view）基于类的视图，下面分别通过示例进行讲解。

1）FBV基于函数的视图

下面通过一个示例进行讲解，如何在Django项目中定义视图，代码如下：

```python
from django.http import HttpResponse                # 导入响应对象
import datetime                                      # 导入时间模块
```

```python
def current_datetime(request):                    # 定义一个视图方法，必须带有请求对象作为参数
    now = datetime.datetime.now()                 # 请求的时间
    html = "<html><body>It is now %s.</body></html>" % now  # 生成 html 代码
    return HttpResponse(html)                     # 将响应对象返回，数据为生成的 html 代码
```

上面的代码定义了一个函数，返回了一个 HttpResponse 对象，这就是 Django 中的 FBV 基于函数的视图，每个视图函数都要有一个 HttpRequest 对象作为参数，用来接收来自客户端的请求，并且必须返回一个 HttpResponse 对象，作为响应给客户端。

django.http 模块下有很多继承于 HttpReponse 的对象。例如，在查询不到数据时，给客户端一个 HTTP 404 的错误页面，可以利用 django.http 下面的 Http404 对象实现，代码如下：

```python
from django.shortcuts import render
from django.http import HttpResponse, HttpResponseRedirect, Http404
from app1.forms import PersonForm
from app1.models import Person

def person_detail(request, pk):                   # url 参数 pk
    try:
        p = Person.objects.get(pk=pk)             # 获取 Person 数据
    except Person.DoesNotExist:
        raise Http404('Person Does Not Exist')    # 获取不到抛出 Http404 错误页面
    return render(request, 'person_detail.html', {'person': p})  # 返回详细信息视图
```

这时，在浏览器访问 http://127.0.0.1:8000/app1/person_detail/100/，会抛出异常，效果如图 11.12 所示。

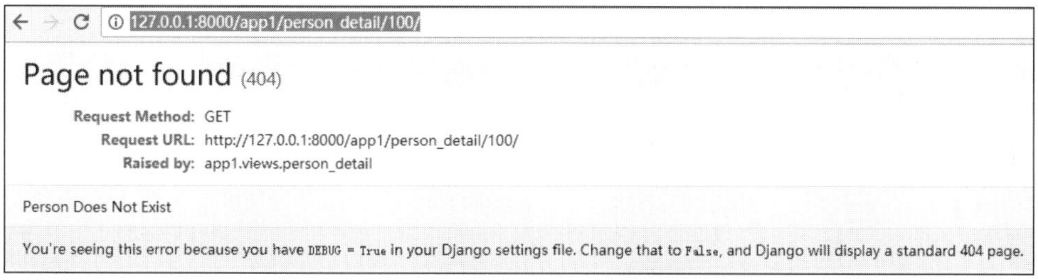

图 11.12　定义 HTTP 404 错误页面

2）CBV 基于类的视图

基于类的视图和基于函数的视图大同小异，下面通过示例进行讲解。

首先定义一个类视图，这个类视图需要继承一个基础的类视图，所有的类视图都继承自 views.View，类视图的初始化参数需要给出。将上面表单中讲到的 get_name() 方法改成基于类的视图，代码如下：

```python
from django.shortcuts import render
from django.http import HttpResponse, HttpResponseRedirect, Http404
from django.views import View
from app1.forms import PersonForm
from app1.models import Person

class PersonFormView(View):
    form_class = PersonForm                       # 定义表单类
    initial = {'key': 'value'}                    # 定义表单初始化展示参数
    template_name = 'name.html'                   # 定义渲染的模板

    def get(self, request, *args, **kwargs):      # 定义 GET 请求的方法
        return render(request, self.template_name, {'form': self.form_class(initial=self.initial)})  # 渲染表单

    def post(self, request, *args, **kwargs):     # 定义 POST 请求的方法
        form = self.form_class(request.POST)      # 填充表单实例
```

```
        if form.is_valid():                                      # 判断请求是否有效
            # 使用 form.cleaned_data 获取请求的数据
            first_name = form.cleaned_data['first_name']
            last_name = form.cleaned_data['last_name']
            # 响应拼接后的字符串
            return HttpResponse(first_name + " " + last_name)    # 返回拼接的字符串
        return render(request, self.template_name, {'form': form})   # 如果表单无效，返回表单
```

接下来定义一个 URL，代码如下：

```
from django.urls import path
from app1 import views as app1_views
urlpatterns = [
    path('get_name', app1_views.get_name),
    path('get_name1', app1_views.PersonFormView.as_view()),
    path('person_detail/<int:pk>/', app1_views.person_detail),
]
```

在浏览器中请求/app1/get_name1，会调用 PersonFormViews 视图的方法，效果如图 11.13 所示。

输入 hugo 和 zhang，并单击"提交"按钮，效果如图 11.14 所示。

图 11.13　请求定义的视图　　　　　　　　图 11.14　请求视图结果

10．Django 模板

Django 指定的模板引擎在 settings.py 文件中定义，代码如下：

```
TEMPLATES = [{
    'BACKEND': 'django.template.backends.django.DjangoTemplates',   # 模板引擎，默认为 Django 模板
    'DIRS': [],                                                      # 模板所在的目录
    'APP_DIRS': True,                                                # 是否启用 APP 目录
    'OPTIONS': {
    },
},
]
```

Django 模板引擎使用{%%}来描述 Python 语句，使用{{}}来描述 Python 变量。Django 模板引擎中的标签及说明如表 11.4 所示。

表 11.4　Django 模板引擎中的标签及说明

标　　签	说　　明
{% extends 'base_generic.html'%}	扩展一个母模板
{%block title%}	指定母模板中的一段代码块，此处为 title，在母模板中定义 title 代码块，可以在子模板中重写该代码块。block 标签必须是封闭的，要由{% endblock %}结尾
{{section.title}}	获取变量的值
{% for story in story_list %}、{% endfor %}	和 Python 中的 for 循环用法相似，必须是封闭的

在 Django 模板中，过滤器非常实用，可以用来将返回的变量值做一些特殊处理，常用的过滤器如下：

- ☑　{{value|default:"nothing"}}：用来指定默认值。
- ☑　{{value|length}}：用来计算返回的列表或者字符串长度。
- ☑　{{value|filesizeformat}}：用来将数字转换成人类可读的文件大小，如 13KB、128MB 等。

- ☑ {{value|truncatewords:30}}：用来将返回的字符串取固定的长度，此处为 30 个字符。
- ☑ {{value|lower}}：用来将返回的数据变为小写字母。

例如，下面是一个使用 Django 模板引擎的示例：

```
{% extends "base_generic.html" %}
{% block title %}{{ section.title }}{% endblock %}
{% block content %}
<h1>{{ section.title }}</h1>
{% for story in story_list %}
<h2>
  <a href="{{ story.get_absolute_url }}">
    {{ story.headline|upper }}
  </a>
</h2>
<p>{{ story.tease|truncatewords:"100" }}</p>
{% endfor %}
{% endblock %}
```

11.3.3 Django 中的文件上传技术

当在 Django 应用中处理上传一个文件时，文件数据被放在 request.FILES 中。视图将在 request.FILES 中接收文件数据，request.FILES 是一个字典，它对每个 FileField（或者是 ImageField、FileField 的子类等）都包含一个 key。所以从表单传输的数据可以通过 request.FILES.get("key")或者 request.FILES['key']键来访问。

例如，本项目中在上传题库时选择的是 Excel 文件，其实现关键步骤如下。

（1）创建 Form 表单，通常使用 POST 方式提交上传文件，示例代码如下：

```
<form method="post" action="" enctype="multipart/form-data" >
    {% csrf_token %}
    <input type="file" name="template" />
    <input type="submit" value="提交"/>
</form>
```

说明

在上传文件时，需要将Form表单的enctype属性值设置为multipart/form-data，这样request.FILES中才包含文件数据，否则request.FILES为空。

（2）创建视图函数。在视图函数中，需要设置文件上传路径，判断上传文件的后缀是否为 xls 或者 xlsx。然后，读取文件内容，最后将其写入指定的路径。关键代码如下：

```python
def upload_bank(request):
    """
    上传文件
    """
    template = request.FILES.get('template', None)          # 获取模板文件
    if not template:
        return render(request, 'err.html', FileNotFound)    # 模板不存在
    if template.name.split('.')[-1] not in ['xls', 'xlsx']:
        return render(request, 'err.html', FileTypeError)   # 模板格式为 xls 或者 xlsx
    if not os.path.exists(settings.BANK_REPO):
        os.mkdir(settings.BANK_REPO)                        # 不存在该目录则创建
    final_path = settings.BANK_REPO + '.xlsx'               # 生成文件名
    with open(final_path, 'wb+') as f:                      # 保存到目录
        f.write(template.read())
```

11.3.4　使用 xlrd 读取 Excel

使用 xlrd 能够很方便地读取 Excel 文件的内容，而且 xlrd 是一个跨平台的库，它能够在 Windows、Linux、Unix 等多个平台上面使用。下面介绍其使用步骤。

（1）安装 xlrd。使用 pip 安装 xlrd 的命令如下：

```
pip install xlrd
```

（2）xlrd 的基本使用。xlrd 模块的 API 非常语言化，常用的 API 如下：

```
data = xlrd.open_workbook('excelFile.xls')     # 打开一个 Excel 文件
# 获取工作表相关
table = data.sheets()[0]                       # 通过索引顺序获取
table = data.sheet_by_index(0)                 # 通过索引顺序获取
table = data.sheet_by_name(u'Sheet1')          # 通过名称获取
# 获取整行和整列的值（数组）
table.row_values(i)
table.col_values(i)
# 行数和列数
nrows = table.nrows
ncols = table.ncols
# 行列表数据
for i in range(nrows ):
    print table.row_values(i)
# 单元格相关
cell_A1 = table.cell(0,0).value
cell_C4 = table.cell(2,3).value
# 使用行列索引
cell_A1 = table.row(0)[0].value
cell_A2 = table.col(1)[0].value
```

下面通过一个示例讲解如何从 Excel 表格中读取数据。

例如，有一个名为 myfile.xlsx 的 Excel 表，该表中包含一个"学生信息表"Sheet 页，如图 11.15 所示。使用 xlrd 读取 Excel 表中数据的代码如下：

```
import xlrd
book = xlrd.open_workbook("myfile.xlsx")
print("一共有{}个 worksheets".format(book.nsheets))
print("Worksheet 的名字是：{}".format(book.sheet_names()))
sh = book.sheet_by_index(0)
print("{0} 有{1}行{2}列".format(sh.name, sh.nrows, sh.ncols))
for rx in range(1,sh.nrows):
    name = sh.row(rx)[0].value
    age  = int(sh.row(rx)[1].value)
    print("姓名：{} 年龄：{}".format(name,age))
```

运行结果如图 11.16 所示。

图 11.15　"学生信息表"数据 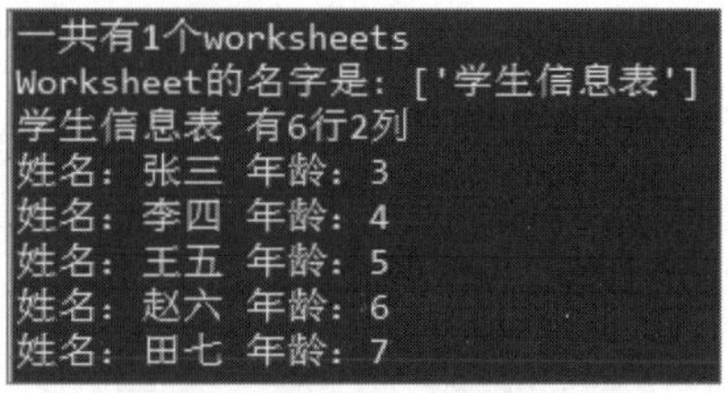　　　　　　图 11.16　读取出的数据

11.4 数据库设计

11.4.1 数据库设计概要

智慧校园考试系统使用 MySQL 数据库来存储数据，数据库名为 exam，共包含 22 张数据表（包括 Django 默认的 10 张数据表），其数据库表结构如图 11.17 所示。

图 11.17 数据库表结构

exam 数据库中的数据表对应的中文表名及主要作用如表 11.5 所示。

表 11.5 exam 数据库中的数据表及作用

英 文 表 名	中 文 表 名	描 述
account_profile	用户信息表	保存授权后的账户信息
account_userinfo	用户填写信息表	保存用户填写的表单信息
auth_group	授权组表	django 默认的授权组
auth_group_permissions	授权组权限表	django 默认的授权组权限信息
auth_permission	授权权限表	django 默认的权限信息
auth_user	授权用户表	django 默认的用户授权信息
auth_user_groups	授权用户组表	django 默认的用户组信息
auth_user_user_permissions	授权用户权限表	django 默认的用户权限信息
business_appconfiginfo	机构 app 配置表	保存机构 app 配置信息
business_businessaccountinfo	机构账户表	保存机构账户信息
business_businessappinfo	机构 app 表	保存机构 app 信息，与配置信息关联
business_userinfoimage	表单图片链接表	保存每个表单字段的图片链接
business_userinforegex	表单验证正则表	保存每个表单字段的正则表达式信息
competition_bankinfo	题库信息表	保存题库信息
competition_choiceinfo	选择题表	保存选择题信息

续表

英文表名	中文表名	描述
competition_competitionkindinfo	考试信息表	保存考试信息和考试配置信息
competition_competitionqainfo	答题记录表	保存答题记录
competition_fillinblankinfo	填空题表	保存填空题信息
django_admin_log	django 日志表	保存 django 管理员登录日志
django_content_type	django content type 表	保存 django 默认的 content type
django_migrations	django 迁移表	保存 django 的数据库迁移记录
django_session	django session 表	保存 django 默认的授权 session 记录

11.4.2 数据表模型

Django 框架自带的 ORM 可以满足绝大多数数据库开发的需求，在没有达到一定的数量级时，开发人员完全不需要担心 ORM 为项目带来的瓶颈。下面是智慧校园考试系统中使用 ORM 来管理考试信息的数据模型，关键代码如下：

```python
class CompetitionKindInfo(CreateUpdateMixin):
    """考试类别信息类"""
    IT_ISSUE = 0
    EDUCATION = 1
    CULTURE = 2
    GENERAL = 3
    INTERVIEW = 4
    REAR = 5
    GEO = 6
    SPORT = 7

    KIND_TYPES = (
        (IT_ISSUE, u'技术类'),
        (EDUCATION, u'教育类'),
        (CULTURE, u'文化类'),
        (GENERAL, u'常识类'),
        (GEO, u'地理类'),
        (SPORT, u'体育类'),
        (INTERVIEW, u'面试题')
    )

    kind_id = ShortUUIDField(_(u'考试 id'), max_length=32, blank=True, null=True,
                             help_text=u'考试类别唯一标识', db_index=True)
    account_id = models.CharField(_(u'出题账户 id'), max_length=32, blank=True, null=True,
                                  help_text=u'商家账户唯一标识', db_index=True)
    app_id = models.CharField(_(u'应用 id'), max_length=32, blank=True, null=True,
                              help_text=u'应用唯一标识', db_index=True)
    bank_id = models.CharField(_(u'题库 id'), max_length=32, blank=True, null=True,
                               help_text=u'题库唯一标识', db_index=True)
    kind_type = models.IntegerField(_(u'考试类型'), default=IT_ISSUE, choices=KIND_TYPES,
                                    help_text=u'考试类型')
    kind_name = models.CharField(_(u'考试名称'), max_length=32, blank=True, null=True,
                                 help_text=u'竞赛类别名称')
    sponsor_name = models.CharField(_(u'赞助商名称'), max_length=60, blank=True, null=True,
                                    help_text=u'赞助商名称')
    total_score = models.IntegerField(_(u'总分数'), default=0, help_text=u'总分数')
    question_num = models.IntegerField(_(u'题目个数'), default=0, help_text=u'出题数量')
    # 周期相关
    cop_startat = models.DateTimeField(_(u'考试开始时间'), default=timezone.now,
                                       help_text=_(u'考试开始时间'))
```

```python
    period_time = models.IntegerField(_(u'答题时间'), default=60, help_text=u'答题时间(min)')
    cop_finishat = models.DateTimeField(_(u'考试结束时间'), blank=True, null=True,
                                        help_text=_(u'考试结束时间'))

    # 参与相关
    total_partin_num = models.IntegerField(_(u'total_partin_num'), default=0,
                                           help_text=u'总参与人数')
    class Meta:
        verbose_name = _(u'考试类别信息')
        verbose_name_plural = _(u'考试类别信息')

    def __unicode__(self):
        return str(self.pk)

    @property
    def data(self):
        return {
            'account_id': self.account_id,
            'app_id': self.app_id,
            'kind_id': self.kind_id,
            'kind_type': self.kind_type,
            'kind_name': self.kind_name,
            'total_score': self.total_score,
            'question_num': self.question_num,
            'total_partin_num': self.total_partin_num,
            'cop_startat': self.cop_startat,
            'cop_finishat': self.cop_finishat,
            'period_time': self.period_time,
            'sponsor_name': self.sponsor_name,
        }
```

与 CompetitionKindInfo 类相似，本项目中的其他类也继承基类 CreateUpdateMixin，该类中主要定义一些通用的信息，关键代码如下：

```python
from django.db import models                            # 基础模型
from django.utils.translation import ugettext_lazy as _ # 引入延迟加载方法，只有在视图渲染时该字段才会呈现出翻译值
from TimeConvert import TimeConvert as tc

class CreateUpdateMixin(models.Model):
    """模型创建和更新时间戳 Mixin"""
    status = models.BooleanField(_(u'状态'), default=True, help_text=u'状态', db_index=True)  # 状态值，True 和 False
    # 创建时间
    created_at = models.DateTimeField(_(u'创建时间'), auto_now_add=True, editable=True, help_text=_(u'创建时间'))
    # 更新时间
    updated_at = models.DateTimeField(_(u'更新时间'), auto_now=True, editable=True, help_text=_(u'更新时间'))

    class Meta:
        abstract = True                                 # 抽象类，只用作继承用，不会生成表
```

11.5 用户登录模块设计

11.5.1 用户登录模块概述

用户登录模块主要是对进入智慧校园考试系统的用户信息进行验证，本项目中使用邮箱、密码和验证码的方式进行登录，用户登录页面运行效果如图 11.18 所示。

图 11.18　用户登录页面

11.5.2　使用 Django 默认授权机制实现普通登录

Django 默认的用户授权机制可以提供绝大多数场景的登录功能，为了更加适应智慧校园考试系统的登录需求，这里对其进行简单修改。

1. 用户登录接口

在 account app 下创建一个 login_views.py 文件，用来作为接口视图，在该文件中编写一个 normal_login() 函数，用来实现用户正常的以用户名和密码登录的功能，代码如下：

```python
@csrf_exempt
@transaction.atomic
def normal_login(request):
    """
    普通登录视图
    :param request: 请求对象
    :return: 返回 json 数据: user_info: 用户信息;has_login: 用户是否已登录
    """
    email = request.POST.get('email', '')                               # 获取 email
    password = request.POST.get('password', '')                         # 获取 password
    sign = request.POST.get('sign', '')                                 # 获取登录验证码的 sign
    vcode = request.POST.get('vcode', '')                               # 获取用户输入的验证码
    result = get_vcode(sign)                                            # 从 redis 中校验 sign 和 vcode
    if not (result and (result.decode('utf-8') == vcode.lower())):
        return json_response(*UserError.VeriCodeError)                  # 校验失败返回错误码 300003
    try:
        user = User.objects.get(email=email)                            # 使用 email 获取 Django 用户
    except User.DoesNotExist:
        return json_response(*UserError.UserNotFound)                   # 获取失败返回错误码 300001
    user = authenticate(request, username=user.username, password=password) # 授权校验
    if user is not None:                                                # 校验成功，获得返回用户信息
        login(request, user)                                            # 登录用户，设置登录 session
        # 获取或创建 Profile 数据
        profile, created = Profile.objects.select_for_update().get_or_create(
            email=user.email,
        )
        if profile.user_src != Profile.COMPANY_USER:
```

```python
            profile.name = user.username
            profile.user_src = Profile.NORMAL_USER
            profile.save()
        request.session['uid'] = profile.uid              # 设置 Profile uid 的 session
        request.session['username'] = profile.name        # 设置用户名的 session
        set_profile(profile.data)                         # 将用户信息保存到 redis，用户信息从 redis 中查询
    else:
        return json_response(*UserError.PasswordError)    # 校验失败，返回错误码 300002
    return json_response(200, 'OK', {                     # 返回 JSON 格式数据
        'user_info': profile.data,
        'has_login': bool(profile),
    })
```

以上代码实现的是用户登录的接口，接下来需要在 api 模块下的 urls.py 文件中添加路由，代码如下：

```python
path('login_normal', login_views.normal_login, name='normal_login'),
```

在 web 目录下的 base.html 文件中，定义一个 Ajax 异步请求方法，用来处理用户登录的表单，代码如下：

```javascript
$('#signInNormal').click(function () {                    // 单击登录按钮
    refreshVcode('signin');                               // 刷新验证码
    $('#signInModalNormal').modal('show');                // 显示弹窗
    $('#signInVcodeImg').click(function () {              // 单击验证码图片，刷新验证码
        refreshVcode('signin');
    });
});
$('#signInPost').click(function () {                      // 单击登录按钮
    // 获取表单数据
    var email = $('#signInId').val();
    var password = $('#signInPassword').val();
    var vcode = $('#signInVcode').val();
    // 验证 Email
    if(!checkEmail(email)){
        $('#signInId').val('');
        $('#signInId').attr('placeholder', '邮件格式错误');
        $('#signInId').css('border', '1px solid red');
        return false;
    }else{
        $('#signInId').css('border', '1px solid #C1FFC1');
    }
    // 验证密码
    if(!password){
        $('#signInPassword').attr('placeholder', '请填写密码');
        $('#signInPassword').css('border', '1px solid red');
    }else{
        $('#signInPassword').css('border', '1px solid #C1FFC1');
    }
    // Ajax 异步提交
    $.ajax({
        url: '/api/login_normal',                         // 提交地址
        data: {                                           // 提交数据
            'email': email,
            'password': password,
            'sign': loginSign,
            'vcode': vcode
        },
        type: 'post',                                     // 提交类型
        dataType: 'json',                                 // 返回数据类型
        success: function(res){                           // 回调函数
            if (res.status === 200){                      // 登录成功
                $('#signInModalNormal').modal('hide');    // 隐藏弹窗
                window.location.href = '/';               // 跳转到首页
            }
            else if(res.status === 300001) {
```

```
                alert('用户名错误');
            }
            else if(res.status === 300002) {
                alert('密码错误');
            }
            else if(res.status === 300003) {
                alert('验证码错误');
            }
            else {
                alert('登录错误');
            }
        }
    })
});
```

登录使用异步方式实现，当用户单击页面上的"登录"按钮时，使用 Bootstrap 框架的 modal 插件弹出登录框，用户输入邮箱账号、密码和验证码时，会根据不同的错误给用户一个友好的提示信息。

当前端验证全部通过后，Ajax 发起请求，后台会校验用户输入的数据是否合理有效，如果验证全部通过，将在用户单击"登录"按钮后，显示出存储在 Session 中的用户名。

说明

在登录过程刷新验证码，也提供了一个接口，本项目中通过创建 utils/codegen.py/CodeGen 类来实现验证码生成和保存到流的过程，具体代码请查看资源包中的源码文件。

2. 用户注册接口

用户注册同样是使用 Ajax 异步请求的方式，在弹出的 modal 框中输入表单内容，然后通过正则表达式规则进行校验，如果校验成功，则会将输入信息提交到后台进行校验，如果校验通过，则将会返回一个新渲染的视图，并提示用户发送邮件去验证邮箱。

发送邮件需要通过异步请求的接口实现，用户注册的视图函数代码如下：

```python
@csrf_exempt
@transaction.atomic
def signup(request):
    email = request.POST.get('email', '')                              # 邮箱
    password = request.POST.get('password', '')                        # 密码
    password_again = request.POST.get('password_again', '')            # 确认密码
    vcode = request.POST.get('vcode', '')                              # 注册验证码
    sign = request.POST.get('sign')                                    # 注册验证码检验位
    if password != password_again:                                     # 两次密码不一样，返回错误码 300002
        return json_response(*UserError.PasswordError)
    result = get_vcode(sign)                                           # 校验 vcode，逻辑和登录视图相同
    if not (result and (result.decode('utf-8') == vcode.lower())):
        return json_response(*UserError.VeriCodeError)
    if User.objects.filter(email__exact=email).exists():               # 检查数据库是否存在该用户
        return json_response(*UserError.UserHasExists)                 # 用户已存在，返回错误码 300004
    username = email.split('@')[0]                                     # 生成一个默认的用户名
    if User.objects.filter(username__exact=username).exists():
        username = email                                               # 默认用户名已存在，使用邮箱作为用户名
    User.objects.create_user(                                          # 创建用户，并设置为不可登录
        is_active=False,
        is_staff=False,
        username=username,
        email=email,
        password=password,
    )
    Profile.objects.create(                                            # 创建用户信息
```

```
        name=username,
        email=email
)
sign = str(uuid.uuid1())
set_signcode(sign, email)                          # 生成邮箱校验码
return json_response(200, 'OK', {                  # 在 redis 设置 30min 时限的验证周期
    'email': email,                                # 返回 JSON 数据
    'sign': sign
})
```

在 api 的 urls.py 文件中加入如下路由：

```
path('signup', login_views.signup, name='signup'),
```

响应接口数据后，注册过程并未完成，需要用户手动触发邮箱验证。当用户单击"发送邮件"按钮时，Ajax 将会提交数据到以下接口路由：

```
path('sendmail', login_views.sendmail, name='sendmail'),
```

上面路由对应的视图函数为 sendmail()，该函数用来完成一个使用 django.core.sendmail 发送邮件的过程，其实现代码如下：

```
def sendmail(request):
    to_email = request.GET.get('email', '')              # 在 url 中获取的注册邮箱地址
    sign = request.GET.get('sign', '')                   # 在 url 中获取的 sign 标识
    if not get_has_sentregemail(to_email):               # 检查用户是否在同一时间多次单击发送邮件
        title = '[Quizz.cn 用户激活邮件]'                  # 定义邮件标题
        sender = settings.EMAIL_HOST_USER                # 获取发送邮件的邮箱地址
        # 回调函数
        url = settings.DOMAIN + '/auth/email_notify?email=' + to_email + '&sign=' + sign
        # 邮件内容
        msg = '您好，Quizz.cn 管理员想邀请您激活您的用户，单击链接激活。{}'.format(url)
        # 发送邮件并获取发送结果
        ret = send_mail(title, msg, sender, [to_email], fail_silently=True)
        if not ret:
            return json_response(*UserError.UserSendEmailFailed)  # 发送出错，返回错误码 300006
        set_has_sentregemail(to_email)                   # 正常发送，设置 3 分钟的继续发送限制
        return json_response(200, 'OK', {})              # 返回空 JSON 数据
    else:
        # 如果用户同一时间多次单击发送，则返回错误码 300005
        return json_response(*UserError.UserHasSentEmail)
```

> **说明**
> 在上面发送邮件的视图函数 sendmail() 中添加了一个回调函数，用来检查用户是否确认邮件。回调函数是个普通的视图渲染函数。

在 config 模块的 urls.py 文件中添加总的授权路由，代码如下：

```
urlpatterns += [
        path('auth/', include(('account.urls','account'), namespace='auth')),
]
```

然后在 account 的 urls.py 文件中添加授权回调函数的路由：

```
path('email_notify', login_render.email_notify, name='email_notify'),
```

授权回调函数 email_notify() 主要用来验证用户是否在邮箱中对用户信息进行了激活，如果激活，则对用户信息进行配置，实现代码如下：

```
@transaction.atomic
```

```python
def email_notify(request):
    email = request.GET.get('email', '')                        # 获取要验证的邮箱
    sign = request.GET.get('sign', '')                          # 获取校验码
    signcode = get_signcode(sign)                               # 在 redis 校验邮箱
    if not signcode:
        return render(request, 'err.html', VeriCodeTimeOut)     # 校验失败返回错误视图
    if not (email == signcode.decode('utf-8')):
        return render(request, 'err.html', VeriCodeError)       # 校验失败返回错误视图
    try:
        user = User.objects.get(email=email)                    # 获取用户
    except User.DoesNotExist:
        user = None
    if user is not None:                                        # 激活用户
        user.is_active = True
        user.is_staff = True
        user.save()
        login(request, user)                                    # 登录用户
        profile, created = Profile.objects.select_for_update().get_or_create(  # 配置用户信息
            name=user.username,
            email=user.email,
        )
        profile.user_src = Profile.NORMAL_USER                  # 配置用户为普通登录用户
        profile.save()

        request.session['uid'] = profile.uid                    # 配置 session
        request.session['username'] = profile.name
        return render(request, 'web/index.html', {              # 渲染视图，并返回已登录信息
            'user_info': profile.data,
            'has_login': True,
            'msg': "激活成功",
        })
    else:
        return render(request, 'err.html', VerifyFailed)        # 校验失败返回错误视图
```

前端单击"注册"链接的 Ajax 请求如下：

```javascript
$('#signUpPost').click(function () {                            // 单击注册按钮
    // 获取表单数据
    var email = $('#signUpId').val();
    var password = $('#signUpPassword').val();
    var passwordAgain = $('#signUpPasswordAgain').val();
    var vcode = $('#signUpVcode').val();
    // 验证邮箱
    if(!checkEmail(email)) {
        $('#signUpId').val('');
        $('#signUpId').attr('placeholder', '邮箱格式错误');
        $('#signUpId').css('border', '1px solid red');
        return false;
    }else{
        $('#signUpId').css('border', '1px solid #C1FFC1');}
    // 验证两次密码是否一致
    if(!(password === passwordAgain)) {
        $('#signUpPasswordAgain').val('');
        $('#signUpPasswordAgain').attr('placeholder', '两次密码输入不一致');
        $('#signUpPassword').css('border', '1px solid red');
        $('#signUpPasswordAgain').css('border', '1px solid red');
        return false;
    }else{
        $('#signUpPassword').css('border', '1px solid #C1FFC1');
        $('#signUpPasswordAgain').css('border', '1px solid #C1FFC1');}
    // Ajax 异步请求
    $.ajax({
```

```
            url: '/api/signup',                              // 请求 URL
            type: 'post',                                    // 请求方式
            data: {                                          // 请求数据
                'email': email,
                'password': password,
                'password_again': passwordAgain,
                'sign': loginSign,
                'vcode': vcode},
            dataType: 'json',                                // 返回数据类型
            success: function (res) {                        // 回调函数
                if(res.status === 200) {                     // 注册成功
                    sign = res.data.sign;
                    email = res.data.email;
                    // 拼接验证邮箱 URL
                    window.location.href = '/auth/signup_redirect?email=' + email +
                    '&sign=' + sign;
                }else if(res.status === 300002) {
                    alert('两次输入密码不一致');
                }else if(res.status === 300003) {
                    alert('验证码错误');
                }else if(res.status === 300004) {
                    alert('用户名已存在');
                }
            }
        })
    });
```

发送邮件的 Ajax 请求代码如下：

```
$('#sendMail').click(function () {                           // 单击发送邮件
    $('#sendMailLoading').modal('show');                     // 显示弹窗
    // Ajax 异步请求
    $.ajax({
        url: '/api/sendmail',                                // 请求 URL
        type: 'get',                                         // 请求方式
        data: {                                              // 请求数据
            'email': '{{ email|safe }}',
            'sign': '{{ sign|safe }}'
        },
        dataType: 'json',                                    // 返回数据类型
        success: function (res) {                            // 回调函数
            if(res.status === 200) {                         // 请求成功
                $('#sendMailLoading').modal('hide');
                alert('发送成功，快去登录邮箱激活账户吧');
            }
            else if(res.status === 300005) {
                $('#sendMailLoading').modal('hide');
                alert('您已经发送过邮件，请稍等再试');
            }
            else if(res.status === 300006) {
                $('#sendMailLoading').modal('hide');
                alert('验证邮件发送失败!');
            }
        }
    })
});
```

> **说明**
> 修改密码和重置密码的实现方式与用户注册的实现方式类似，这里不再赘述。

用户注册页面效果如图 11.19 所示。

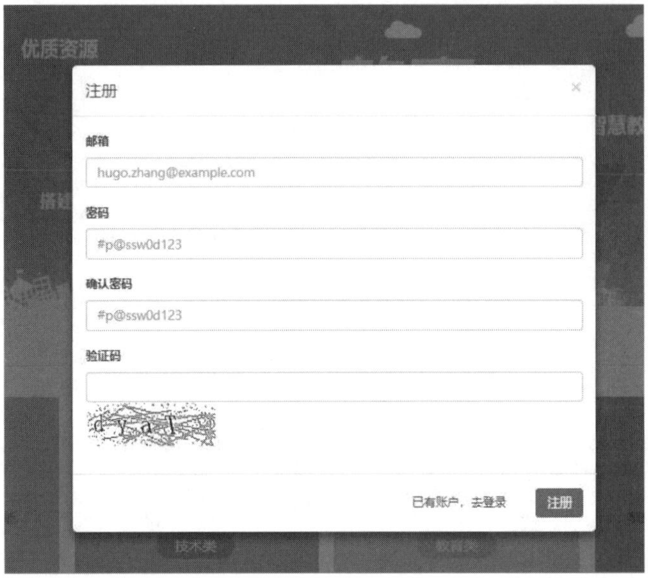

图 11.19　用户注册页面

11.5.3　机构注册功能的实现

在智慧校园考试系统中还提供了机构注册的功能，当用户单击"成为机构"导航按钮后，需要根据用户的 uid 来判断用户是否已经注册过机构账户。如果没有注册过，则渲染一个表单，该表单使用 Ajax 来进行异步请求；如果已经注册过，则返回一个信息提示，引导用户重定向到出题页面。下面讲解机构注册功能的实现过程。

在 config/urls.py 文件中添加机构 app 的路由，代码如下：

```python
path('biz/', include(('business.urls','business'), namespace='biz')),    # 机构
```

在 bisiness app 的 urls.py 文件中添加渲染机构页面的路由，代码如下：

```python
path('^$', biz_render.home, name='index'),
```

上面的代码中用到了页面渲染视图函数，函数名称为 index()，其具体实现代码如下：

```python
def home(request):
    uid = request.GET.get('uid', '')                                    # 获取 uid
    try:
        profile = Profile.objects.get(uid=uid)                          # 根据 uid 获取用户信息
    except Profile.DoesNotExist:
        profile = None                                                  # 未获取到用户信息，profile 变量置空
    types = dict(BusinessAccountInfo.TYPE_CHOICES)                      # 所有的机构类型
    # 渲染视图，返回机构类型和是否存在该账户绑定过的机构账户
    return render(request, 'bussiness/index.html', {
        'types': types,
        'is_company_user': bool(profile) and (profile.user_src == Profile.COMPANY_USER)
    })
```

在 web/business/index.html 页面中添加一个 Bootstrap 框架的 panel 控件，用来存放机构注册表单，代码如下：

```html
<div class="panel panel-info">
```

```html
<div class="panel-heading"><h3 class="panel-title">注册成为机构</h3></div>
<div class="panel-body">
    <form id="bizRegistry" class="form-group">
        <label for="bizEmail">邮箱</label>
        <input type="text" class="form-control" id="bizEmail"
               placeholder="填写机构邮箱" />
        <label for="bizCompanyName">名称</label>
        <input type="text" class="form-control" id="bizCompanyName"
               placeholder="填写机构名称" />
        <label for="bizCompanyType">类型</label>
        <select id="bizCompanyType" class="form-control">
            {% for k, v in types.items %}
                <option value="{{ k }}">{{ v }}</option>
            {% endfor %}
        </select>
        <label for="bizUsername">联系人</label>
        <input type="text" class="form-control" id="bizUsername"
               placeholder="填写机构联系人" />
        <label for="bizPhone">手机号</label>
        <input type="text" class="form-control" id="bizPhone"
               placeholder="填写联系人手机" />
        <input type="submit" id="bizSubmit" class="btn btn-primary"
               value="注册机构" style="float: right;margin-top: 20px" />
    </form>
</div>
</div>
```

在 JavaScript 脚本中添加申请成为机构的 Ajax 请求方法，代码如下：

```javascript
$('#bizSubmit').click(function () {                            // 单击注册机构
    // 获取表单信息
    var email = $('#bizEmail').val();
    var name = $('#bizCompanyName').val();
    var type = $('#bizCompanyType').val();
    var username = $('#bizUsername').val();
    var phone = $('#bizPhone').val();
    // 正则表达式验证邮箱
    if(!email.match('^\\w+([-+.]\\w+)*@\\w+([-.]\\w+)*\\.\\w+([-.]\\w+)*$')) {
        $('#bizEmail').val('');
        $('#bizEmail').attr('placeholder', '邮箱格式错误');
        $('#bizEmail').css('border', '1px solid red');
        return false;
    }else{
        $('#bizEmail').css('border', '1px solid #C1FFC1');
    }
    // 正则表达式验证机构名称
    if(!(name.match('^[a-zA-Z0-9_\\u4e00-\\u9fa5]{4,20}$'))) {
        $('#bizCompanyName').val('');
        $('#bizCompanyName').attr('placeholder', '请填写 4-20 中文字母数字或者下画线机构名称');
        $('#bizCompanyName').css('border', '1px solid red');
        return false;
    }else{
        $('#bizCompanyName').css('border', '1px solid #C1FFC1');
    }
    // 正则表达式验证用户名
    if(!(username.match('^[\u4E00-\u9FA5A-Za-z]+$'))){
        $('#bizUsername').val('');
        $('#bizUsername').attr('placeholder', '联系人姓名应该为汉字或大小写字母');
        $('#bizUsername').css('border', '1px solid red');
        return false;
```

```javascript
            }else{
                $('#bizUsername').css('border', '1px solid #C1FFC1');
            }
            // 正则表达式验证手机
            if(!(phone.match('^1[3|4|5|8][0-9]\\d{4,8}$'))){
                $('#bizPhone').val('');
                $('#bizPhone').attr('placeholder', '手机号不符合规则');
                $('#bizPhone').css('border', '1px solid red');
                return false;
            }else{
                $('#bizPhone').css('border', '1px solid #C1FFC1');
            }
            // Ajax 异步请求
            $.ajax({
                url: '/api/checkbiz',                                   // 请求 URL
                type: 'get',                                            // 请求方式
                data: {                                                 // 请求数据
                    'email': email
                },
                dataType: 'json',                                       // 返回数据类型
                success: function (res) {                               // 回调函数
                    if(res.status === 200) {                            // 注册成功
                        if(res.data.bizaccountexists) {
                            alert('您的账户已存在，请直接登录');
                            window.location.href = '/';
                        }
                        else if(res.data.userexists && !res.data.bizaccountexists) {
                            if(confirm('您的邮箱已被注册为普通用户，我们将会为您绑定该用户。')){
                                bizPost(email, name, type, username, phone, 1);
                                window.location.href = '/biz/notify?email=' + email + '&bind=1';
                            }else {
                                window.location.href = '/{% if request.session.uid %} ?
                                    uid={{ request.session.uid }}{% else %}{% endif %}';
                            }
                        }
                        else{
                            bizPost(email, name, type, username, phone, 2);
                            window.location.href = '/biz/notify?email=' + email;
                        }
                    }
                }
            });
            // 验证邮箱方法
            function bizPost(email, name, type, username, phone, flag) {
                // Ajax 异步请求
                $.ajax({
                    url: '/api/regbiz',                                 // 请求 URL
                    data: {                                             // 请求数据
                        'email': email,
                        'name': name,
                        'type': type,
                        'username': username,
                        'phone': phone,
                        'flag': flag
                    },
                    type: 'post',                                       // 请求类型
                    dataType: 'json'                                    // 返回数据类型
                })
            }
        });
    });
```

用户单击"注册"按钮后,首先验证表单是否符合正则表达式,当这些验证都通过后,先请求一个 /api/check_biz 接口,其对应的路由和接口函数如下:

```python
def check_biz(request):
    email = request.GET.get('email', '')          # 获取邮箱
    try:                                           # 检查数据库中是否有该邮箱注册过的数据
        biz = BusinessAccountInfo.objects.get(email=email)
    except BusinessAccountInfo.DoesNotExist:
        biz = None
    return json_response(200, 'OK', {              # 返回是否已经被注册过和是否已经有此用户
        'userexists': User.objects.filter(email=email).exists(),
        'bizaccountexists': bool(biz)
    })
```

上面的接口用来检查用户输入的邮箱是否存在对应的登录账户和机构账户。如果用户登录账户存在,但是机构账户不存在,那么会提示用户绑定已有账户,注册成为机构账户;如果用户账户不存在,并且机构账户也不存在,则会为该邮箱创建一个未激活的登录账户和一个机构账户。这时,要注册的用户必须去自己的邮箱里面验证并激活该账户,这需要将表单信息提交到/api/regbiz 接口。因此,需要在 api 模块的 urls.py 文件中添加如下路由:

```python
# bussiness
urlpatterns += [
    path('regbiz', biz_views.registry_biz, name='registry biz'),
    path('checkbiz', biz_views.check_biz, name='check_biz'),
]
```

然后,在 business 的 biz_views.py 文件中添加如下函数进行注册:

```python
@csrf_exempt
@transaction.atomic
def registry_biz(request):
    email = request.POST.get('email', '')                          # 获取填写的邮箱
    name = request.POST.get('name', '')                            # 获取填写的机构名
    username = request.POST.get('username', '')                    # 获取填写的机构联系人
    phone = request.POST.get('phone', '')                          # 获取填写的手机号
    ctype = request.POST.get('type', BusinessAccountInfo.INTERNET) # 获取机构类型
    # 获取一个标记位,代表用户是创建新用户还是使用绑定老用户的方式
    flag = int(request.POST.get('flag', 2))
    uname = email.split('@')[0]                                    # 创建一个账户名
    if not User.objects.filter(username__exact=name).exists():
        final_name = username
    elif not User.objects.filter(username__exact=uname).exists():
        final_name = uname
    else:
        final_name = email
    if flag == 2:                                                  # 如果标记位是2,那么将为其创建新用户
        user = User.objects.create_user(
            username=final_name,
            email=email,
            password=settings.INIT_PASSWORD,
            is_active=False,
            is_staff=False
        )
    if flag == 1:                                                  # 如果标记位是1,那么为其绑定老用户
        try:
            user = User.objects.get(email=email)
        except User.DoesNotExist:
            return json_response(*UserError.UserNotFound)
    pvalues = {
        'phone': phone,
```

```python
        'name': final_name,
        'user_src': Profile.COMPANY_USER,
}
# 获取或创建用户信息
profile, _ = Profile.objects.select_for_update().get_or_create(email=email)
for k, v in pvalues.items():
    setattr(profile, k, v)
profile.save()
bizvalues = {
    'company_name': name,
    'company_username': username,
    'company_phone': phone,
    'company_type': ctype,
}
# 获取或创建机构账户信息
biz, _ = BusinessAccountInfo.objects.select_for_update().get_or_create(
    email=email,
    defaults=bizvalues
)
return json_response(200, 'OK', {    # 响应 JSON 格式数据，这个标记位在发送验证邮件的时候还有用
    'name': final_name,
    'email': email,
    'flag': flag
})
```

表单提交后，如果是新创建的用户，则验证用户的邮件，该步骤和之前的注册用户步骤类似。整个注册过程完成后，如果用户注册成为机构用户，那么他就可以在快速出题的导航页中录入题库，并且配置考试了。机构注册页面效果如图 11.20 所示。

图 11.20　机构注册页面效果

11.6　核心答题功能设计

11.6.1　答题首页设计

答题首页运行效果如图 11.21 所示。该页主要呈现考试的分类，我们将所有考试划分为 6 个类别和 1 个

热门考试，对应的参数及说明如下：

图 11.21　答题首页

- ☑ hot：代表所有热门考试前 10 位。
- ☑ tech：代表科技类热门考试前 10 位。
- ☑ culture：代表文化类考试前 10 位。
- ☑ edu：代表教育类考试前 10 位。
- ☑ sport：代表体育类考试前 10 位。
- ☑ general：代表常识类考试前 10 位。
- ☑ interview：代表面试类考试前 10 位。

在答题首页单击某一个类别后，将进入该类别下的考试列表，其对应的路由如下：

re_path('games/s/(\w+)', cop_render.games, name='query_games'),

这里使用 re_path()函数进行正则匹配，如选择单击"热门考试"，则进入如下 URL：

/bs/games/s/hot

在 re_path()函数中进行正则匹配时用到了 games()函数，该函数可以根据 URL 中最后一个参数的值来判断用户选择的是哪一类考试，从而获取对应分类的数据信息。关键代码如下：

```python
def games(request, s):
    """
    获取所有考试接口
    :param request: 请求对象
    :param s: 请求关键字
    :return: 返回该请求关键字对应的所有考试类别
    """
    if s == 'hot':
        # 筛选条件：完成时间大于当前时间；根据参与人数降序排序；根据创建时间降序排序；筛选 10 个
        kinds = CompetitionKindInfo.objects.filter(
            cop_finishat__gt=datetime.datetime.now(tz=datetime.timezone.utc),
        ).order_by('-total_partin_num').order_by('-created_at')[:10]

    elif s == 'tech':                                        # 获取所有科技类考试
        kinds = CompetitionKindInfo.objects.filter(
            kind_type=CompetitionKindInfo.IT_ISSUE,
```

```
            cop_finishat__gt=datetime.datetime.now(tz=datetime.timezone.utc)
        ).order_by('-total_partin_num').order_by('-created_at')
    elif s == 'edu':                                          # 获取所有教育类考试
        kinds = CompetitionKindInfo.objects.filter(
            kind_type=CompetitionKindInfo.EDUCATION,
            cop_finishat__gt=datetime.datetime.now(tz=datetime.timezone.utc)
        ).order_by('-total_partin_num').order_by('-created_at')
    elif s == 'culture':                                      # 获取所有文化类考试
        kinds = CompetitionKindInfo.objects.filter(
            kind_type=CompetitionKindInfo.CULTURE,
            cop_finishat__gt=datetime.datetime.now(tz=datetime.timezone.utc)
        ).order_by('-total_partin_num').order_by('-created_at')
    elif s == 'sport':                                        # 获取所有体育类考试
        kinds = CompetitionKindInfo.objects.filter(
            kind_type=CompetitionKindInfo.SPORT,
            cop_finishat__gt=datetime.datetime.now(tz=datetime.timezone.utc)
        ).order_by('-total_partin_num').order_by('-created_at')
    elif s == 'general':                                      # 获取所有常识类考试
        kinds = CompetitionKindInfo.objects.filter(
            kind_type=CompetitionKindInfo.GENERAL,
            cop_finishat__gt=datetime.datetime.now(tz=datetime.timezone.utc)
        ).order_by('-total_partin_num').order_by('-created_at')
    elif s == 'interview':                                    # 获取所有面试类考试
        kinds = CompetitionKindInfo.objects.filter(
            kind_type=CompetitionKindInfo.INTERVIEW,
            cop_finishat__gt=datetime.datetime.now(tz=datetime.timezone.utc)
        ).order_by('-total_partin_num').order_by('-created_at')
    else:
        kinds = None
    return render(request, 'competition/games.html', {
        'kinds': kinds,
    })
```

考试列表页面的运行效果如图 11.22 所示。

图 11.22　考试列表页面

11.6.2　考试详情页面

考试详情页面主要用来展示考试相关的信息，包括考试名称、出题机构、题目数量和题库大小等，其效果如图 11.23 所示。

图 11.23　考试详情页面

在 competition app 下添加一个 cop_render.py 文件，用来存放考试详情页面的视图渲染函数，代码如下：

```python
def home(request):
    """
    考试详情页面视图
    :param request: 请求对象
    :return: 渲染视图: user_info: 用户信息; kind_info: 考试信息;
            is_show_userinfo: 是否展示用户信息表单;user_info_has_entered: 是否已经录入表单;
    userinfo_fields: 表单字段;option_fields: 表单字段中呈现为下拉框的字段;
    """
    uid = request.GET.get('uid', '')                                    # 获取 uid
    kind_id = request.GET.get('kind_id', '')                            # 获取 kind_id
    created = request.GET.get('created', '0')                           # 获取标志位，以后会用到
    try:
        kind_info = CompetitionKindInfo.objects.get(kind_id=kind_id)    # 获取考试数据
    except CompetitionKindInfo.DoesNotExist:
        return render(request, 'err.html', CompetitionNotFound)         # 不存在渲染错误视图
    try:
        bank_info = BankInfo.objects.get(bank_id=kind_info.bank_id)     # 获取题库数据
    except BankInfo.DoesNotExist:
        return render(request, 'err.html', BankInfoNotFound)            # 不存在渲染错误视图
    try:
        profile = Profile.objects.get(uid=uid)                          # 获取用户数据
    except Profile.DoesNotExist:
        return render(request, 'err.html', ProfileNotFound)             # 不存在渲染错误视图
    if kind_info.question_num > bank_info.total_question_num:
        return render(request, 'err.html', QuestionNotSufficient)       # 考试出题数量是否小于题库总大小
    show_info = get_pageconfig(kind_info.app_id).get('show_info', {})   # 从 redis 获取页面配置信息
    # 页面配置信息，用来控制答题前是否展示一张表单
    is_show_userinfo = show_info.get('is_show_userinfo', False)
    form_fields = collections.OrderedDict()                             # 生成一个有序的用来保存表单字段的字典
    form_regexes = []                                                   # 生成一个空的正则表达式列表
    if is_show_userinfo:
        # 从页面配置中获取 userinfo_fields
```

```python
        userinfo_fields = show_info.get('userinfo_fields', '').split('#')
        for i in userinfo_fields:                    # 将页面配置的每个正则表达式取出来放入正则表达式列表
            form_regexes.append(get_form_regex(i))
        userinfo_field_names = show_info.get('userinfo_field_names', '').split('#')
        for i in range(len(userinfo_fields)):        # 将每个表单字段信息保存到有序的表单字段字典中
            form_fields.update({userinfo_fields[i]: userinfo_field_names[i]})
    return render(request, 'competition/index.html', {    # 渲染页面
        'user_info': profile.data,
        'kind_info': kind_info.data,
        'bank_info': bank_info.data,
        'is_show_userinfo': 'true' if is_show_userinfo else 'false',
        'userinfo_has_enterd': 'true' if get_enter_userinfo(kind_id, uid) else 'false',
        'userinfo_fields': json.dumps(form_fields) if form_fields else '{}',
        'option_fields': json.dumps(show_info.get('option_fields', '')),
        'field_regexes': form_regexes,
        'created': created
    })
```

考试详情页面中除了返回考试的信息，还需要返回页面的配置信息。本项目中，在 business app 的数据模型中创建一个 AppConfigInfo，使其关联每个 BusinessAppInfo 的 app_id，其主要用来指定每个 AppInfo 在页面中的不同配置，以便让整个页面多样化、可定制化。这里指定了一个配置，即如果机构用户开启了此功能，则每个答题用户需要在参与考试之前填写一个表单，如图 11.24 所示。

图 11.24 所示的表单主要为了收集答题用户的信息，以便日后可以联系该用户。在 business.models 模块中，添加一个名称为 AppConfigInfo 的模型类，代码如下：

图 11.24　答题之前需要填写的表单

```python
class AppConfigInfo(CreateUpdateMixin):
    """ 应用配置信息类 """

    app_id = models.CharField(_(u'应用 id'), max_length=32, help_text=u'应用唯一标识',
                              db_index=True)
    app_name = models.CharField(_(u'应用名'), max_length=40, blank=True, null=True,
                                help_text=u'应用名')
    # 文案配置
    rule_text = models.TextField(_(u'考试规则'), max_length=255, blank=True, null=True,
                                 help_text=u'考试规则')

    # 显示信息
    is_show_userinfo = models.BooleanField(_(u'展示用户表单'), default=False,
                                           help_text=u'是否展示用户信息表单')
    userinfo_fields = models.CharField(_(u'用户表单字段'), max_length=128, blank=True, null=True,
                                       help_text=u'需要用户填写的字段#隔开')
    userinfo_field_names = models.CharField(_('用户表单 label'), max_length=128, blank=True,
                                            null=True, help_text=u'用户需要填写的表单字段 label 名称')
    option_fields = models.CharField(_(u'下拉框字段'), max_length=128, blank=True, null=True,
                                     help_text=u'下拉框字段选项配置, #号隔开，每个字段由:h 和, 号'
                                               u'组成。 如 option1:吃饭，喝水，睡觉#option2:上班，学习，看电影')

    class Meta:
        verbose_name = _(u'应用配置信息')
        verbose_name_plural = _(u'应用配置信息')
```

```python
    def __unicode__(self):
        return str(self.pk)

    # 页面配置数据
    @property
    def show_info(self):
        return {
            'is_show_userinfo': self.is_show_userinfo,
            'userinfo_fields': self.userinfo_fields,
            'userinfo_field_names': self.userinfo_field_names,
            'option_fields': self.option_fields,
        }

    @property
    def text_info(self):
        return {
            'rule_text': self.rule_text,
        }

    @property
    def data(self):
        return {
            'show_info': self.show_info,
            'text_info': self.text_info,
            'app_id': self.app_id,
            'app_name': self.app_name
        }
```

上面的模型类中指定了页面需要进行的一些配置，本项目将页面中的用户信息设计成了一个动态的表单，可以通过 is_show_userinfo 字段来控制它的显示和隐藏。另外，用户信息表单中要输入的字段也设计成了动态的，这可以通过 userinfo_fields 字段进行设置，userinfo_fields 字段的设置格式如下：

```
name#sex#age#phone                    # 以#隔开的一个纯文本值，每一段的值代表了表单中的一个字段
```

11.6.3 答题功能的实现

当用户单击"开始挑战"按钮时，代表用户已经确认过考试信息，可以开始答题了，答题页面效果如图 11.25 所示。

在 competition /urls.py 文件中添加答题功能的 URL 路由，代码如下：

```python
path('game', cop_render.game, name='game'),
```

上面路由中用到了 game()视图函数，该函数位于 competition app 的 cop_render.py 文件中，用来获取考试、题库和用户相关的信息，其详细代码如下：

```python
@check_login
@check_copstatus
def game(request):
    """
    返回考试题目信息的视图
    :param request: 请求对象
    :return: 渲染视图: user_info: 用户信息;kind_id: 考试唯一标识;
        kind_name: 考试名称;cop_finishat: 考试结束时间;rule_text: 大赛规则;
    """
    uid = request.GET.get('uid', '')                        # 获取 uid
    kind_id = request.GET.get('kind_id', '')                # 获取 kind_id
    try:                                                    # 获取考试信息
        kind_info = CompetitionKindInfo.objects.get(kind_id=kind_id)
```

```
        except CompetitionKindInfo.DoesNotExist:    # 未获取到渲染错误视图
            return render(request, 'err.html', CompetitionNotFound)
        try:
            bank_info = BankInfo.objects.get(bank_id=kind_info.bank_id)    # 获取题库信息
        except BankInfo.DoesNotExist:                # 未获取到，渲染错误视图
            return render(request, 'err.html', BankInfoNotFound)
        try:
            profile = Profile.objects.get(uid=uid)   # 获取用户信息
        except Profile.DoesNotExist:                 # 未获取到，渲染错误视图
            return render(request, 'err.html', ProfileNotFound)
        if kind_info.question_num > bank_info.total_question_num:   # 检查题库大小
            return render(request, 'err.html', QuestionNotSufficient)
        pageconfig = get_pageconfig(kind_info.app_id)    # 获取页面配置信息
        return render(request, 'competition/game.html', {    # 渲染视图信息
            'user_info': profile.data,
            'kind_id': kind_info.kind_id,
            'kind_name': kind_info.kind_name,
            'cop_finishat': kind_info.cop_finishat,
            'period_time': kind_info.period_time,
            'rule_text': pageconfig.get('text_info', {}).get('rule_text', ''),
        })
```

图 11.25　答题页面效果

当答题页面加载时，只是获取到了基本数据。对于题目信息，需要在 game.html 页面中通过 Ajax 异步请求的方式进行获取，关键代码如下：

```
var currentPage = 1;
var hasPrevious = false;
var hasNext = false;
var questionNum = 0;
var response;
var answerDict;
  $(document).ready(function () {
      if({{ period_time|safe }}) {               # 开始计时
```

```javascript
        startTimer1();
    }
    $('#loadingModal').modal('show');                          # 显示弹窗
    uid = '{{ user_info.uid|safe }}';                          # 获取用户 id
    kind_id = '{{ kind_id|safe }}';                            # 获取类型 id
    # Ajax 异步请求
    $.ajax({
        url: '/api/questions',                                 # 请求 URL
        type: 'get',                                           # 请求类型
        data: {                                                # 请求数据
            'uid': uid,
            'kind_id': kind_id
        },
        dataType: 'json',                                      # 返回数据类型
        success: function (res) {                              # 回调函数
            response = res;                                    # 接收返回数据
            questionNum = res.data.kind_info.question_num;     # 获取题号
            answerDict = new Array(questionNum);               # 获取问题数组
            # 遍历问题数组
            for(var i=0; i < questionNum; i++){
                if(response.data.questions[i].qtype === 'choice') {
                    answerDict['c_' + response.data.questions[i].pk] = '';
                }else{
                    answerDict['f_' + response.data.questions[i].pk] = '';
                }
            }
            # 选择题
            if(res.data.questions[0].qtype === 'choice') {
                $('#question').html(res.data.questions[0].question);   // currentPage - 1
                $('#item1').html(res.data.questions[0].items[0]);
                $('#item2').html(res.data.questions[0].items[1]);
                $('#item3').html(res.data.questions[0].items[2]);
                $('#item4').html(res.data.questions[0].items[3]);
                $('#itemPk').html('c_' + res.data.questions[0].pk);
                hasNext = (currentPage < questionNum);
                $('#fullinBox').hide();
            } else{
                # 填空题
                $('#question').html(res.data.questions[0].question.replace('##', '_____'));
                $('#answerPk').val('f_' + res.data.questions[0].pk);
                hasNext = (currentPage < questionNum);
                $('#choiceBox').hide();
            }
            $('#loadingModal').modal('hide');                  # 隐藏弹窗
        }
    });
```

由于需要从题库中随机抽取指定数目的题目,所以在 competition app 的 game_views.py 接口视图中添加一个 get_questions()视图函数,主要用于生成考试数据,考试数据是从题库中随机抽取指定数目的题目。另外,需要注意答题是有限制时间的,因此需要设置开始时间戳。get_questions()视图函数代码如下:

```python
@check_login
@check_copstatus
@transaction.atomic
def get_questions(request):
    """
    获取题目信息接口
    :param request: 请求对象
    :return: 返回 json 数据: user_info: 用户信息;kind_info: 考试信息;qa_id: 考试答题记录;questions: 考试随机后的题目;
    """
    kind_id = request.GET.get('kind_id', '')              # 获取 kind_id
    uid = request.GET.get('uid', '')                      # 获取 uid
```

```python
        try:                                                      # 获取考试信息
            kind_info = CompetitionKindInfo.objects.select_for_update().get(kind_id=kind_id)
        except CompetitionKindInfo.DoesNotExist:                  # 未获取到，返回错误码 100001
            return json_response(*CompetitionError.CompetitionNotFound)
        try:                                                      # 获取题库信息
            bank_info = BankInfo.objects.get(bank_id=kind_info.bank_id)
        except BankInfo.DoesNotExist:                             # 未获取到，返回错误码 100004
            return json_response(*CompetitionError.BankInfoNotFound)
        try:                                                      # 获取用户信息
            profile = Profile.objects.get(uid=uid)
        except Profile.DoesNotExist:                              # 未获取到，返回错误码 200001
            return json_response(*ProfileError.ProfileNotFound)
        qc = ChoiceInfo.objects.filter(bank_id=kind_info.bank_id) # 选择题
        qf = FillInBlankInfo.objects.filter(bank_id=kind_info.bank_id) # 填空题
        questions = []                                            # 将两种题型放到同一个列表中
        for i in qc.iterator():
            questions.append(i.data)
        for i in qf.iterator():
            questions.append(i.data)
        question_num = kind_info.question_num                     # 出题数
        q_count = bank_info.total_question_num                    # 总题数
        if q_count < question_num:                                # 出题数大于总题数，返回错误码 100005
            return json_response(CompetitionError.QuestionNotSufficient)
        qs = random.sample(questions, question_num)               # 随机分配题目
        qa_info = CompetitionQAInfo.objects.select_for_update().create( # 创建答题 log 数据
            kind_id=kind_id,
            uid=uid,
            qsrecord=[q['question'] for q in qs],
            asrecord=[q['answer'] for q in qs],
            total_num=question_num,
            started_stamp=tc.utc_timestamp(ms=True, milli=True),  # 设置开始时间戳
            started=True
        )
        for i in qs:                                              # 剔除答案信息
            i.pop('answer')
        return json_response(200, 'OK', {                         # 返回 JSON 数据，包括题目信息，答题 log 信息等
            'kind_info': kind_info.data,
            'user_info': profile.data,
            'qa_id': qa_info.qa_id,
            'questions': qs
        })
```

上面的 api 视图需要在 api 模块下的 urls.py 文件中配置路由，代码如下：

```
url(r'^questions$', game_views.get_questions, name='get_questions'),
```

11.6.4 提交答案

当用户答题完成后，需要判断答题剩余时间。如果剩余时间为 0，或者已经超时，则把答题的日志保存为超时，并且答题成绩不加入排行榜；如果剩余时间还很充足，用户的成绩要加入排行榜，并且将答题日志标记为已完成，用来区别未完成的答题记录。提交答案显示成绩单页面效果如图 11.26 所示。

在答题过程中，前端需要记录用户的答题数据和顺序，并生成一个指定的数据形式，以便提交到后台进行答案的匹配，game.html 页面中提交答案的实现代码如下：

```
$('#answerSubmit').click(function () {                    # 单击提交答案按钮
    if(window.confirm("确认提交答案吗?")) {                # 弹出确认框
        if({{ period_time|safe }}) {                       # 正常结束
            stopTimer1();                                  # 停止计时
        }
```

```javascript
                var answer = "";
                # 组织答案
                for (var key in answerDict) {
                    if (!answer) {
                        answer = String(key) + "," + answerDict[key] + "#";
                    }else{
                        answer += String(key) + "," + answerDict[key] + "#";
                    }
                }
                # Ajax 异步请求
                $.ajax({
                    url: '/api/answer',                              # 请求 URL
                    type: 'post',                                    # 请求类型
                    data: {                                          # 请求数据
                        'qa_id': response.data.qa_id,
                        'uid': response.data.user_info.uid,
                        'kind_id': kind_id,
                        'answer': answer
                    },
                    dataType: 'json',                                # 返回数据类型
                    success: function (res) {                        # 回调函数
                        if(res.status === 200) {                     # 请求成功，页面跳转
                            window.location.href = "/bs/result?uid=" + res.data.user_info.uid +
                                "&kind_id=" + res.data.kind_id + "&qa_id=" + res.data.qa_id;
                        }else{
                            alert('提交失败');
                        }
                    }
                })
            }else {}
    })
});
```

图 11.26 提交答案显示成绩单页面

上面代码中的/api/answer 接口对应的路由需要在 api 模块的 urls.py 文件中设置，代码如下：

url(r'^answer$', game_views.submit_answer, name='submit_answer'),

上面路由中用到了 submit_answer()视图函数，该视图函数主要用来获取提交的答题信息，并进行答案核

对、保存日志数据、记录结束时间戳等操作，关键代码如下：

```python
@csrf_exempt
@check_login
@check_copstatus
@transaction.atomic
def submit_answer(request):
    """
    提交答案接口
    :param request: 请求对象
    :return: 返回 json 数据: user_info: 用户信息; qa_id: 考试答题记录标识; kind_id: 考试唯一标识
    """
    stop_stamp = tc.utc_timestamp(ms=True, milli=True)          # 结束时间戳
    qa_id = request.POST.get('qa_id', '')                        # 获取 qa_id
    uid = request.POST.get('uid', '')                            # 获取 uid
    kind_id = request.POST.get('kind_id', '')                    # 获取 kind_id
    answer = request.POST.get('answer', '')                      # 获取 answer
    try:                                                          # 获取考试信息
        kind_info = CompetitionKindInfo.objects.get(kind_id=kind_id)
    except CompetitionKindInfo.DoesNotExist:                     # 未获取到，返回错误码 100001
        return json_response(*CompetitionError.CompetitionNotFound)
    try:                                                          # 获取题库信息
        bank_info = BankInfo.objects.get(bank_id=kind_info.bank_id)
    except BankInfo.DoesNotExist:                                # 未获取到，返回错误码 100004
        return json_response(*CompetitionError.BankInfoNotFound)
    try:                                                          # 获取用户信息
        profile = Profile.objects.get(uid=uid)
    except Profile.DoesNotExist:                                 # 未获取到，返回错误码 200001
        return json_response(*ProfileError.ProfileNotFound)
    try:                                                          # 获取答题 log 信息
        qa_info = CompetitionQAInfo.objects.select_for_update().get(qa_id=qa_id)
    except CompetitionQAInfo.DoesNotExist:                       # 未获取到，返回错误码 100006
        return json_response(*CompetitionError.QuestionNotFound)

    answer = answer.rstrip('#').split('#')                        # 处理答案数据
    total, correct, wrong = check_correct_num(answer)             # 检查答题情况
    qa_info.aslogrecord = answer
    qa_info.finished_stamp = stop_stamp
    qa_info.expend_time = stop_stamp - qa_info.started_stamp
    qa_info.finished = True
    qa_info.correct_num = correct if total == qa_info.total_num else 0
    qa_info.incorrect_num = wrong if total == qa_info.total_num else qa_info.total_num
    qa_info.save()                                                # 保存答题 log
    if qa_info.correct_num == kind_info.question_num:            # 得分处理
        score = kind_info.total_score
    elif not qa_info.correct_num:
        score = 0
    else:
        score = round((kind_info.total_score / kind_info.question_num) * correct, 3)
    qa_info.score = score                                         # 继续保存答题 log
    qa_info.save()
    kind_info.total_partin_num += 1                               # 保存考试数据
    kind_info.save()                                              # 考试答题次数
    bank_info.partin_num += 1
    bank_info.save()                                              # 题库答题次数
    if (kind_info.period_time > 0) and (qa_info.expend_time > kind_info.period_time * 60 * 1000):   # 超时，不加入排行榜
        qa_info.status = CompetitionQAInfo.OVERTIME
        qa_info.save()
    else:                                                         # 正常完成，加入排行榜
        add_to_rank(uid, kind_id, qa_info.score, qa_info.expend_time)
        qa_info.status = CompetitionQAInfo.COMPLETED
        qa_info.save()
```

```
return json_response(200, 'OK', {                                    # 返回 JSON 数据
    'qa_id': qa_id,
    'user_info': profile.data,
    'kind_id': kind_id,
})
```

11.7 批量录入题库

录入题库功能的实现方法是，在页面中为用户提供一个 Excel 模板，用户按照对应的模板格式来编写题库信息。编写完成后，在页面中选择带有题库的 Excel 文件，单击“开始录入”按钮，进行题库的录入。题库 Excel 模板如图 11.27 所示。题库的录入页面如图 11.28 所示。

1	问题	答案	选项一	选项二	选项三	选项四	问题图片链接	问题音频链接	问题来源
2	商女不知亡国恨下一句是？	隔江犹唱后庭花	隔江犹闻笙竹宴	铁马冰河入梦来	一弦一柱思华年	江枫渔火对愁眠			
3	补全诗句：到现在，乡愁是一湾##，我在这头，大陆在那头。	浅浅的海峡							
4	君住长江南，我住长江北，##，共饮长江水	日日思君不见君							
5	龙舟是为了纪念哪位文化名人的？	屈原	王之涣	李白	纳兰性德	屈原			
6	元宵又称为上元节，那么下元节是几月几号？	十月十五	六月十五	十二月十五	十月十五	七月十五			
7	北京是在哪个朝代建都的？	元朝	清朝	明朝	汉朝	元朝			
8	李白的《渡荆门送别》一诗中，写出诗人渡过荆门进入楚地看到江水冲出山峦向着原野奔腾而去的壮阔景色的诗句是：##，江入大荒流	山随平野尽							
9	不识##真面目，只缘身在此山中	庐山							
10	有情##含春泪，无力蔷薇卧晚枝。	芍药							
11	人闲##落，夜静春山空。	桂花							
12	采##东篱下，悠然见南山。	菊							
13	唐宋散文八大家不包括以下哪一位人物？	李白	苏轼	苏辙	李白	王安石			
14	清明上河图的作者是哪一个朝代的人？	北宋	南宋	北宋	晚唐	元朝			
15	天子呼来不上船，自称臣是酒中仙。说的是哪一位人物？	李白	杜甫	王之涣	李白	贾岛			
16									
17	说明：请按照表格对应的行和列填写题目。								
18									
19	对于题型为选择题的问题，题目填写到第一列，答案填写到第二列，四个选项分别填写到第三到第六列。如果题目中有图片需要展示，请在第七列填写图片的链接，如果题目中存在音频，请在第八列填写音频链接。								
20									
21	对于题型为填空题的问题，题目填写到第一列，答案填写到第二列。								
22	注意：问题中需要补全答案的位置，不论要补全的字数有多少，都用两个井号代替 ##，如： 慈母手中线，##身上衣。另外，填空题不存在选项，所以第三列到第六列不用填写。								
23	如果题目中有图片需要展示，请在第七列填写图片的链接，如果题目中存在音频，请在第八列填写音频链接。								
24									

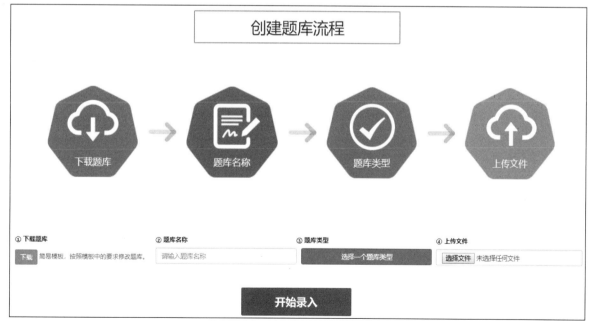

图 11.27　题库 Excel 模板

图 11.28　题库录入页面

在智慧校园考试系统中，录入题库主要分为以下 5 个步骤。

（1）用户下载模板文件。
（2）根据自己的题库需求修改 Excel 模板文件。
（3）输入题库名称并选择题库类型。
（4）上传文件。
（5）提交到数据库。

下面详细讲解录入题库功能的实现过程。

首先在 competition app 的 urls.py 文件中添加下面的路由，以便为配置题库添加一个导航页，代码如下：

```python
# 配置考试 URL
urlpatterns += [
    path('set', set_render.index, name='set_index'),
    path('set/bank', set_render.set_bank, name='set_bank'),
    path('set/bank/tdownload', set_render.template_download, name='template_download'),
    path('set/bank/upbank', set_render.upload_bank, name='upload_bank'),
    path('set/game', set_render.set_game, name='set_game'),
]
```

在 competition app 中添加一个 render 视图模块 set_render.py，并在其中添加 index()函数，用来渲染视图和用户信息数据，关键代码如下：

```python
@check_login
def index(request):
    """
    题库和考试导航页
    :param request: 请求对象
    :return: 渲染视图和 user_info 用户信息数据
    """
    uid = request.GET.get('uid', '')

    try:
        profile = Profile.objects.get(uid=uid)
    except Profile.DoesNotExist:
        return render(request, 'err.html', ProfileNotFound)

    return render(request, 'setgames/index.html', {'user_info': profile.data})
```

在 set_render.py 视图模块中中添加一个 set_bank()函数，该函数用来处理用户的请求并渲染配置题库页面，关键代码如下：

```python
@check_login
def set_bank(request):
    """
    配置题库页面
    :param request: 请求对象
    :return: 渲染页面返回 user_info 用户信息数据和 bank_types 题库类型数据
    """
    uid = request.GET.get('uid', '')
    try:
        profile = Profile.objects.get(uid=uid)                           # 检查账户信息
    except Profile.DoesNotExist:
        return render(request, 'err.html', ProfileNotFound)
    bank_types = []
    for i, j in BankInfo.BANK_TYPES:                                     # 返回所有题库类型
        bank_types.append({'id': i, 'name': j})
    return render(request, 'setgames/bank.html', {                       # 渲染模板
        'user_info': profile.data,
        'bank_types': bank_types
    })
```

上面代码中要渲染的配置题库模板页面 bank.html 的关键代码如下:

```html
<form id="uploadFileForm" method="post" action="/bs/set/bank/upbank"
            enctype="multipart/form-data">{% csrf_token %}
<div id="uploadMainRow" class="row" style="margin-top: 120px;">
    <div class="col-md-3">
        <label>① 下载题库</label>
        <p style="color: gray;margin-top: 5px;">
            <a id="tDownload" href="/bs/set/bank/tdownload?uid={{ user_info.uid }}">下载</a>
            我们的简易模板,按照模板中的要求修改题库。
        </p>
    </div>
    <div class="col-md-3">
        <div class="form-group">
            <label for="bankName">② 题库名称</label>
            <input id="bankName" name="bank_name" type="text" class="form-control"
                    placeholder="请输入题库名称" />
        </div>
    </div>
    <div class="col-md-3">
        <label for="choicedValue">③ 题库类型</label>
        <div class="dropdown">
            <input type="button" id="choicedValue" data-toggle="dropdown" name="bank_type"
                    value="选择一个题库类型" />
            <div class="dropdown-menu">
                {% for t in bank_types %}
                    <div onclick="choiceBankType(this)">{{ t.name }}</div>
                {% endfor %}
            </div>
        </div>
    </div>
    <div class="col-md-3">
        <div class="row" style="margin-left:-1px;">
            <label for="uploadFile">④ 上传文件</label>
            <input class="form-control" name="template" type="file" id="uploadFile">
        </div>
    </div>
    <input type="hidden" name="uid" value="{{ user_info.uid }}" />
</div>
<div class="row" style="margin-top:35px;">
    <input type="submit" id="startUpload" class="btn btn-danger" value="开始录入">
</div>
</form>
<script type="text/javascript">
    var choicedBankType;
    var responseTypes = {{ bank_types|safe }};
    var choiceBankType = function (t) {
        var cbt = $(t).html();
        for(var i in responseTypes){
            if(responseTypes[i].name === cbt){
                choicedBankType = responseTypes[i].id;
                break;
            }
        }
        $('#choicedValue').val(cbt);
    }
</script>
```

在开始录入题库前,用户需要先单击"下载"按钮,下载 Excel 题库模板文件并进行编辑后才能提交。下载题库模板功能是在 template_download()视图函数中实现的,在该函数中,首先检查模板文件是否存在,如果不存在,则返回渲染后的错误页面err.html;否则,创建一个StreamingHttpResponse对象,传入iterator生成器作为数据源,并设置内容类型为Excel文件(.xlsx)。然后设置响应头的Content-Disposition字段,表明该响应的内容应作为附件下载,并指定下载后的文件名为template.xlsx。最后,返回这个流式响应对象,浏览器会识别响应头信息,从而触发下载操作,实现下载题库模板文件的功能。关键代码如下:

```python
@check_login
def template_download(request):
    """
    题库模板下载
    :param request: 请求对象
    :return: 返回excel文件的数据流
    """
    uid = request.GET.get('uid', '')                                    # 获取uid
    try:
        Profile.objects.get(uid=uid)                                    # 用户信息
    except Profile.DoesNotExist:
        return render(request, 'err.html', ProfileNotFound)
    def iterator(file_name, chunk_size=512):                            # chunk_size 大小 512KB
        with open(file_name, 'rb') as f:                                # rb,以字节读取
            while True:
                c = f.read(chunk_size)
                if c:
                    yield c                                             # 使用yield返回数据,直到所有数据返回完毕才退出
                else:
                    break
    template_path = 'web/static/template/template.xlsx'
    file_path = os.path.join(settings.BASE_DIR, template_path)          # 希望保留题库文件到一个单独目录
    if not os.path.exists(file_path):                                   # 如果路径不存在
        return render(request, 'err.html', TemplateNotFound)
    # 将文件以流式响应返回客户端
    response = StreamingHttpResponse(iterator(file_path), content_type='application/vnd.ms-excel')
    response['Content-Disposition'] = 'attachment; filename=template.xlsx'    # 格式为xlsx
    return response
```

用户单击"开始录入"按钮后,实现上传题库功能,该功能是在upload_bank()视图函数中实现的。在该函数中,首先将返回的Excel题库模板保存到指定目录,以便于后期使用;然后生成一个题库BankInfo对象,并使用一个自定义的Python脚本将Excel题库文件中的数据逐一读取出来,并保存到数据库中。upload_bank()视图函数的关键代码如下:

```python
@check_login
@transaction.atomic
def upload_bank(request):
    """
    上传题库
    :param request:请求对象
    :return: 返回用户信息user_info和上传成功的个数
    """
    uid = request.POST.get('uid', '')                                   # 获取uid
    bank_name = request.POST.get('bank_name', '')                       # 获取题库名称
    bank_type = int(request.POST.get('bank_type', BankInfo.IT_ISSUE))   # 获取题库类型
    template = request.FILES.get('template', None)                      # 获取模板文件
    if not template:                                                    # 模板不存在
        return render(request, 'err.html', FileNotFound)
    if template.name.split('.')[-1] not in ['xls', 'xlsx']:             # 模板格式为xls或者xlsx
        return render(request, 'err.html', FileTypeError)
    try:                                                                # 获取用户信息
        profile = Profile.objects.get(uid=uid)
    except Profile.DoesNotExist:
        return render(request, 'err.html', ProfileNotFound)
```

```python
    bank_info = BankInfo.objects.select_for_update().create(    # 创建题库 BankInfo
        uid=uid,
        bank_name=bank_name or '暂无',
        bank_type=bank_type
    )
    today_bank_repo = os.path.join(settings.BANK_REPO, get_today_string())  # 保存文件目录以当天时间为准
    if not os.path.exists(today_bank_repo):
        os.mkdir(today_bank_repo)                               # 不存在该目录则创建
    final_path = os.path.join(today_bank_repo, get_now_string(bank_info.bank_id)) + '.xlsx'  # 生成文件名
    with open(final_path, 'wb+') as f:
        f.write(template.read())                                # 保存到目录
    choice_num, fillinblank_num = upload_questions(final_path, bank_info)  # 使用 xlrd 读取 excel 文件到数据库
    return render(request, 'setgames/bank.html', {              # 渲染视图
        'user_info': profile.data,
        'created': {
            'choice_num': choice_num,
            'fillinblank_num': fillinblank_num
        }
    })
```

上面代码中用到了 upload_questions.py 脚本文件，该文件用来使用 xlrd 模块读取 Excel 题库文件中的每一行内容。在读取时，需要判断第一列中的题目信息中是否包含##，以此来区分填空题和选择题，并按照题型分别将其导入两个不同的 Django 模型——ChoiceInfo（选择题）和 FillInBlankInfo（填空题）中，同时更新题库的统计信息。upload_questions.py 脚本文件的关键代码如下：

```python
import xlrd                                                     # xlrd 库
from django.db import transaction                               # 数据库事务
from competition.models import ChoiceInfo, FillInBlankInfo      # 题目数据模型

def check_vals(val):                                            # 检查值是否被转换成 float，如果是，将 .0 结尾去掉
    val = str(val)
    if val.endswith('.0'):
        val = val[:-2]
    return val
@transaction.atomic
def upload_questions(file_path=None, bank_info=None):
    book = xlrd.open_workbook(file_path)                        # 读取文件
    table = book.sheets()[0]                                    # 获取第一张表
    nrows = table.nrows                                         # 获取行数
    choice_num = 0                                              # 选择题数量
    fillinblank_num = 0                                         # 填空题数量
    for i in range(1, nrows):
        rvalues = table.row_values(i)                           # 获取行中的值
        if (not rvalues[0]) or rvalues[0].startswith('说明'):    # 取出多余行
            break
        if '##' in rvalues[0]:                                  # 选择题
            FillInBlankInfo.objects.select_for_update().create(
                bank_id=bank_info.bank_id,
                question=check_vals(rvalues[0]),
                answer=check_vals(rvalues[1]),
                image_url=rvalues[6],
                source=rvalues[7]
            )
            fillinblank_num += 1                                # 填空题数加 1
        else:                                                   # 填空题
            ChoiceInfo.objects.select_for_update().create(
                bank_id=bank_info.bank_id,
                question=check_vals(rvalues[0]),
                answer=check_vals(rvalues[1]),
                item1=check_vals(rvalues[2]),
                item2=check_vals(rvalues[3]),
```

```
                    item3=check_vals(rvalues[4]),
                    item4=check_vals(rvalues[5]),
                    image_url=rvalues[6],
                    source=rvalues[7]
                )
                choice_num += 1                                    # 选择题数加 1
    bank_info.choice_num = choice_num
    bank_info.fillinblank_num = fillinblank_num
    bank_info.save()
    return choice_num, fillinblank_num
```

> **说明**
> （1）如果题目中包含##，则表示该题目是填空题，在答题时，页面会将##解读为四条下画线(____)，以方便用户答题。
> （2）本项目的后台（http://127.0.0.1:8000/admin）主要利用 Django 框架根据相应数据模型和自定义配置自动生成，其每个管理模块的后台配置代码在相应 app 的 admin.py 代码中，读者可以在资源包中查看其详细实现代码。

11.8 项目运行

通过前述步骤，设计并完成了"智慧校园考试系统"项目的开发。下面运行该项目，以检验我们的开发成果。运行"智慧校园考试系统"项目的步骤如下。

（1）打开 Exam\config\local_settings.py 文件，根据自己的 MySQL 数据库、Redis 数据库及邮箱信息对下面配置代码进行修改：

```
# MySQL 配置
DATABASES = {
    'default': {
        'ENGINE': 'django.db.backends.mysql',
        'NAME': 'xx',
        'USER': 'xxx',
        'PASSWORD': 'xxx'
    }
}
# Redis 配置
REDIS = {
    'default': {
        'HOST': '127.0.0.1',
        'PORT': 6379,
        'USER': '',
        'PASSWORD': '',
        'db': 0,
    }
}
BANK_REPO = ' F:/PythonProject/exam/backup '              # 修改为存放 excel 题库的位置，用来保留题库
BASE_NUM_ID = 100000
INIT_PASSWORD = 'p@ssw0rd'
DOMAIN = "http://xxx.xx.xx.xxx"                            # 需要修改此处域名
WEB_INDEX_URI = "{}/web/index".format(DOMAIN)              # 首页

# 发送邮件
EMAIL_BACKEND = 'django.core.mail.backends.smtp.EmailBackend'   # 邮箱验证后台
```

```
EMAIL_USE_TLS = True                                      # 使用 TSL
EMAIL_USE_SSL = False                                     # 使用 SSL
EMAIL_SSL_CERTFILE = None                                 # SSL 证书
EMAIL_SSL_KEYFILE = None                                  # SSL 文件
EMAIL_TIMEOUT = None                                      # 延时
EMAIL_HOST = 'xxx.xxx@xx.xxx'                             # SMTP 地址
EMAIL_PORT = 465                                          # 端口
EMAIL_HOST_USER = 'xxx@xxx.xx'                            # 发件邮箱
EMAIL_HOST_PASSWORD = 'password'                          # 密码
SERVER_EMAIL = EMAIL_HOST_USER                            # 服务器邮箱
DEFAULT_FROM_EMAIL = EMAIL_HOST_USER                      # 默认发件人
ADMINS = [('Admin', 'xxx@xxx.xx')]                        # 管理员邮箱

MANAGERS = ADMINS
```

（2）打开"命令提示符"窗口，进入 Exam 项目文件夹所在目录，在"命令提示符"窗口中使用如下命令创建 venv 虚拟环境：

```
virtualenv venv
```

（3）在"命令提示符"窗口中使用如下命令启动 venv 虚拟环境：

```
venv\Scripts\activate
```

（4）在"命令提示符"窗口中使用如下命令安装 Django 依赖包：

```
pip install -r requirements.txt
```

（5）在"命令提示符"窗口使用如下命令迁移数据库，并创建超级用户：

```
mysql -uroot -p 密码                                       # 连接数据库
Create database  数据库名  default character set utf8;      # 创建数据库
python manage.py migrate                                   # 迁移数据库，创建数据表
python manage.py createsuperuser                           # 创建超级用户
```

（6）在 PyCharm 的左侧项目结构中选中"智慧校园考试系统"的项目文件夹 Exam，单击鼠标右键，在弹出的快捷菜单中选择"Open In"/"Terminal"菜单，然后在打开的终端命令窗口中输入 python manage.py runserver 命令启动项目，如图 11.29 所示。

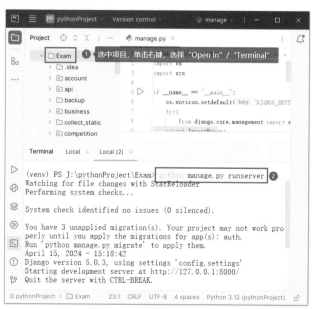

图 11.29　启动项目

（7）在浏览器中访问网址 http://127.0.0.1:8000，即可进入智慧校园考试系统的首页，效果如图 11.30 所示。

图 11.30　智慧校园考试系统首页

本章主要讲解如何使用 Django 框架实现智慧校园考试系统项目，包括网站的系统设计、数据库设计以及主要的功能模块设计等。希望通过本章内容的学习，读者能够熟悉 Python 项目开发流程，并掌握 Django Web 开发技术的应用，为今后的项目开发积累经验。

11.9　源 码 下 载

虽然本章详细地讲解了如何编码实现"智慧校园考试系统"的各个功能，但给出的代码都是代码片段，而非源码。为了方便读者学习，本书提供了完整的项目源码，扫描右侧二维码即可下载。

源码下载

第6篇

人工智能开发项目

在人工智能的浪潮中，Python 凭借其强大的生态系统和易学的语法，成为了 AI 开发者的首选语言。Python 不仅简化了复杂的算法实现，而且提供了丰富的库和框架，如 TensorFlow、PyTorch 和 Scikit-learn，使开发者能够高效地进行人工智能领域的开发与应用。

随着无人机技术的快速发展，无人机在航拍、环境监测、农业巡查等领域的应用越来越广泛，本篇主要使用 Python 结合大疆的 Tello 无人机开发一个简易的 AI 智能无人机飞控系统。

第 12 章
AI 智能无人机飞控系统

——tkinter + threading + Pillow + Tello 无人机

随着无人机技术的快速发展，无人机在航拍、环境监测、农业巡查等领域的应用越来越广泛。本章将使用 Python 结合大疆的 Tello 无人机开发一个简单的 AI 智能无人机飞控系统。该系统主要根据指定的飞行方案，计算飞行参数，设置飞行流程，然后无人机即可按照设置的流程自动完成飞行任务。

项目微视频

本项目的核心功能及实现技术如下：

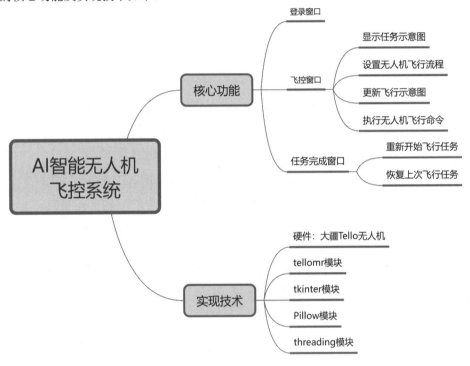

12.1 开发背景

近年来，无人机技术发展迅速，应用领域不断拓宽。然而，传统无人机飞行控制系统主要依赖于人工操控，对于复杂环境和任务的处理能力有限。同时，随着人工智能技术的不断进步，AI 在无人机领域的应用也逐渐成为研究热点。大疆 Tello 无人机作为一款轻量级、易于操作的无人机产品，其被广泛应用于教育、娱乐等领域。本项目结合 AI 技术，开发一款适用于大疆 Tello 无人机的智能飞控系统，具有广阔的市场前景和应用价值。

本项目的实现目标如下：

- ☑ 操作界面美观大方，提供友好的用户交互体验。

- ☑ 能够展示飞行任务示意图，并允许用户根据示意图计算飞行参数。
- ☑ 能够手动设置并修改无人机的飞行路线及飞行流程。
- ☑ 能够根据设置的飞行流程自动执行无人机飞行命令。
- ☑ 能够保存并恢复无人机的飞行任务。

12.2 系统设计

12.2.1 开发环境

本项目的开发及运行环境如下：
- ☑ 操作系统：推荐 Windows 10、Windows 11 及以上。
- ☑ 开发工具：PyCharm 2024（向下兼容）。
- ☑ 开发语言：Python 3.12。
- ☑ Python 内置模块：tkinter、threading、time。
- ☑ 第三方模块：tellomr（0.1.5）、Pillow（10.2.0）。
- ☑ 硬件：大疆特洛（Tello）益智编程无人机（简称 Tello 无人机）。

12.2.2 业务流程

在启动项目后，首先进入登录窗口，在该窗口中需要输入用户名字。如果用户名字已经输入，则登录进入飞控窗口，在飞控窗口中可以设置飞行流程，并按照设置的流程执行飞行任务。飞行任务完成后，用户可以选择重新开始飞行任务（即重新进入登录窗口），或者恢复上次的飞行任务（即直接以上次输入的名字进入飞控窗口）。

本项目的业务流程如图 12.1 所示。

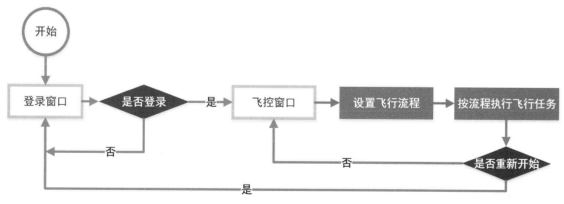

图 12.1 AI 智能无人机飞控系统业务流程

12.2.3 功能结构

本项目的功能结构已经在章首页中给出，该项目实现的具体功能如下：
- ☑ 登录窗口模块：判断用户是否输入名字。

- ☑ 飞控窗口模块：展示任务示意图，设置无人机飞行流程，修改某一个飞行流程，更新飞行任务示意图，执行飞行任务。
- ☑ 任务完成窗口模块：重新开始飞行任务，恢复上次飞行任务。

12.3 技术准备

12.3.1 技术概览

- ☑ threading 模块：提供了一个 Thread 类来代表一个线程对象，通过该对象可以执行多任务处理。例如，本项目中，在新开的线程中执行无人机飞行命令，代码如下：

```
t = threading.Thread(target=run_command)
t.start()
```

- ☑ time 模块：提供了 Python 中的各种与时间处理相关的方法，本项目中主要使用其 sleep() 方法在执行任务时休眠指定的时间，以等待任务完成。示例代码如下：

```
time.sleep(2)
```

- ☑ Pillow 模块：是一个开源的 Python 图像处理库，本项目中用到其 3 个子模块，分别是 Image、ImageTk 和 ImageSequence。其中，Image 模块是 Pillow 库的核心部分，用于打开、操作和保存图像文件；ImageTk 模块主要用于将 Pillow 图像对象转换成 tkinter 可以使用的图像对象，这使得开发人员可以在 tkinter GUI 应用程序中显示 Pillow 库处理的图像；ImageSequence 模块用来迭代一个包含多帧的图像序列，如 GIF 动画，可以使用此模块来逐帧处理或显示 GIF 动画。例如，本项目中逐帧遍历任务完成的 GIF 动画，并转换为能够在 tkinter 中显示的图像，代码如下：

```
for frame in ImageSequence.Iterator(im):    # ImageSequence.Iterator(im) 将 GIF 动画分解为每一帧
    pic = ImageTk.PhotoImage(frame)
```

有关 threading 模块的知识在《Python 从入门到精通（第 3 版）》中有详细的讲解，对该知识不太熟悉的读者可以参考该书对应的内容。有关 time 模块的使用，可以参考本书第 3 章的第 3.3.3 节的内容。有关 Pillow 模块的使用，可以参考本书第 5 章的第 5.3.3 节的内容。下面主要对 tkinter 模块和 tellomr 模块的使用进行讲解，以确保读者可以顺利完成本项目。

12.3.2 tkinter 模块的使用

tkinter 是使用 Python 进行 GUI 窗口设计的模块，它是 Python 的标准 Tk GUI 工具包的接口，在安装 Python 时，就自动安装了该模块。在使用 tkinter 模块时，首先需要使用下面代码导入：

```
from tkinter import *
```

使用 tkinter 模块创建窗口，需要实例化 Tk() 方法，然后通过 mainloop() 方法让程序进入等待与处理窗口事件，直到窗口被关闭。例如，下面代码就可以创建一个空白窗口：

```
from tkinter import *
win = Tk()              # 通过 Tk() 方法建立一个根窗口
win.mainloop()          # 进入等待与处理窗口事件
```

创建窗口后，就可以通过一系列方法设置窗口样式，包括窗口大小、背景等。设置窗口样式的方法如表 12.1 所示。

表 12.1 设置窗口样式的相关方法及其含义

方法	含义
title()	设置窗口的标题
geoemetry("width x height")	设置窗口的大小以及位置，width 和 height 为窗口的宽度和高度，单位为 pielx
maxsize()	设置窗口的最大尺寸
minsize()	设置窗口的最小尺寸
configure(bg=color)	为窗口添加背景颜色
resizable(True,True)	设置窗口大小是否可更改。第一个参数表示是否可以更改宽度，第二个参数表示是否可以高度。值为 True（或 1）表示可以更改窗口的宽度或高度，若为 False（或 0）表示无法更改窗口的宽度或高度
state("zoomed")	将窗口最大化
iconify()	将窗口最小化
iconbitmap()	设置窗口的默认图标

下面对本项目中用到的 tkinter 知识进行讲解。

1. Widget 组件

在 tkinter 模块中，Widget 组件是其核心，窗口中的按钮、文字等内容都属于组件，表 12.2 中按照组件功能分类列出了 tkinter 模块中常用的组件。

表 12.2 Widget 组件的分类

类型	包含的组件
文本类组件	Label：标签组件，主要用于显示文本，添加提示信息等； Entry：单行文本组件，只能添加单行文本，文本较多时，不换行显示； Text：多行文本组件，可以添加多行文本，文本较多时可以换行显示； Spinbox：输入组件，可以理解为列表菜单与单行文本框的组合体，因为该组件既可以输入内容，也可以直接从现有的选项中选择值； Scale：数字范围组件，该组件可以使用户拖动滑块选择数值
按钮类组件	Button：按钮组件，通过单击按钮可以执行某些操作； Radiobutton：单选组件，允许用户在众多选择中只能选中一个； Checkbutton 复选框组件，允许用户多选
选择列表类组件	Listbox：列表框组件，将众多选项整齐排列，供用户选择； Scrollbar：滚动条组件，该组件可以绑定其他组件，在其他组件内容溢出时，显示滚动条； OptionMenu：下拉列表，用户可以从中选择某一项； Combobox：组合框，该组件为 ttk 中新增的组件。其功能与下拉列表类似，但是样式有所不同
容器类组件	Frame：框架组件，用于将相关的组件放置在一起，以便于管理； LabelFrame：标签框架组件，将相关的组件放置在一起，并给他们一个特定的名称； Toplevel：顶层窗口，重新打开一个新窗口，该窗口显示在根窗口的上方； PaneWindow：窗口布局管理，通过该组件可以手动修改其子组件的大小； Notebook：选项卡，选择不同的内容，窗口中可显示对应的内容
会话类组件	Message：消息框，为用户显示一些短消息，与 Label 类似，但是比 Label 更灵活； Messagebox：对话框，该组件提供了 8 种不同场景的对话框
菜单类组件	Menu：菜单组件，可以为窗口添加菜单项以及二级菜单； Toolbar：工具栏，为窗口添加工具栏； Treeview：树菜单

续表

类　型	包含的组件
进度条组件	Progressbar：添加进度条
绘图组件	Canvas：画布，可以在其中进行各种绘图操作

2．Entry 组件

Entry 组件用于添加单行文本框，特点是可以用于添加少量文字时。例如，登录窗口中的用户名输入框和密码输入框，就可以通过 Entry 组件实现。添加 Entry 组件的语法如下：

Entry(win)

Entry 组件中提供了 3 个方法，分别是 get()、insert()以及 delete()，通过这 3 个方法可以实现获取、插入以及删除文本框组件中内容的功能，下面分别进行讲解。

- ☑　get()方法：获取文本框中的内容。
- ☑　insert()方法：在文本框的指定位置添加内容，其语法如下：

entry.insert(index,str)

其中，参数 index 为添加的位置，参数 str 为添加的内容。

- ☑　delete()方法：删除文本框中指定内容，其语法如下：

entry.delete(first,end)

该语法可以删除文本框中从 first 到 end 之间的所有字符串，但不包括 end 位置的字符串，如果要删除文本框中所有的文本内容，可以使用 delete(0,END)。

3．Canvas 组件

Canvas 组件是一个绘图组件，其主要用来绘制图形、文字、设计动画。在使用 Canvas 组件之前，需要先定义 Canvas 画布，语法如下：

canvas = Canvas(win,option)

其中，win 为 Canvas 组件的父容器；option 为 Canvas 画布的相关参数，具体参数如表 12.3 所示。

表 12.3　Canvas 组件的相关参数

参　数	含　义	参　数	含　义
bd	设置边框宽度，默认为 2 像素	relief	设置边框的样式
bg	设置背景颜色	scrollregion	其值为元素 tuple(w.n..e.s)，分别定义左、上、右、下四个方向可滚动的最大区域
confine	如果为 True（默认值），则画布不能滚动到可滑动区域外	xscrollincrement	水平方向滚动时，请求滚动的数量值
cursor	设置鼠标的形状	yscrollincrement	垂直方向滚动时，请求滚动的数量值
height	设置画布的高度	xscrollcommand	绑定水平滚动条
width	设置画布的宽度	yscrollcommand	绑定垂直滚动条
highlightcolor	设置画布高亮边框的颜色		

本项目中使用了 Canvas 组件的 create_text()方法和 create_image()方法。

create_text()方法用来绘制文字，其语法如下：

create_text(x, y, text=str,option)

其中,(x,y)为字符串的中心的位置;text 为要绘制的文本字符串;option 为文字的相关属性,如 font(字体设置)、fill(文本颜色)、justify(文本对齐方式)等。

create_image()方法用来绘制图像,其语法如下:

```
create_image(x, y, image=house,anchor,tags)
```

其中,(x,y)为图像左上角顶点坐标;image 为绘制的图像对象;anchor 为可选参数,用来指定图像如何相对于给定的(x, y)坐标定位;tags 为可选参数,用于标识这个图像对象。

4. tkinter.messagebox 模块

tkinter.messagebox 是 tkinter 中的一个子模块,用于显示各种标准的对话框,如信息对话框、警告对话框、错误对话框、询问对话框以及获取用户输入的输入对话框等。本项目中主要使用其 showinfo()方法显示提示对话框,语法如下:

```
showinfo(title, message)
```

其中,title 表示对话框的标题,message 表示要显示的消息。

12.3.3 tellomr 模块的使用

tellomr 模块是一个开源的无人机操作模块,在使用该模块之前,我们首先简单认识一下无人机。

大疆的 Tello 无人机是一款非常适合初学者使用的飞行器,其支持多种操控方式,如 APP 操控、遥控器操控、Scratch 编程、Python 编程等。Tello 无人机的图像传输距离为 100 米(支持 720p),最长续航时间为 15 分钟,内置 2 个天线智能切换。如果想要控制 Tello 无人机,首先需要找到它的机头,然后在无人机右侧轻按一下开关,此时机头会有提示灯闪烁,在计算机端通过 Wi-Fi 连接 Tello 无人机,最后通过计算机编写无人机指令,即可控制无人机飞行。Tello 无人机如图 12.2 所示。

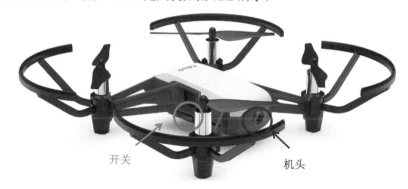

图 12.2　Tello 无人机的机头和开机按钮

使用 tellomr 模块可以很方便地操控 Tello 无人机,该模块的常用方法及说明和示例如表 12.4 所示。

表 12.4　tellomr 模块的常用方法及说明和示例

方　　法	说　　明	示　　例	
takeoff()	起飞	drone.takeoff()	# 起飞
land()	降落	drone.land()	# 降落
up(距离)	上升	drone.up(60)	# 上升 60cm
down(距离)	下降	drone.down(60)	# 下降 60cm
forward(距离)	前进	drone.forward(60)	# 前进 60cm

续表

方　法	说　明	示　例	
back(距离)	后退	drone.back(60)	# 后退 60cm
left(距离)	左平移	drone.left(60)	# 左平移 60cm
right(距离)	右平移	drone.right(60)	# 右平移 60cm
cw(度数)	顺时针旋转	drone.cw(45)	# 顺时针旋转 45 度
ccw(度数)	逆时针旋转	drone.ccw(45)	# 逆时针旋转 45 度
go(x,y,z,速度 1)	飞斜线	drone.go(100,50,50,30)	# 飞到坐标（x,y,z）指定的位置
curve(x1,y1,z1,x2,y2,z2,速度 2)	飞弧线	drone.curve(100,0,50,200,0,0,50)	# 飞弧线
streamon()	打开视频流	drone.streamon()	# 打开视频流
streamoff()	关闭视频流	drone.streamoff()	# 关闭视频流
take_picture()	拍照	drone.take_picture()	# 拍照
set_speed(速度 1)	设置速度	drone.set_speed(20)	# 设置速度为 20
send_command()	发送操作命令	drone.send_command('takeoff')	# 起飞

例如，下面代码可以控制 Tello 无人机起飞，并向前飞行 100cm 后降落：

```
mport tellomr
drone = tellomr.Tello()

drone.takeoff()                              # 起飞，也可以用 drone.send_command('takeoff')
drone.send_command('forward 100')            # 在此处传入不同的指令，即可控制无人机做不同的动作
# 或者用下面的语句代替
# drone.forward(100)

drone.land()                                 # 降落，也可以用 drone.send_command('land')
```

12.4　功　能　设　计

12.4.1　模块导入

AI 智能无人机飞控系统在实现时，首先需要导入用到的模块，代码如下：

```
from tkinter import *
from tkinter.messagebox import *
import time
import threading
from PIL import Image, ImageTk, ImageSequence
import tellomr
```

12.4.2　定义全局变量

创建无人机对象，并对窗口中用到的全局变量进行设置，代码如下：

```
drone = tellomr.Tello()                      # 创建无人机对象

screen_width = 1920                          # 屏幕分辨率的宽度
screen_height = 1016                         # 屏幕分辨率的高度
student_name = ""                            # 玩家姓名
```

```
'''界面设计中应用的全局变量'''
flyaction = []                              # 飞行流程
p = 280                                     # 绘制示意图初始 x 坐标
entry_length = None                         # 获取设置的飞行距离
ifmodify = False                            # 是否修改了飞行流程
rem = 0                                     # 记录要修改的飞行流程
win = Tk()                                  # 创建窗口对象
win.state("zoomed")                         # 设置窗口状态
win.iconbitmap('picture/mr.ico')            # 设置窗口图标
win.title("AI 智能无人机飞控系统")            # 设置窗口标题
taskstep = 7                                # 任务要求完成步骤，采用 5~8（包括）的正整数
tempbg = []                                 # 临时用于保存 PhotoImage 对象，防止图片绘制完成被销毁，不显示的问题
```

12.4.3 登录窗口设计

AI 智能无人机飞控系统运行时，首先进入登录窗口。在该窗口中输入名字，然后单击"确定"按钮，进入飞控窗口。登录窗口效果如图 12.3 所示。

图 12.3 登录窗口

在登录窗口中，主要显示背景图片和提示文字，然后使用 Entry 组件设计一个输入框，用来输入名字。代码如下：

```
'''根窗口——登录'''
cav = Canvas(win, width=screen_width, height=screen_height, bg="black")
cav.place(width=screen_width, height=screen_height, relx=0, rely=0)

img = PhotoImage(file="picture/bg-3.png")
bg = cav.create_image(screen_width // 2, screen_height // 2, image=img)         # 显示背景图片

# 问题
question = '请输入挑战者名字？'
cav.create_text(890, 330, text=question, justify="left", fill="white", font=("微软雅黑", 36, "bold"))

# 确定按钮
fly = cav.create_text(962, 775, text="确定", justify=RIGHT, fill="white", font=("微软雅黑", 37, "bold"))
```

```
cav.tag_bind(fly, "<Button-1>", submit)

# 输入名字的文本框
entry = Entry(win, textvariable="", font=("宋体", 30, "normal"), relief="groove", bd=2)
entry.place(x=712, y=407, width=287, height=51)
entry.bind("<Return>", submit)
entry.focus_set()                                                           # 让文本框获得焦点

win.mainloop()
```

12.4.4 飞控窗口设计

在登录窗口中单击"确定"按钮后，即可进入飞控窗口，该窗口中默认显示任务和示意图，用户可以根据示意图设计飞行轨迹，并计算飞行参数，将其一步一步输入图 12.4 所示的窗口中。例如，第一步理想的数据是上升 130cm，则在"输入距离（20~400）："文本框中输入 130，然后单击"上升"按钮，即可加入这一步骤，依次加入其他步骤即可。

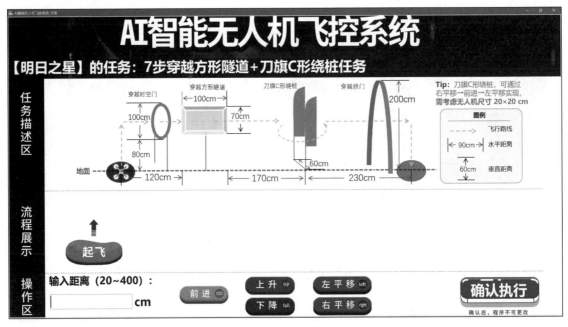

图 12.4　飞控窗口

飞控窗口的实现步骤如下。

（1）首先在登录窗口中判断是否输入了用户名字。如果没有输入，则弹出提示；否则，打开飞控窗口。代码如下：

```
# 确定按钮事件
def submit(event):
    if entry.get() != "":
        global student_name
        student_name = entry.get()                                          # 获取名字
        print('你的名字是：', student_name)
        entry.delete(0, END)                                                # 清空文本框
        createTask()                                                        # 打开新窗口
    else:
        showinfo('提示', '还没有输入名字呦！')
        return
```

（2）上面代码中，打开飞控窗口时用到了 createTask() 函数，该函数为自定义的函数，主要用来对飞控窗口进行初始化，包括窗口的标题、默认显示的文字、图像，以及窗口上需要用到的组件等。代码如下：

```python
# 弹出挑战任务新窗口
def createTask():
    global flyaction
    flyaction = []                                                          # 飞行流程
    global p
    p = 250
    global ifmodify
    ifmodify = False
    global rem
    rem = 0
    global top
    top = Toplevel()
    top.title('AI 智能无人机飞控系统_任务')
    top.state("zoomed")
    top.iconbitmap(bitmap="picture/mr.ico")                                 # 设置图标
    global cav_t
    cav_t = Canvas(top, width=screen_width, height=screen_height, bg="black")
    cav_t.place(width=screen_width, height=screen_height, relx=0, rely=0)

    img_v = PhotoImage(file="picture/bg-task.png")
    cav_t.create_image(screen_width // 2, (screen_height - 42) // 2, image=img_v)  # 显示背景图片

    # 显示任务
    cav_t.create_text(620, 170,
        text="【" + student_name + "】的任务："+str(taskstep)+"步穿越方形隧道+刀旗 C 形绕桩任务",
        justify="left", fill="white", font=("微软雅黑", 36, "bold"))
    # 显示任务描述
    pao = PhotoImage(file="picture/describe.png")
    text = cav_t.create_image(screen_width // 2 + 50, 392, image=pao)

    # 执行按钮
    fly = cav_t.create_text(1700, 927, text="确认执行", justify=RIGHT, fill="white", font=("微软雅黑", 37, "bold"))
    cav_t.tag_bind(fly, "<Button-1>", start)
    cav_t.create_text(330, 890, text="输入距离（20~400）：", justify="left", fill="black", font=("微软雅黑", 26, "bold"))
    # 输入距离的文本框
    global entry_length
    entry_length = Entry(top, textvariable="", font=("宋体", 30, "normal"), relief="groove", bd=2)
    entry_length.place(x=142, y=937, width=287, height=51)
    entry_length.focus_set()                                                # 让文本框获得焦点
    cav_t.create_text(466, 962, text="cm", justify="left", fill="black", font=("微软雅黑", 30, "bold"))
    # 执行按钮
    btn_go = PhotoImage(file="picture/go.png")                              # 前进按钮
    fly = cav_t.create_image(680, 941, image=btn_go)
    cav_t.tag_bind(fly, "<Button-1>", add_go)

    btn_up = PhotoImage(file="picture/up.png")                              # 上升按钮
    fly = cav_t.create_image(910, 911, image=btn_up)
    cav_t.tag_bind(fly, "<Button-1>", add_up)

    btn_fall = PhotoImage(file="picture/fall.png")                          # 下降按钮
    fly = cav_t.create_image(910, 981, image=btn_fall)
    cav_t.tag_bind(fly, "<Button-1>", add_fall)

    btn_lmove = PhotoImage(file="picture/lmove.png")                        # 左平移按钮
    fly = cav_t.create_image(1160, 911, image=btn_lmove)
    cav_t.tag_bind(fly, "<Button-1>", add_lmove)

    btn_rmove = PhotoImage(file="picture/rmove.png")                        # 右平移按钮
    fly = cav_t.create_image(1160, 981, image=btn_rmove)
```

```
        cav_t.tag_bind(fly, "<Button-1>", add_rmove)
    top.mainloop()
```

（3）上面代码中，为各个操作按钮绑定事件时，分别用到了 add_go()、add_up()、add_fall()、add_lmove() 和 add_rmove()函数，它们分别用来为无人机设置"前进""上升""下降""左平移"和"右平移"的飞行流程。代码如下：

```
def add_go(event):                                                  # 前进函数
    add('前进')
def add_up(event):                                                  # 上升函数
    add('上升')
def add_fall(event):                                                # 下降函数
    add('下降')
def add_lmove(event):                                               # 左平移函数
    add('左平移')
def add_rmove(event):                                               # 右平移函数
    add('右平移')
```

说明

上面代码中用到了 add()函数，该函数用来根据参数中传入的指令设置无人机的相应飞行流程，关于该函数的实现将在 12.4.5 节进行讲解。

12.4.5　设置并修改无人机飞行流程

在飞控窗口中，当用户根据任务示意图计算完参数后，需要设置无人机的飞行流程，这里通过自定义的 add()函数实现。该函数中，主要根据参数中传入的动作指令，以及用户输入的距离设置无人机的飞行流程，并更新飞行任务示意图。关键代码如下：

```
# 添加执行流程
def add(action):
    number = entry_length.get()                                     # 获取值
    btnbg = PhotoImage(file="picture/btn_bg.png")                   # 操作流程背景
    if number.strip() != "":
        try:
            if 20 <= int(number) <= 400:
                if action in ["上升", "下降"] and int(number) > 150:
                    showinfo('提示', '不是有效的数值！', parent=top)
                else:
                    global ifmodify
                    global rem
                    print("rem：", rem)
                    flyactionlen = len(flyaction)
                    print("flyactionlen:", flyactionlen)
                    entry_length.delete(0, END)                     # 清空文本框
                    if rem != 0 and ifmodify:
                        cav_t.itemconfigure(rem, text=action + number + "cm")
                        for i in range(flyactionlen):
                            if flyaction[i][0] == rem:
                                flyaction[i] = (rem, action, number)    # 修改流程
                        rem = 0
                        ifmodify = False
                    else:
                        global p
                        p_y = 650                                   # y 轴位置
                        if flyactionlen <= taskstep-1:              # 小于限定步骤
                            if taskstep<6:                          # 步骤在一行可以显示时
```

```
                    p_y = 650                                  # y 轴位置
                    if flyactionlen != taskstep-1:             # 显示指示箭头
                        btnline = PhotoImage(file="picture/btn_line.png")
                        text = cav_t.create_image(p + 180, p_y, image=btnline)
                    draw(p,p_y,action,number,btnbg)            # 绘制一步
                    p += 350

                    if flyactionlen == taskstep-1:             # 当到最后一步时
                        # 显示降落
                        a_stop = PhotoImage(file="picture/stop.png")
                        cav_t.create_image(screen_width - 230, 768, image=a_stop)
                else:                                          # 步骤需两行显示时
                    p_y = 788                                  # y 轴位置
                    if flyactionlen // 5 ==1:                  # 显示第二行的内容
                        p -= 350
                        # 显示指示箭头
                        if flyactionlen == 5:                  # 第二行的第一步显示竖向箭头
                            btnlineb = PhotoImage(file="picture/btn_lineb.png")
                            cav_t.create_image(p, 717, image=btnlineb)
                        # 显示横向箭头
                        btnline = PhotoImage(file="picture/btn_linel.png")
                        cav_t.create_image(p - 180, p_y, image=btnline)
                        draw(p,p_y,action,number,btnbg)        # 绘制一步
                        if flyactionlen == taskstep-1:
                            # 显示降落
                            a_stop = PhotoImage(file="picture/stop1.png")
                            cav_t.create_image(p-350, p_y, image=a_stop)
                    else:                                      # 显示两行中的第一行
                        p_y = 650                              # y 轴位置
                        if flyactionlen < 4:                   # 显示指示箭头
                            btnline = PhotoImage(file="picture/btn_line.png")
                            text = cav_t.create_image(p + 180, p_y, image=btnline)
                        draw(p,p_y,action,number,btnbg)        # 绘制一步
                        p += 350

                top.mainloop()

            else:
                showinfo('提示', '不是有效的数值！', parent=top)
        except Exception as e:
            showinfo('提示', '请输入正确的整数！', parent=top)
            print(e)
    else:
        showinfo('提示', '还没有输入距离！', parent=top)

    print("流程列表：", flyaction)
```

上面代码中，更新飞行示意图时用到 draw()函数，该函数使用 Canvas 组件的 create_image()方法和 create_text()方法绘制飞行流程及提示文字，并且记录飞行流程。代码如下：

```
# 绘制一步
def draw(x,y,action,number,btnbg):
    # 显示操作流程背景
    cav_t.create_image(x, y, image=btnbg)
    # 显示操作流程文字
    fly = cav_t.create_text(x, y, text=action + number + "cm", justify=RIGHT, fill="white",
                            font=("微软雅黑", 27, "bold"))
    cav_t.tag_bind(fly, "<Button-1>", modify)
    flyaction.append((fly, action, number))                    # 记录流程
```

上面代码中用到了 modify()函数，该函数用来根据传入的 event 对象的坐标确定要修改的飞行流程，以及将修改飞行流程的标识设置为 True，代码如下：

```python
# 修改飞行流程
def modify(event):
    global rem
    rem = cav_t.find_closest(event.x, event.y)[0]
    global ifmodify
    ifmodify = True
```

12.4.6　执行无人机飞行命令

无人机飞行流程设置完成后，即可单击飞控窗口中的"确认执行"按钮，开始控制无人机自动完成飞行任务，实现该功能的步骤如下。

（1）定义3个对象，分别为飞控窗口对象、任务完成窗口对象和飞控窗口中的画布对象，代码如下：

```python
top = None                                                          # 飞控窗口对象
top1 = None                                                         # 任务完成窗口对象
cav_t = None                                                        # 创建画布对象
```

（2）定义一个 run_command()函数，该函数主要为无人机对象的 send_command()方法传输指令，从而控制无人机的起飞、降落，以及执行指定的上升、前进、后退、下降、左平移和右平移操作，代码如下：

```python
def run_command():
    """无人机执行飞行命令"""
    word2command_dict = {'上升': 'up', '前进': 'forward','后退': 'back',    '下降': 'down', '左平移': 'left', '右平移': 'right'}
    drone.send_command('takeoff')
    global flyaction
    for i in range(len(flyaction)-1):
        number = flyaction[i][2]
        print("***",flyaction[i][1])
        if flyaction[i][1] == '上升':                                # 去掉起飞高度
            number = str(int(flyaction[i][2])-60)

        command = word2command_dict[flyaction[i][1]] + ' ' + number
        sound = '无人机' + flyaction[i][1] + number + '厘米'
        drone.send_command(command)
        time.sleep(2)
    drone.send_command('land')
    pass
```

（3）定义一个 start()函数。该函数中，主要在新创建的新线程中执行无人机飞行命令，并在按照设置的流程完成飞行任务后弹出任务完成窗口，代码如下：

```python
# 任务执行
def start(event):
    # 另开一个线程执行飞行命令
    t = threading.Thread(target=run_command)
    t.start()
    time.sleep(20)                                                  # 暂停20秒
    global top1
    top1 = Toplevel()
    top1.state("zoomed")
    # 弹出任务完成窗口
    global cav_s
    cav_s = Canvas(top1, width=screen_width, height=screen_height, bg="black")
    cav_s.place(width=screen_width, height=screen_height, relx=0, rely=0)
    img_s = PhotoImage(file="picture/successbg.png")
    cav_s.create_image(screen_width // 2, (screen_height - 42) // 2, image=img_s)   # 显示背景图片
    # 重新开始按钮
    close_s = cav_s.create_text(screen_width // 2, (screen_height + 500) // 2, text="重新开始", justify=RIGHT, fill="white",
                                font=("微软雅黑", 37, "bold"))
```

```
cav_s.tag_bind(close_s, "<Button-1>", close1)
# 恢复上次操作按钮
close_r = cav_s.create_text(screen_width // 2, (screen_height + 650) // 2, text="恢复上次", justify=RIGHT, fill="white",
                            font=("微软雅黑", 37, "bold"))
cav_s.tag_bind(close_r, "<Button-1>", close2)
im = Image.open('picture/success.gif')                    # GIF 动图路径
while True:
    for frame in ImageSequence.Iterator(im):              # ImageSequence.Iterator(im)将 GIF 动画分解为每一帧
        pic = ImageTk.PhotoImage(frame)
        cav_s.create_image(screen_width // 2, (screen_height - 42) // 3,
                           image=pic)    # 设置动画的位置，代码中的坐标为动图的中心点的坐标，而不是左上角坐标
        top1.update()
        time.sleep(0.1)                                   # 控制动画的播放速度
top1.mainloop()
```

（4）在上面的任务完成窗口中绑定了两个按钮事件，分别是"重新开始"按钮和"恢复上次"按钮。单击"重新开始"按钮时，执行 close1()函数，在该函数中清空画布，并且同时释放飞控窗口和任务完成窗口的资源；单击"恢复上次"按钮时，执行 close2()函数，在该函数中只需要释放任务完成窗口的资源即可。关键代码如下：

```
def close1(event):
    '''重新开始'''
    cav_t.delete("all")
    cav_s.delete("all")

    top1.destroy()
    top.destroy()

def close2(event):
    '''恢复上次操作'''
    top1.destroy()
```

12.5 项目运行

通过前述步骤，设计并完成了"AI 智能无人机飞控系统"项目的开发。下面运行该项目，以检验我们的开发成果。项目运行步骤如下。

（1）将 Tello 无人机充满电，开机，看见橙色灯闪烁即可。
（2）通过计算机的 Wi-Fi 连接 Tello 无人机。
（3）如图 12.5 所示，在 PyCharm 的左侧项目结构中展开"AI 智能无人机飞控系统"的项目文件夹 AITello，在其中选中 AITello.py 文件，单击鼠标右键，在弹出的快捷菜单中选择 Run 'AITello'命令，即可成功运行该项目。

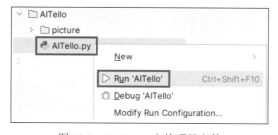

图 12.5　PyCharm 中的项目文件

（4）在登录窗口中输入名字，如图 12.6 所示。

图 12.6　登录窗口输入名字

（5）单击"确定"按钮，或者按 Enter 键，进入飞控窗口，在该窗口中显示任务示意图，如图 12.7 所示。

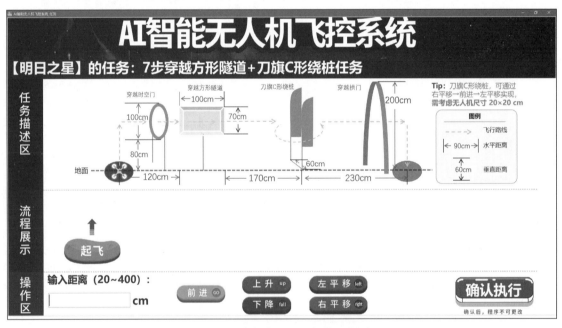

图 12.7　飞控窗口显示任务示意图

（6）根据飞控窗口中的任务示意图设计飞行轨迹，并计算飞行参数，将其一步一步输入图 12.7 所示的操作区中。例如，第一步理想的数据是上升 130cm，则在"输入距离（20~400）："文本框中输入 130，然后单击"上升"按钮，即可加入这一步骤，依次加入所有步骤，如图 12.8 所示。

（7）单击"确认执行"按钮，无人机即可照图 12.8 所示的步骤完成指定飞行任务。场地实拍效果如图 12.9 所示，实际飞行效果如图 12.10 所示。

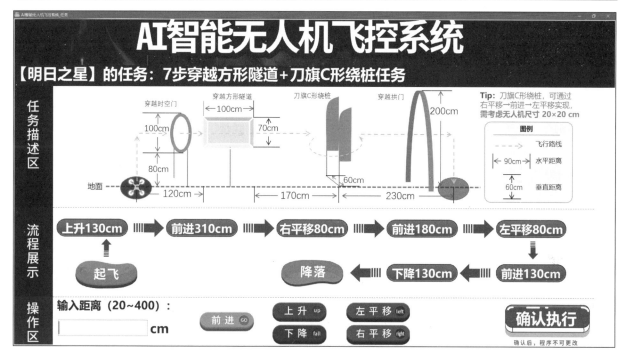

图 12.8 设置飞行流程

图 12.9 场地实拍效果

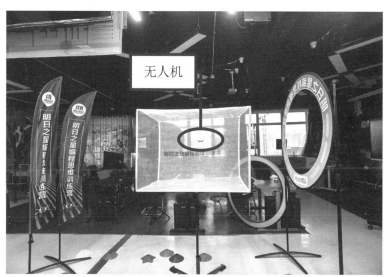

图 12.10 实际飞行效果

飞行完成后显示如图 12.11 所示的任务完成窗口。

说明

在运行程序前，最好保证当前场地有足够的空间让无人机飞行。具体尺寸参见图 12.7 中的任务示意图。另外，为了让无人机可以正常飞行，请保证光线足够明亮、无风，并且地面纹理丰富（不能是纯色、反光、纹理特别稀疏或者纹理重复度高的地面）。

图 12.11　任务完成窗口

本项目主要是 Python 语言编程，结合 tkinter 创建图形用户界面，结合 tellomr 模块控制大疆 Tello 无人机，结合 threading 模块实现多线程操作，结合 Pillow 模块进行图像处理，进而实现了一个 AI 智能无人机飞控系统。该系统能够根据用户设置的飞行流程，自动控制无人机完成指定任务。无人机应用近几年发展迅速，希望通过该系统的开发，能够引导用户探索无人机更多的应用场景。

12.6　源码下载

虽然本章详细地讲解了如何编码实现"AI 智能无人机飞控系统"的各个功能，但给出的代码都是代码片段，而非源码。为了方便读者学习，本书提供了完整的项目源码，扫描右侧二维码即可下载。

源码下载